KB157022

지구를 구한다는 거짓말

Unsettled:
What Climate Science Tells Us, What It Doesn't, and Why It Matters

Copyright © 2021 by Steven E. Koonin
All rights reserved.
This Korean edition was published by
The Korea Economic Daily & Business Publications Inc.
in 2022 by arrangement with
Javelin through KCC(Korea Copyright Center Inc.), Seoul.

이 책은 (주)한국저작권센터(KCC)를 통한 저작권자와의 독점계약으로
한국경제신문 (주)한경BP에서 출간되었습니다.
저작권법에 의해 한국 내에서 보호를 받는 저작물이므로 무단전재와 복제를 금합니다.

환경을 생각하는 당신이
들어보지 못한 기후과학 이야기

지구를
구한다는
거짓말

스티븐 E. 쿠닌

| 박설영 옮김 | 박석순 감수 |

UNSETTLED

한국경제신문

*일러두기

원문의 저자 주는 미주이며 그 외 주석은 편집자 주이다. 옮긴이 주는 본문에 표시하였다.

기후위기와 탄소 중립은 우리 시대의 화두다. 화석 연료 사용으로 발생한 이산화탄소가 기후 대재앙을 가져오기 때문에 에너지 대전환이 요구된다는 것이다. 그러나 저자는 이 같은 주장에 과감하게 반기를 든다. 세계적인 물리학자인 저자는 우선 현재의 기후과학 수준으로는 미래의 기후위기 자체를 예측할 수 없음을 그 근거로 들고 있다. 한마디로 기후위기는 일부의 주장일 뿐 과학적인 근거가 극히 빈약하다는 것이다. 상당히 도발적인 주장이다. 동시에 귀 기울여 들을 만한 내용을 담고 있다.

김동률 서강대학교 교수, 매체경영학

사실, 통계, 증거를 활용한 비판으로 주류 기후 이론가들을 불편하게 만드는 저작이다. 폭염, 산불, 허리케인, 해수면 상승 등은 인간의 이해 범위 밖에 있는 자연의 작용일 수 있다는 논지를 편다. 기후 관련 정보가 범람하면서 전체를 보는 안목을 갖기 쉽지 않은 때다. 이 책은 지배적 기후 이론을 비판적으로 소화해 자기 관점을 세우는 데 큰 도움이 될 것이다.

한삼희 조선일보 선임논설위원

언제부턴가 기후변화에 대한 논쟁은 '답정너'가 되어버렸다. 지구는 멸망할 것이며, 인류는 종말로 치닫고 있고, 우리는 속수무책이라는 것이다. 과연 그럴까? 우리가 진정 '과학적 토론'을 원한다면 오바마 행정부의 최고 과학 자문 역을 수행했던 뉴욕대학교 스티븐 쿠닌 교수의 말에 귀를 기울여볼 필요가 있다. 기후는 변화한다. 인간이 미친 영향도 있다. 그러나, Don't panic!

노정태 칼럼니스트

언론에 치여 혼란에 빠지기 일쑤인 대중과 연구자들을 넘어, 시민으로서 소통할 책임이 있는 과학자들의 독서 목록에 올려야 한다. 정책 입안자들과 정치인들은 이 책을 통해 자신들의 주장, 입장, 결정에 대해 성찰하는 계기를 얻을 것이다. 기후과학과 그 고유한 복잡성 및 불확실성에 대한 훌륭한 사례 연구이자 기후 정책에 논쟁을 형성하고 때로 잘못된 정보를 전달하는 현상에 대해 주의를 촉구하는 책이다.

장 루 샤모(Jean-Lou Chameau), 칼텍 명예총장

기후 온난화에 대한 책들이 차고 넘친다. 하지만 이 책은 꼭 필요하다. 스티븐 쿠닌은 올바른 질문을 던지고 현실적인 대답을 해줄 수 있는 자격과 전문성과 경험을 갖추고 있다.

바클라브 스밀(Vaclav Smil), 매니토바대학교 명예교수

시의적절하게 기후 정책에 신선한 공기를 불어넣어주는 필독서다. 기후과학은 정책을 결정지을 만큼 확정적이지도 충분한 자격이 있지도 않다. 우리는 실존적 위기가 아닌, 비용과 혜택을 실리에 맞게 저울질해야 하는 사악한 문제에 직면해 있다.

윌리엄 W. 호건(William W. Hogan), 하버드대학교 케네디스쿨 지구에너지정책 교수

정치 경험이 있는 과학자가 기후 정책에 대해 신랄한 비판을 쏟아내며 실제 우리에게 닥칠 미래의 모습을 보여준다.

로버트 B. 러플린(Robert B. Laughlin), 스탠퍼드대학교 물리학과 교수

오바마 행정부의 과학차관이었던 스티븐 쿠닌이 기후에 관해 매우 흥미로우면서 친절한 책을 출간했다. 그는 우리가 기후에 대해 안다고 생각하는 것들이 얼마나 많은 부분 사실과 다른지 증명해 보인다. 미국의 최저 기온 일수는 과거보다 훨씬 줄었지만 최고 기온 일수는 늘지 않았다는 사실을 알고 있는가? 이 책은 기후에 대한 우리의 생각을 확실하게, 그리고 올바르게 흔들어놓고 더 좋은 방향으로 나아가게 할 것이다. 조 단위의 달러를 투자할 거면 최대한 제대로 된 정보를 얻는 게 마땅하다.

비욘 롬보그(Bjørn Lomborg), 코펜하겐 컨센서스 회장, 스탠퍼드대학교 후버연구소 방문연구원

지구를
구하다는
거짓말

차례

?

1부 과학   THE SCIENCE

기후위기라는 오해에 대한 과학의 대답

2부 대응 ————————————— **THE RESPONSE**

변화하는 기후에 대처하기 위해 무엇을 할 것인가 —————

'과학.' 우리 모두 '과학'이 무엇인지 알고 있다고 생각한다. 그리고 그 과학은 우리에게 뭔가 확실한 사실만을 알려준다고 들어왔다. 여러분은 이런 말을 얼마나 자주 들었는가?

'인간이 이미 지구의 기후를 망가뜨렸다. 기온이 올라가고, 해수면이 상승하고, 얼음이 사라지고, 전 세계적으로 일어나고 있는 혹서, 폭풍, 가뭄, 홍수, 산불이 갈수록 악화되고 있다. 이 모든 재앙의 원인은 온실가스다. 당장 사회와 에너지 시스템을 근본적으로 바꿔 온실가스를 즉시 제거하지 못하면 지구는 멸망하게 된다고 '과학'이 말하고 있다.'

글쎄다, 그렇지 않다. 그래, 지구가 더워지고 있고 인간이 영향을 주는 것은 맞다. 하지만 그게 다는 아니다. 영화 〈프린세스 브라이드(The Princess Bride)〉의 대사를 바꾸어 표현하자면 이렇다. "과학이 말하는 바가 네가 지금 생각하는 그건 아닌 거 같은데."

예를 들어 기후의 상태를 과학적으로 요약하고 평가하는 연구 자료와 정부 보고서 모두 현재 미국의 폭염이 1900년도와 비교해 더 자주 발생하지도 않고, 최고 기온도 지난 50년 동안 상승하지 않았다고 분명히 밝히고 있다. 그렇지만 내가 이렇게 이야기하면 대부분 믿지 않는다. 일부는 말문이 막힌다. 노골적으로 적개심을 드러내는 사람들도 있다.

하지만 기후와 관련해 여러분이 처음 접하는 사실은 이것만이 아니다. 유엔과 미국 정부가 최근 발표한 기후과학 평가서, 그리고 근래에 게재된 연구 논문에서 발췌한 다음 세 가지 사실들을 보면 아마 깜짝 놀랄 것이다.

- 인간이 지난 100년 동안 허리케인에 미친 영향은 감지할 수 없을 만큼 미미하다.
- 현재 그린란드 대륙 빙하가 줄어드는 속도는 80년 전보다 빠르지 않다.
- 인간에 의한 기후변화가 주는 순경제적 영향은 적어도 금세기 말까지는 아주 미미할 것이다.

대체 이게 무슨 소리인가?

놀라움이 가시고 나면 자신이 왜 놀랐던 건지 궁금증이 일 것이다. 왜 전에는 이런 사실을 들어보지 못했을까? 인간이 기후를 망가뜨렸고 기존 방식을 바꾸지 않으면 종말이 닥칠 거라는, 지금은 거의 문화적 밈(Meme)이 되어버린 이야기와 왜 차이가 나는 것일까?

이러한 정보 단절은 대개 연구 문헌에서 시작해 평가보고서를 거치고 평가보고서 요약본을 건너 언론 보도까지 이어지는 '옮겨 말하기 게임' 때문에 생겨난다. 정보가 여러 대상들에게 전해지기까지 여러 필터를 거치기 때문에 (실수로든 고의로든) 메시지가 잘못 전달될 가능성은 농후하다. 대중은 기후에 대한 정보를 거의 전적으로 언론에서 얻는다. 보고서와 연구 논문은 말할 것도 없고 보고서 요약본을 실제로 읽는 사람도 거의 없다. 당연히 그럴 수밖에 없다. 비전문가에게 데이터 분석은 매우 어려운 일이며 글로만 읽어서는 정확히 이해되지도 않기 때문이다. 결과적으로 대부분의 사람은 기후과학의 전모를 이해하지 못한다.

그렇다고 언짢게 생각하지 말자. 기후와 관련된 과학적 정보를 잘못 전달받는 이들은 일반 대중만이 아니다. 정책결정자 역시 기후 정보를 전달받을 즈음에는 여러 단계의 짜깁기를 거친 자료에 의존할 수밖에 없다. 기후 정책에 관여하는 정부 관료와 공공 및 민간 분야 사람들도 대부분 과학자가 아니다. 따라서 중요한 정책 결정권을 가졌으나 과학자가 아닌 사람들이 변화하는 기후에 대해 공개 또는 비공개로 된 사실들을 빠짐없이 투명하고 정확하게, 어떤 '행동 강령'이나 '꾸며진 이야기'에 의해 왜곡되지 않은 상태로 전달받느냐 마느냐는 과학자들에게 달렸다. 안타깝게도 그런 사정을 바르게 알아내기는 말처럼 쉽지 않다.

하지만 나는 알아야 한다. 내가 과거에 했던 직무가 그런 사실을 바르게 알아야 하는 것이기 때문이다.

나의 배경

나는 과학자다. 지구 현상을 관찰과 측정을 통해 이해하고 그로부터 얻은 의미와 놀라운 발견을 바르게 전달하기 위해 일하는 사람이다. 내가 처음 과학자가 되었을 때는 고성능 컴퓨터 모델링(기후과학에서도 중요한 도구로 자주 사용된다)을 이용해 원자와 핵 영역에서 일어나는 난해한 현상을 연구하면서 흥미진진한 시간을 보냈다. 2004년부터 약 10년 동안은 같은 방식을 이용해 기후뿐 아니라 기후와 에너지 기술의 관련성을 연구하는 일을 했다. 처음에는 영국 석유회사 BP의 수석 과학자로서 재생에너지 개발 연구에 주력했고, 그 뒤에는 오바마 행정부의 에너지부 과학 차관으로서 정부가 에너지 기술과 기후과학에 재정적 지원을 하는 일을 자문했다. 이산화탄소 배출을 줄이기 위한 조치를 결정하고 그 절차에 박차를 가하도록 돕는 역할에 나는 큰 만족감을 느꼈다. '지구를 구하기' 위해 꼭 필요하다고 모두가 입을 모아 얘기하는 일이니 왜 안 그렇겠는가.

그러다 의구심이 생기기 시작했다. 2013년 말, 나는 미국 물리학회(American Physical Society, APS)로부터 기후에 관한 공개 보고서를 갱신하는 업무를 이끌어달라는 부탁을 받았다. 그 노력의 일환으로 2014년 1월, 나는 기후과학의 현황에 대한 '스트레스 테스트(Stress Test)'라는 특별한 주제의 워크숍을 개최했다. 일반적인 용어로 설명하면 과거·현재·미래의 기후에 대해 인류가 축적한 지식을 분석·비판·요약하는 일을 말한다. 나를 포함한 여섯 명의 주요 기후 전문가와 여섯 명의 주요 물리학자가 우리가 기후 시스템에 대해 정확히 알고 있는 게 무엇인지, 그리고 미래의 기후를 얼마나 자신 있게 예측할 수 있는지를 하루 동안 세세히 조사했다. 나를 포함한 물리학자들은 워크숍의 효율적 진행을 위해 당시 막 발표된 유엔(UN) 평가보고서를 바탕으로 조사의 기본 골격을 잡는 문서를 두 달 동안 준비했다.[1] 우리는 다음과 같이 구체적이고 핵심적인 질문을 제기했다. '근거가 빈약한 가정은 무엇이고 데이터가 부족한 부분은 무엇인가? 그리고 그 사실이 중요한가? 과거를 설명하고 미래를 예측하기 위해 사용하는 모델들은 얼마나 믿을 만한가?' 워크숍 보고서를 읽어본 수많은 사람들은 우리가 성공적으로(그리고 이례적으로) 과학의 확실성과 불확실성의 현주소를 보여주었다는 사실에 감탄했다.[2]

나는 미국 물리학회 워크숍을 마친 후 기후과학이 내 예상보다 훨씬 학문적 완성도가 떨어진다는 사실을 깨닫고 놀라움을 넘어 충격에 빠졌다. 다음은 내가 알아낸 사실들이다.

- 기후가 더워지는 데 미칠 수 있는 인간의 영향은 점점 증가하고 있지만, 실제로 물리적인 측면에서 보인 변화는 아주 적다. 데이터가 부족해서 자연 현상으로 나타나는 기후변화를 제대로 파악하지 못하고 있다. 그래서 인간이 야기한 기후변화를 자연 현상에 의한 것과 구분하기 어렵다.
- 많은 기후모델의 결과를 서로 비교하거나 수많은 관측 결과와 비교하면 불일치하거나 심지어 상반되는 경우도 발생한다. 때로는

모호한 '전문가적 판단'을 내려 모델 결과를 조정하고 모델 결함을 고의로 애매하게 만든 사례도 있었다.

- 정부와 유엔의 언론 보도 및 요약본은 보고서 자체를 정확하게 알려주지 않는다. 회의에서 일부 중요 사안에 대해 합의가 있긴 했지만 언론이 떠드는 것처럼 강력한 합의가 있었던 건 결코 아니다. 저명한 기후 전문가들뿐만 아니라 기후 보고서 저자들도 일부 언론에 기술된 과학적 사실에 당황스러워한다. 이는 다소 충격적인 일이다.

- 간단히 말해 기후과학은 향후 수십 년 동안 기후가 어떻게 변할지 제대로 예측하기에는 아직 부족하다. 더구나 인간 활동이 기후에 어떤 영향을 미칠 것인지에 대해서는 말할 것도 없다.

왜 이 중요한 결함들을 나를 비롯한 많은 사람들이 그동안 듣도 보도 못했을까? 과학자로서 나는 과학계가 모든 사실을 솔직히 말하지 않고 대중을 실망시키고 있다는 생각이 들었다. 그리고 한 명의 시민으로서 대중은 물론이고 정치적 토론장에 잘못된 정보가 전달되고 있다는 사실이 염려스러웠다. 그래서 나는 공개적으로 말하기 시작했다. 가장 공개적인 활동은 그해 9월 〈월스트리트저널(Wall Street Journal)〉에 발표한 2천 단어짜리 기고문 '토요 에세이'였다.[3] 나는 이 기고문에서 기후과학의 불확실성을 개략적으로 설명하면서 기후변화를 이해하고 적절히 대응하기 위해서는 이러한 불확실성을 무시하지 말아야 한다고 주장했다.

정책결정자들과 일반 대중들은 기후과학에 확실성이 있다는 위안을 얻고 싶어 할 수도 있다. 하지만 나는 기후과학이 '확정적'(또는 '사기')이라고 단호히 공표하는 행위가 과학이라는 대업의 위신을 떨어뜨리고 열의를 꺾으며 이러한 중요한 문제를 처리하는 데 발목을 잡을까 봐 두렵다. 불확실성은 과학의 주된 원동력이자 동기 요인이다. 그리고 정면으로 맞서야 하는 대상이다.

이 글에 수천 개의 댓글이 달렸고 대다수는 지지를 보냈다. 하지만 과학계는 기후과학의 현주소에 대한 나의 솔직한 태도를 별로 환영하지 않았다. 널리 존경받는, 모 대학의 지구과학과 학과장이 개인적으로 건넨 말만 봐도 알 수 있었다. "당신이 말한 모든 내용에 매우 동의합니다. 하지만 저라면 감히 공개적으로는 말하지 못하겠군요."

수십 년 동안 친구로 지낸 사람들을 포함해 수많은 과학계 동료들이 내가 '불변의 진리를 결정한다고 추앙받는 절대 과학'의 문제를 강조했다는 사실에, 그래서 그중 한 명이 말한 것처럼 "부정론자들에게 공격의 빌미를 제공했다"는 사실에 격분했다. 또 다른 동료는 이름 없는 과학 학술지에 발표하는 건 괜찮지만 독자가 그렇게나 많은 신문에 기고하는 건 옳지 않다고 나를 비난했다. '절대 과학'의 열혈 지지자로 유명한 한 인사는 내 기고문의 반박문에서 뉴욕대학교의 임용을 재고해야 한다는 말로 포문을 열더니 내가 지적한 내용을 수없이 왜곡했으며 당황스럽게도 내가 언급한 불확실성이 대개는 잘 알려진 것들이며 전문가들 사이에서 이미 숱하게 논의된 바 있다고 인정했다.[4] 기후과학의 불확실성을 그처럼 대놓고 공개적으로 조명했다는 이유로 마치 마피아의 '비밀 유지 서약' 같은 침묵의 맹세라도 깬 것 같았다.

미국 물리학회 워크숍 이후 6년 넘게 연구 활동을 하면서 기후·에너지 관련 공개 토론에 대한 실망감은 점점 커져갔다. 기후위기론은 미국 정치, 특히 이 주제만 제외하면 내가 오랫동안 정치적으로 가장 가깝게 느낀 민주당을 지배하기에 이르렀다. 2020년 민주당 대통령 후보 경선에서는 각 후보가 '기후 비상사태'와 '기후위기'에 대해 과학적 사실과는 거리가 먼 과장된 발언을 일삼으며 상대 후보를 앞지르려고 애를 썼다. 선거 운동 기간에도 정부의 개입과 보조금을 통해 '기후변화에 대응할' 그린뉴딜(Green New Deal)과 같은 광범위한 정책을 제안하는 일이 갈수록 늘어났다. 당연히 바이든(J. Biden) 행정부는 기후·에너지를 주요 과제로 삼았고 존 케리(John Kerry) 전 국무장관을 기후 특사로 임명하면서 '인류의 실존적 위협'과 싸우는 데 약 2조 달러를 지출하겠다고 제의했다.

나는 경제학자가 아닌 물리학자이기 때문에 그린뉴딜과 같은 정책안이 주는 재정적·정치적 이점에 대해 의견을 내놓을 만큼 지식이 해박하지는 않다. 하지만 어떤 기후변화 정책이든 과학적 사실에 근거해야 한다는 건 분명히 안다. 인간이 기후에 미치는 영향력을 줄이기 위해 조 단위의 달러를 투자하겠다고 결정할 때 중요한 것은 결국 비용 대비 가치다. 즉, 위험을 참을 수 있는 내성, 세대 및 지리적 형평성, 그리고 경제 발전, 환경 영향, 에너지 비용·가용성·신뢰성 사이의 균형 등이다. 하지만 이 같은 결정을 내릴 때는 과학적 확실성과 불확실성에 대한 정확한 이해에 바탕을 두어야 한다.

이 책은 그런 이해로 나아가기 위한 시도다. 그리고 나는 과학자가 아는 유일한 방법, 즉 가장 최근의 공식적인 평가서 또는 양질의 연구 문헌으로부터 발췌한 사실들을 근거로 삼는 방법을 사용하고자 한다. 지금은 고인이 된, 의회의 양심이었던 하원의원 존 루이스(John Lewis)는 트럼프 대통령을 대상으로 한 첫 탄핵 연설에서 다음과 같이 말한 바 있다.[5]

우리에겐 옳지 않은 것, 공정하지 않은 것, 공평하지 않은 것을 봤을 때 뭐든 말하고 뭐든 행해야 할 도덕적 의무가 있습니다.

———

칼텍(Caltech, 캘리포니아공과대학교) 교수였던 리처드 파인만(Richard Feynman)은 20세기의 가장 위대한 물리학자 중 한 명으로, 연구 업적의 의의(양자 전기역학 연구로 노벨상을 받았다)는 물론 창의성으로도 유명한 과학자다. 불손함, 쇼맨십, 이야기꾼 기질 역시 그를 전설로 만든 요소다. 그는 비범한 지적 자산을 가진 기인이었다. 나는 물리학자를 꿈꾸며 파인만이 교수로 있다는 이유만으로 칼텍을 택한 수많은 학생 중 하나였다. 1968년 가을 칼텍에 입학하기 전 그의 역작인 '빨간 책' 시리즈(물리학 강의집)를 여러 차례 독파한 터였다. 칼텍에서 보낸 4년간의 학부 생활은 코믹한 부분만 제외하면 〈빅뱅 이론(The Big

Bang Theory, 칼텍에서 근무하는 괴짜 과학자들의 일상을 그린 미국의 유명 시트 콤-옮긴이)〉에 묘사된 것과 거의 비슷했다. 나는 대학 시절 최고의 경험으로 파인만과 단둘이 대화를 나눈 것(그는 젊은 과학자들과 소통하는 것을 좋아했다)과 1학년 때 이 위대한 인물과 함께 봉고 드럼을 연주하던 잊지 못할 순간을 꼽는다.

과학적 진실성은 칼텍 정신의 핵심이다. 신입생이라면 캠퍼스에 발을 디딘 첫날부터 마음 속 깊이 그 중요성을 새길 수밖에 없으며, 파인만은 지식의 절대적인 정직성을 통해 학생과 교수진 모두에게 과학적 진실성이 현직 과학자에게 의미하는 바가 무엇인지 몸소 보여주었다. 1974년 칼텍 학위 수여식에서 그는 '화물숭배과학(cargo cult science)'이라는 제목의 유명한 연설을 남겼다.[6] 과학자는 자신은 물론 타인을 속이지 않는 자세를 견지하는 엄격한 사람이어야 한다는 것이 연설의 주제였다.

요약하자면 이렇습니다. 여러분의 연구에 대해 가치 판단을 할 수 있도록 사람들에게 모든 정보를 제공하십시오. 이쪽이나 저쪽으로 판단을 유도하는 정보만 제공해서는 안 됩니다.

쉽게 이해할 수 있도록 광고에 한번 비유해 보겠습니다. 지난밤 웨슨 식용유(Wesson Oil) 광고를 보는데, 자사 식용유는 음식에 스며들지 않는다는 문구가 나오더군요. 그래요, 맞습니다. 거짓말은 아니지요. 하지만 제가 말하고자 하는 문제는 거짓이 아니라 과학적 진실성입니다. 둘은 차원이 완전히 다릅니다. 이 광고 문구에 추가해야 할 사실은 어떤 식용유도 특정 온도에서는 음식에 스며들지 않는다는 겁니다. 온도가 달라지면 스며들 수도 있겠지요, 웨슨 식용유를 비롯한 모든 식용유가 말입니다. 따라서 광고가 전달한 정보는 사실이 아니라 그 이면의 의미입니다. 거짓은 아니죠. 우리가 다루어야 하는 것이 바로 그 차이입니다.

기후과학을 대중에게 설명하는 대부분의 방식은, 정보를 알리는 것이 아니라 납득시킬 요량으로 핵심 맥락이나 '적합하지 않은' 정보를 누락시킴으로써 파인만이 말한 '웨슨 식용유 문제'에 빠진다(우연의 일치겠지만 '식용유 문제'와 마찬가지로 대개 온도에 대해 얘기할 때가 그렇다).

내가 만난 대부분의 기후 연구자는 모든 과학 분야에서 규범으로 삼는 객관성과 엄격함을 지키면서 연구에 임한다. 하지만 기후변화가 초래할 잠재적 파급이 인류의 존재 자체를 위협하는 만큼 이 문제 앞에서는 자연스레 감정이 앞서 흥분에 휩싸인다. 어떤 사람들은 '지구를 구하는' 데 도움이 된다면 정보를 약간 잘못 전달해도 해가 될 건 없다고 주장할 정도니 일부 기후과학자들이 대중에게 위기 상황을 설명하기 위해 (아무리 부적절하고 부정확하더라도) '지구를 살리자'와 같은 문구를 써서 객관성을 저버리는 일이 일어난다 하더라도 놀랄 일은 아니다. 지금은 작고한 저명한 기후과학자 스티븐 슈나이더(Stephen Schneider)는 이미 그 점에 대해 1989년에 분명히 말한 바 있다.[7]

한편, 우리는 과학자로서 과학적 질서를 지켜야 할 윤리적 의무가 있다. 그것은 바로 진실 그 자체, 그리고 모든 진실을 말하고, 그 외에는 어떤 것도 말하지 않겠다고 약속하는 것이다. 그리고 의심스러운 점, 주의 사항, 가정, 부연 설명, 예외 등 모든 것이 여기에 포함된다는 의미다. 다른 한편으로 우리는 과학자일 뿐 아니라 인간이다. 그리고 대부분의 사람이 그렇듯 우리는 세상이 더 나은 곳으로 변화하기를 바란다. 이런 맥락에서 우리는 잠재적 재앙이 될 수 있는 기후변화의 위험을 줄이기 위해 노력해야 한다. 이 일을 해내려면 대중의 상상력을 사로잡고 폭넓은 지지를 얻어야 한다. 물론 여기엔 수많은 언론 보도가 수반된다. 따라서 우리는 무서운 시나리오를 제시하고, 단순하고 극적으로 표현하고, 어떠한 의심이 생겨도 입 밖에 내서는 안 된다. 우리가 자주 맞닥뜨리는 이러한 '윤리적 딜레마'는 어떤 수학 공식으로도 해결할 수 없다. 각자 효과적인 것과 정직한 것 사이에서 올바르게 균형을 잡는 수밖에 없다. 나는 그 둘 다 쟁취하기를 바라는 마음이다.

수많은 사람들이 슈나이더가 말한 이른바 '딜레마'가 지닌 부정적 측면에 대해 비슷한 주장을 하거나 견해를 밝혔다. 예를 들면 다음과 같다.

- "진실이 무엇이든 상관없다. 사람들이 진실이라 믿는 것만이 중요하다."
  - 폴 왓슨(Paul Watson), 그린피스(Greenpeace) 공동설립자[8]

- "우리는 지구온난화 문제를 받아들여야 한다. 설령 지구온난화 이론이 틀리더라도 경제 및 환경 정책의 측면에서 옳은 일을 하게 되는 것이다."

  – 티모시 워스(Timothy Wirth), 유엔 재단 이사장[9]

- "나와 일부 의구심을 공유하는 몇몇 동료들은 사회를 변화시킬 유일한 방법이 사람들에게 재앙이 일어날 수도 있다고 겁을 주는 것이며, 따라서 과학자들이 상황을 과장하는 것은 옳을 뿐 아니라 심지어 필요한 일이라고 주장한다. 그들은 솔직하고 정직하게 평가해야 한다는 나의 신념이 순진하다고들 말한다."

  – 다니엘 보트킨(Daniel Botkin), 캘리포니아대학교 산타바바라 캠퍼스 환경학 석좌교수[10]

언론 역시 무시무시한 기후 예측 기사들로 가득하다. 다음은 사실이 아니라고 일찍이 판명된 것들이다.

- "……(아무 조치도 취하지 않으면) 이번 세기가 끝날 무렵(2000년)에는 생태계 재앙이 닥쳐 핵폭발로 인한 집단 대학살처럼 전면적이고 돌이킬 수 없는 대대적인 파멸이 초래될 것이다."

  – 모스타파 톨바(Mostafa Tolba), 전 유엔환경계획(UNEP) 집행이사, 1982년[11]

- "(몇 년 안에 영국에서는) 눈 내리는 겨울 풍경이 매우 진귀하고 흥미
  진진한 행사가 될 것이다. 아이들은 눈이 뭔지 알지 못할 것이다."
  - 데이비드 바이너(David Viner), 선임 연구 과학자, 2000년[12]

- "2020년까지 영국의 기후는 시베리아처럼 급속히 추워지고 유럽
  도시들은 해수면 아래로 잠길 것이다."
  - 마크 타운센드(Mark Townsend)와 폴 해리스(Paul Harris), 〈가디
    언(Guardian)〉(〈펜타곤 보고서〉에서 재인용), 2004년[13]

후에 슈나이더가 '윤리적 딜레마'라는 발언을 해명하려고 구구절절
덧붙이긴 했지만 나는 그 기저에 깔린 근본적 가정이 위험할 정도로
잘못됐다고 생각한다. '효과적인 것과 정직한 것을 바르게 조화시키
려면 어떻게 해야 하는가'와 같은 질문을 제기해서는 안 된다. 과학자
가 자신이 윤리적이라 믿는 것을 위해 정책 토론장에 고의로 잘못된
정보를 전달할지 말지를 고심하는 것조차 자만심의 극치다. 맥락을
바꿔 생각하면 확실해진다. 과학자가 종교적 믿음 때문에 산아 제한
과 관련된 데이터를 잘못 전달했다고 치자. 그 사실이 밝혀졌을 때 얼
마나 격렬한 항의가 일어날지 상상해보라.

　미국 국립과학아카데미(National Academy of Sciences, NAS) 원장을
역임한 필립 핸들러(Philip Handler)는 1980년 한 사설을 통해 40년이
지난 지금도 여전히 섬뜩한 반향을 불러일으키는 이 문제를 지적하
고 있다.

과학계의 어려움은 과학자가 과학자로서의 역할과 시민으로서의 역할을 혼동하고 윤리적 규범과 시민의 의무를 혼동해 본래 과학적인 질문과 본래 정치적인 질문의 구분이 모호해지는 데서 발생한다. 과학자가 이런 경계를 인식하지 못하면 그들의 (보통 드러나지 않는) 사상적 믿음으로 인해 과학적 논쟁이 흐려지기 쉽다.[14]

과학자들의 고유한 역할에는 특별한 책임이 따른다. 우리는 논쟁이 있을 때 객관적인 과학을 제시할 수 있는 유일한 사람들이며, 그것이 무엇보다 중요한 과학자의 윤리적 의무다. 판사와 마찬가지로 과학자도 일을 할 때 사적인 감정을 제쳐두어야 한다. 그러지 못하면 정보에 입각해 선택할 권리를 대중에게서 빼앗고 과학이라는 대업 전반에 대한 대중의 신뢰를 무너뜨리게 된다. 과학자가 사회·정치 운동가가 되는 것은 전혀 잘못이 아니지만, '절대 과학'으로 위장한 사회·정치 운동은 치명적인 결과를 불러온다.

우리 과학자가 하는 일은 식용유나 팔자는 게 아니다.

이 책에 대하여

이 책은 서로 얽혀 있는 두 가지 주제를 다룬다. 1부는 변화하는 기후와 관련된 과학 이야기, 2부는 사회가 그러한 변화에 대처하는 방안에 대한 이야기다.

1부는 사회가 기후과학에 대해 던지는 중요한 질문들, 즉 기후가 어떻게 변해 왔고 미래에는 어떻게 변할 것이며 그러한 변화의 파급은 무엇일지를 규정하는 데서부터 출발한다. 더불어 이들 질문에 대한 답을 찾기 위해 참고하는 공식 평가보고서와 관련된 몇 가지 기본적인 사실도 제공한다.

　오늘날 기후가 왜 변하고 미래에는 어떻게 변할지를 파악하려면 과거에는 어떻게 변했는지를 알아야 한다. 그래서 1장에서는 이와 관련된 과학 그 자체를 살펴본다. 수십 년에 걸쳐 지구의 기후(날씨와는 다르다)에 대한 신뢰할 만한 관측 자료를 얻는 일의 중요성과 난제를 모두 설명하는 한편, 지구온난화의 몇몇 징후들을 검토하고 이를 지질학적(지구의 기후 역사) 관점에서 살펴본다.

　2장에서는 지구를 데우는 햇빛과 지구를 식히는 열복사 간의 미묘한 균형에서 기온이 형성되는 과정을 살펴보고, 인간과 자연의 영향력 둘 다 이러한 균형을 깨는 데 작용한다는 점과 온실가스가 여기에 중요한 역할을 한다는 사실도 짚어볼 것이다. 기후는 매우 민감하다. 따라서 이 영향력들이 무엇이고 시간이 흐름에 따라 어떻게 변하는지를 정확하고 정밀하게 이해할 필요가 있다.

　인간이 기후에 영향을 미치는 가장 중요한 요인은 화석 연료의 연소가 큰 부분을 차지하는 대기 중 이산화탄소(CO_2) 농도 증가다. 이는 3장의 핵심 내용으로, 특히 이산화탄소 배출량과 농도의 관계가 증가하는 인간의 영향력을 안정화하는 데 걸림돌로 작용하는 이유를 살핀다.

4장의 주제는 기후가 인간과 자연의 영향력에 어떻게 반응하는지를 예측하는 컴퓨터 모델이다. 지난 반세기 동안 과학 연구에 컴퓨터 모델을 활용하고 그 분야에 선구자적 저술 활동을 한 나의 개인적 경험을 바탕으로, 모델링은 어떻게 작동하는지, 그것이 알려주는 의미는 무엇인지, 어떤 결점이 있는지 등을 살펴볼 것이다. 과학자들은 수십 개의 정교한 모델들을 미래를 예측하는 데 사용하고 있고 언론은 이를 기사에 인용하고 있지만, 아쉽게도 예측 결과는 모델끼리도 다르고 실제 관측치와도 상당한 차이가 난다(즉, 일치하는 관측치는 몇 개 안 되고, 틀리는 것이 더 많다). 실제로 새로운 모델이 나올수록 차이는 점점 더 벌어진다. 모델이 정교해짐에 따라 미래 예측은 더욱 불확실해졌다.

이후 이어지는 다섯 개의 장은 '인간이 이미 기후를 망가뜨렸다'는 우리 사회의 만연한 사고가 과학적으로 모순됨을 보여준다. 일반인의 인식과 관측 현상의 불일치를 살펴보고, 그러한 불일치의 원인을 따져본다. 5장은 그 첫 번째 장으로, 미국의 최고 기온에 초점을 맞춘다. 오늘날 최고 기온 기록을 갱신하는 일수가 1900년대보다 늘지 않았음에도 자칭 권위 있는 평가보고서들이 그릇된 정보를 퍼뜨린 탓에 대다수는 이 사실을 잘 알지 못한다. 6장에서도 인간의 영향이 허리케인에 관측 가능한 변화를 일으키지 않았다고 전문가들이 단언하는 이유는 무엇인지, 평가보고서가 이 사실을 어떻게 숨기고 왜곡하는지를 설명한다. 7장에서는 지난 세기 동안 강수량 및 관련 현상에서 큰 변화가 발견되지 않았다는 사실을 밝히면서, 그 변화의 중요성

지구를 구한다는 거짓말

과 뉴스를 즐겨 보는 사람들이 깜짝 놀랄 만한 몇 가지 지점을 조명한다. 1998년 관측 이래로 전 세계에서 매년 화재로 불에 탄 지역이 25% 감소했다는 사실이 한 가지 예다.

8장은 지난 수천 년간 상승해온 해수면을 냉철하게 살펴본다. 인간이 최근 상승치(100년에 약 30cm)에 영향을 미쳤다는 주장의 진실을 파헤치고 머지않아 해안이 바다에 잠길 것이라는 주장이 믿기 어려운 이유를 설명한다. 9장은 자주 언급되는 기후변화의 세 가지 파급(사망, 기근, 경제 붕괴)을 다룬다. 역사적 기록과 평가보고서의 전망과는 모순되는 예측이지만, 보고서 자체만 봐서는 이를 알아차리기 어렵기 때문이다.

10장에서는 가장 많이 알려져 있는 내용들이 실제론 과학적 근거가 부족하다는 사실을 단적으로 보여주고 '누가 과학을 망쳤는지', 즉 의사결정자와 대중에게 과학적 사실이 왜 잘못 전달되고 있는지 의문을 제기한다. 또한 '기후위기'의 심각성을 과장하는 것이 환경운동가, 언론, 정치인, 과학자, 과학 기관을 포함한 다양한 구성원들의 이익에 어떻게 부합하는지 살펴본다. 11장에서는 평가보고서를 반대입장에서 검토하는 절차('레드 팀'), 모범적인 언론 보도 사례, 과학 전문 매체(특히 기후 관련 매체)의 소비자로서 정보에 대한 비판적 관점을 갖추기 위해 비전문가가 해야 할 일 등 기후과학을 둘러싼 소통과 이해를 개선하기 위한 방법을 설명하며 1부를 마무리한다.

2부에서는 변화하는 기후에 대처하기 위한 대응 방안을 사회가 할 수 있는 일(가능성), 해야 하는 일(당위성), 하려 하는 일(의지)로 나눠 논의한다. 전문가들조차 판이한 이 세 가지 쟁점을 혼동하는 경우가 많다. 12장은 파리협약의 목표를 달성하기에는 지지부진한 진척 상황을 비롯해 인간이 기후에 미치는 영향을 유의미하게 줄이는 것이 얼마나 어려운지를 설명하면서 의지의 문제를 조명한다. 13장은 미국에서 '탄소 제로' 에너지 시스템을 만들려면 얼마나 큰 변화를 감수해야 하는지를 살펴보며 가능성의 문제를 조명한다. 14장은 전 세계가 인간과 자연으로 인한 기후변화에 대응하기 위한 '플랜 B', 즉 자연스레 나타날 적응의 문제와 극단적인 상황에서 채택 가능한 지구공학을 논하며 대응 전략을 제시한다.

끝으로 기후·에너지에 대한 단상과 더불어 기후과학을 발전시키고 이를 비전문가들에게 전달하는 방식을 개선하기 위해, 그리고 자연에 의해서든 인간에 의해서든 사회가 미래의 기후변화에 대비하기 위해 취해야 할 신중한 조치들을 제시한다.

다음은 이 책을 읽을 때 유념해야 할 몇 가지 사항들이다.

과학자들은 온도는 섭씨(℃)로, 거리는 m나 km와 같은 미터법으로 나타낸다. 하지만 미국에서는 온도는 화씨(℉), 거리는 피트(feet)나 마일(mile)처럼 '영국식 단위'를 쓰는 경우가 더 많다. 더 많은 독자들이 이해할 수 있도록 나는 두 가지 단위를 모두 인용할 것이다(이 책에서는 한국 독자를 위해 미터법으로만 표기한다-옮긴이).

정확한 값을 적용해야 하는 경우와 근삿값을 적용하는 것으로도 충분한 경우를 알아두는 것도 중요하다. 스케이트를 타려고 연못이 얼기를 기다리고 있다고 가정해보자. 물은 0℃에서 언다. 따라서 누군가 지금 기온이 약 10℃라고 말한다면 얼음이 얼기에는 온도가 너무 높으므로 실제 기온이 9℃ 또는 11℃라는 사실은 중요하지 않다. 하지만 기온이 약 1℃라고 말하는 경우는 다르다. -1℃와 +3℃는 천지 차이이기 때문에 이를테면 실제 기온이 -0.3℃라고 정확히 표현하는 게 중요하다. 따라서 숫자 인용의 정확성 여부는 맥락이 결정한다. 예를 들어 미국 인구가 2020년 1월 1일 공식 집계상 3억 2천 913만 5천 명이라 해도 내가 '미국 인구는 약 3억 3천만 명이다'라고 표현하는 건 괜찮다. 내가 말하려는 요점에는 아무 영향을 미치지 않는 미미한 차이이기 때문이다.[15] 그렇지만 8장에서 다룰 해수면 상승과 같은 경우 연간 2.5mm와 연간 3.0mm 차이는 굉장히 중요하다. 따라서 이런 경우에는 정확히 표기할 것이다.

기고문이 아닌 책을 쓸 때 장점 중 하나는 훨씬 깊이 있게 논의할 수 있을 뿐 아니라 그래프를 더 자유롭게 사용할 수 있다는 점이다. 그래프를 통해 쉽게 이해할 수 있길 바란다. 그래프는 데이터의 언어고, 데이터는 과학과 과학이 전달되는 방식의 핵심이다. 이 책에서 내가 쓴 모든 그래프는 평가보고서와 그 토대가 되는 과학 문헌 또는 공식 데이터에서 가져온 것(또는 직접 인용한 것)이다. 내 주장이 아니라 과학이 말해주는 사실임을 강조하기 위해 공식 버전을 사용한 경우도 많다. 물론 그래프나 데이터의 출처는 빠짐없이 밝힐 것이다. 과학 그래프를 비판적으로 읽는 기술은 훈련할 만한 가치가 있다. 나는 유명 언론 매체가 그래프를 어떻게 잘못 해석하고 있는지를 보여주기 위해 그들이 사용한 몇 가지 사례를 가져왔다.

약 60년 전 초등학교 시절 유엔 본부 건물에 현장 학습을 간 적이 있다. 당시 그곳 로비에 걸린 거대한 이란 카펫에 감동을 받았던 일과 이 카펫이 인간이 만든 것임을 표시하기 위해 카펫 제작자들이 정교한 디자인에 눈에 잘 띄지 않는 결함을 고의로 남겨뒀다는 이야기를 들었던 일이 기억난다. 이 책에도 분명 결함이 있지만 고의는 아니다. 나는 2021년에 접어든 과학의 현주소를 정확히 보여주기 위해 최선을 다했다.

이 책에 오류가 없다 하더라도, 유감스럽게도 나는 이 책을 썼다는 사실 때문에 공격을 받게 될 것이다. 어떤 사람들은 내가 '기후과학자'가 아니라고 지적하며 자격에 의문을 제기할 것이다. 기후과학 분야에서 여러 편의 논문을 발표했음에도 지구과학 분야에서 공식적인 훈련을 받지 않았다고 말할 것이다. 사실 기후과학은 수많은 과학 분야를 다양하게 아우르는 학문이다. 분자를 다루는 양자물리학, 움직이는 공기·물·얼음을 다루는 고전 물리학, 대기와 바다의 화학 작용, 단단한 지표면을 다루는 지질학, 생태계를 다루는 생물학을 모두 포괄한다. 또한 세계에서 가장 빠른 기계를 이용한 컴퓨터 모델링, 인공위성을 이용한 원격 감지, 고(古)기후 분석, 고급 통계법 등 과학을 '실행'하는 데 사용되는 기술들도 포함한다. 그뿐인가. 온실가스 배출량을 줄이기 위한 정책·경제·에너지 기술 관련 분야들도 있다.

기후·에너지 분야는 이런 방대한 지식과 방법론들이 한데 합쳐진 다학제적 학문이다. 두세 가지 이상의 분야에서 전문가인 연구자는

지구를 구한다는 거짓말

없다. 과학의 현주소를 평가하고 전달하는 것이 어려운 이유도 전반을 폭넓고 비판적으로 읽어 사실을 토대로 일관되게 실상을 보여줄 수 있어야(이를 위해선 남다른 기술이 필요하다) 하기 때문이다. 제임스 한센(James Hansen)과 마이클 만(Michael Mann)을 비롯해 물리학 배경을 가진 수많은 기후연구자들처럼 나도 물리학의 도구와 감각을 적용해 과학의 실상을 파악하는 데 만족감을 느낀다. 게다가 내겐 에너지 기술 분야에서 쌓은 경험과 정부·민간 분야 의사결정권자들에게 기후 정책 및 기타 주요 국가적 문제에 대해 자문한 경력(인간 게놈 프로젝트의 품질 기준을 마련한 것[16], 당시 상원의원이었던 조 바이든의 외교관계위원회에 9·11테러 이후 방사능 무기의 위험성을 증명한 일 등) 등 추가 이점도 있다.[17]

그들이 내 자격을 받아들인다 해도 이 책을 비판하는 일부 사람들은 내가 더 큰 그림을 무시한다고, 이 책이 이른바 합의된 내용에 반하는 과학적 사실에만 너무 집중한다고 말할 것이다. 하지만 기후과학의 방대함을 고려했을 때 논점은 정해야 한다. 평가보고서 각 권이 1천 페이지가 넘는 것만 봐도 그렇다. 나의 논지는 기후·에너지에 대한 대중적 인식이 과학적 사실과 매우 다르다는 점이다. 따라서 이 책은 과학적으로 무엇이 옳고 그른지를 판단하는 것 이상이다. 또 확실성과 불확실성을 지닌 과학이 어떻게 '확정된 과학'이 되는지, 과학을 요약하고 전달하는 과정에서 누락되는 것은 무엇인지를 설명한다. 여러분이 기후과학에 대해 들었던 내용이 모두 틀렸다는 얘기는 아니다. 다만 나는 정해진 분량과 기술적 한계 내에서 각 주제에 대해 균형 잡힌 내용을 전달하려고 최선을 다했다. 내가 인용하는 참고문헌을 찾아보면 훨씬 많은 정보를 얻는 데 도움이 될 것이다.

내 주장이 별로 중요하지 않다고 비판하는 사람도 있을 것이다. 하지만 언론, 정치인, 심지어 일부 과학자들조차 다음과 같은 만연한 낭설을 옹호하기 위해 그 반대 입장을 계속 공격하는 것을 보면 중요할 수밖에 없다. "기록적인 고온이 점점 흔해지고 있다", "허리케인이 강력해지는 건 인간 때문이다", "기후변화는 경제 재앙이 될 것이다." 반대로 다음과 같은 기사 제목을 한번 상상해보라. "기록적인 고온이 점점 줄어들고 있다", "허리케인이 인간의 영향 때문이라는 징후는 없다", "지구온난화는 경제에 큰 충격을 주지 않을 것이다." 본문에서 다루겠지만 이런 기사 제목들이 오히려 실제로 드러난 과학적 사실에 훨씬 가까운데도 일반인들은 이런 이야기를 접한 적이 거의 없을 것이다.

더 가벼운 비평가들은 사적 영역을 공격할 것이다. 내 이력서가 정반대 사실을 가리키는데도 나를 화석 연료 산업의 앞잡이라 부르는 이도 있을 테고, '기후위기 부정론자(Climate denier)'라고 칭하는 이도 있을 것이다. '기후위기 부정론자'는 나와는 반대로 데이터의 증거 능력을 인정하지 않는 반과학적 정치인 등을 가리키는 말인데도 말이다. 내가 말하는 사실들이 공식 통계와 보고서에 보란 듯이 실려 있는데 어떻게 내가 과학을 부정하는 사람일 수 있단 말인가? 게다가 공개적으로 과학적인 논의를 요구하는 것을 홀로코스트를 부인하는 행위와 동일시하다니, 동유럽 출신 친인척 200여 명을 나치의 손에 잃은 사람으로서 심히 불쾌한 일이다.

욕설은 그렇다 치고 과학계의 과거 동료들로부터도 비판이 날아오리라. 전문가들 사이에서 잘 알려진 사실이라 하더라도 불특정 다수에게 그런 내용을 군이 공개할 필요가 있는지 첫 기고문이 실렸을 때처럼 의문을 제기할 것이다. 그 이유는 이미 밝혔다. 과학이 실제로 얼마나 확정적인지(또는 불확정적인지) 아무런 편견 없이 설명하는 일이 바로 과학자의 책임이라고, 그것이 양심적 행위라고 믿기 때문이다.

나는 독자들이 열린 마음으로 이 책을 읽어주길 바란다. 지금껏 기후과학에 대해 알려진 것과 알려지지 않은 것을 공개적으로 심도 있게 논의하는 자리가 너무 부족했다. 기후위기가 얼마나 소리 높여 설파됐는지를 생각하면 놀랄 일도 아니지만 말이다. 존 케리 당시 국무장관은 연설 도중 인간이 초래한 기후변화를 대량 살상 무기에 비유하면서 이렇게 말한 적이 있다. "과학은 명쾌합니다. (…) 오바마 대통령과 저는 '평평한 지구 학회(Flat Earth Society, 지구가 평평하다고 믿는 지지자들의 모임-옮긴이)' 같은 모임에 신경 쓸 시간이 없습니다."[18] 하지만 과학은 확정적이지 않다. 공개 토론은 과학적 절차의 핵심이다. 과학자가 토론에 참여했다는 이유로 반과학적이라는 딱지가 붙을까 봐 두려워해야 한다는 건 말이 안 된다. 그런 의미에서 문제를 제기하고 있는 이 책은 정보에 입각한 논쟁과 의견 대립을 간절히 바라고, 또 진심으로 환영한다. 이 책이 기후·에너지 문제와 관련해 보다 현명한 사회적 결정을 내리는 데, 온난화의 과학을 둘러싼 논쟁의 열기를 식히는 데 중요한 발판을 마련해줄 것이다.

UNSETTLED

|1부|

과학

기후위기라는 오해에 대한 과학의 대답

THE
SCIENCE

우 리 부부는 아이가 셋이다. 여느 부모처럼 우리도 아이들이 행복하고 유능한 어른으로 자라기를 바라는 마음에서 본보기가 되려고, 좋은 행동은 격려하고 나쁜 행동은 꾸짖으며 올바르게 성장하도록 이끌려고 노력했다. 하지만 본성은 무시할 수 없는 것이라 세 아이는 각자 물려받은 유전자 조합과 커가면서 겪은 경험에 따라 부모의 영향에 저마다 다른 반응을 보였고, 그 반응들이 세 아이의 삶에 저마다 다른 파장을 가져왔다. 나는 부모로서 아이들이 나름의 굴곡은 겪었어도 개성을 지닌 어른으로 성장한 데 자랑스러움을 느낀다.

마찬가지로 기후과학에서도 영향과 반응, 파장은 핵심적인 세 가지 쟁점이다.

- 인간이 기후에 어떤 영향을 미쳤으며, 미래에는 이 영향이 어떻게 변할 것인가?
- 기후는 인간(과 자연의)의 영향에 어떻게 반응하는가?
- 기후의 반응은 생태계와 사회에 어떤 파장을 가져왔나?

전 세계는 지난 수십 년간 위 질문들에 답하기 위해 엄청난 노력을 쏟았다. 하지만 과학이란 게 원래 그렇듯 그 답은 불확실하며, 앞으로도 불확실할 것이다. 게다가 각 질문의 답은 앞선 질문의 답이 무엇이냐에 따라 달라지므로 마지막(이자 아마도 가장 중요한) 질문의 답이 가장 불확실한 법이다.

불확실성 이해하기

우리가 초등학교에서 배우는 과학은 자연계에서 일어나는 확실한 사실들의 집합체다. 지구는 태양을 공전하고, DNA는 생명의 청사진을 운반한다는 사실이 그 예다. 그러다 과학을 실제로 활용하기 시작하면서 비로소 이런 '사실'들이 수많은 관찰과 실험에 근거한 일련의 논리적 추론을 거쳐 힘들게 얻은 것임을 깨닫는다. 과학을 하는 과정은 단편적인 지식을 수집하는 과정이라기보다 알고 있는 것에서 불확실성을 없애는 과정에 가깝다. 우리가 그 과정의 어느 단계에 있느냐에 따라 그 지식에 대한 불확실성이 커지기도 하고 줄어들기도 한다. 가령 현대인은 사과가 나무에서 떨어지는 원리에 대해서는 전적으로 확신하는 반면, 난류의 흐름에 대해서는(대기권의 대류 현상처럼) 한 세기가 넘도록 제대로 해명하지 못하고 있다.

물리계의 모든 측정값에는 불확실 구간이 있다. 이를 보통 그리스 문자 시그마(σ)로 표시한다. 측정값은 σ로 명시된 범위 안에 있을 가능성이 크다고 말할 뿐, 정확한 수치를 말하기란 불가능하다. 그런 의미에서 2016년 전 지구 평균 지표면 온도는 14.85℃, 불확실 구간(시그마)은 0.07℃라고 말할 수 있다. 즉, 참값이 14.78~14.92℃ 사이일 확률이 3분의 2라는 의미다.

과학자가 측정의 불확실성을 아는 것은 측정 자체를 아는 것만큼이나 중요하다. 측정값의 차이가 유의미한지를 판단할 수 있기 때문이다. 만약 2016년의 기온이 14.85 ± 0.07℃로(첫 번째 숫자는 측정값이고 두 번째는 시그마다), 2005년의 기온이 14.54 ± 0.07℃로 측정됐다면, 과학자는 0.31℃이라는 차이가 측정값 자체의 불확실성보다 네 배 이상 크므로 유의미하다고 할 것이다. 반면 2015년(14.81 ± 0.07℃)과 2016년 사이의 연간 상승 수치인 0.04℃는 불확실성보다 적기 때문에(사실상 불확실 구간의 절반 정도다) 별로 대수롭지 않다. 언론은 무지로 인해, 또는 독자의 관심을 끌 의도로 "기온이 계속 상승하고 있다"고 계속해서 외치겠지만 이는 마치 여론조사의 오차 범위(시그마)가 3%p인 상황에서 고작 1%p의 변화에 정치 논객들이 흥분하며 혼란스러워하는 꼴과 다를 게 없다.

측정값의 유의성과 불확실성은 과학자의 공통 언어다. 하지만 특히 비전문가들에게 기후에 대한 전문가 수준의 이해를 바라며 불확실성을 설명하기는 훨씬 더 까다롭다. 그래서 평가보고서는 다음 표와 같은 공식 용어를 만들어 모르는 값의 범위를 정확히 전달하려 한다.[1]

IPCC 가망성 등급	
용어	결과의 가능성
사실상 확실함(Virtually certain)	99~100% 확률
매우 가망성 있음(Very likely)	90~100% 확률
가망성 있음(Likely)	66~100% 확률
절반의 가망성 있음(About as likely as not)	33~66% 확률
가망성 없음(Unlikely)	0~33% 확률
매우 가망성 없음(Very unlikely)	0~10% 확률
특히 가망성 없음(Exceptionally unlikely)	0~1% 확률

이 언어에서 '사실상 확실함'에 해당하는 설명은 부정확할 확률이 고

작 1%인 반면, '가망성 있음'에 해당하는 설명은 정확할 확률이 약 3분의 2, '매우 가망성 없음'은 기껏해야 10%다.

기후과학이 복잡다단한 만큼 불확실성을 확률로 계량화하기란 쉽지 않다. 유엔의 '기후변화에 관한 정부간 협의체(IPCC)'가 연구 결과에 대한 '신뢰도'를 나타내는 측정 용어를 이중으로 설정해 놓은 것도 이 때문이다. 신뢰도는 숫자, 질, 다양한 증거들의 일치 여부에 따라 달라지는 질적 판단을 말한다. 다음 IPCC 차트에서 볼 수 있듯 신뢰도는 총 다섯 단계인 '매우 높음, 높음, 중간, 낮음, 매우 낮음'으로 나뉜다.[2]

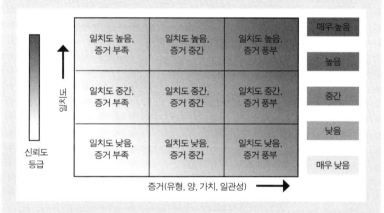

IPCC 보고서는 명확한 신뢰도 평가를 많이 수행한다.

기후과학은 연구가 활발한 분야다. 수천 명의 연구자들이 수십억 달러를 지원받아 기후를 관찰하고 해석하며 미래를 예측하기 위해 일한다. 연구 결과는 논문 형태로 과학 전문 학술지에 실리는데, 매년

1만 건 이상이 발표된다. 다른 과학 분야에서는 그것으로 끝난다.

하지만 기후과학은 다르다. 인류 사회에 미칠 파장이 매우 크기 때문에 핵심 질문들에 대한 답은 아주 중요하다. 유엔과 미국 정부는 정기적으로 대규모 연구 그룹을 소집해 다른 분야의 과학자, 정부와 민간 의사결정권자, 일반인 등 비전문가들에게 '최상의 답변'을 제공할 수 있는 공식적인 평가보고서를 준비한다. 권당 수백 쪽에 달하는 이 보고서들에는 비과학자들을 위해 최신 연구 결과를 개괄하고 요약하고 해석한 내용이 담겨 있다. 가장 최신 보고서는 IPCC[3]가 2013년에 발표한 제5차 평가보고서(Fifth Assessment Report, AR5)와 미국 지구변화연구프로그램(US Global Change Research Program, USGCRP)[4]이 2017년, 2018년에 상하 2권으로 나눠 발표한 제4차 국가기후평가 보고서(National Climate Assessment 2018, NCA2018)다. 이들 보고서가 발표될 때마다 대대적인 선전과 언론 보도가 따라붙는다.

평가보고서에 대하여

가장 잘 알려진 일련의 평가보고서(AR)는 1988년에 설립된 유엔의 IPCC 지원으로 작성되었다. IPCC는 1990년에 첫 보고서를 발표했고, 제4차 평가보고서(AR4)는 2007년에[5], 제5차(AR5)는 2013년에[6], 제6차(AR6)는 2022년 4월에 제3실무그룹 보고서까지 발표되었으며 9월에 종합보고서 발표가 예정되어 있다.

지구를 구한다는 거짓말

각 평가보고서의 기본 섹션은 이른바 제1실무그룹(Working Group I, WG1)이 담당한다. 여기서는 기후 시스템의 물리적 측면, 특히 최근 수십 년간 관찰된 변화와 더불어 인간과 자연의 영향에 기후가 어떻게 반응하는지를 다룬다. 여타 실무그룹들은 제1실무그룹의 평가를 기반으로 기후변화의 영향과 사회적 대응을 설명한다. 또한 각 실무그룹은 자신들이 맡은 부분에서 핵심을 추려 〈정책입안자를 위한 요약본(Summary for Policymakers, SPM)〉을 준비하며, 이 모든 섹션을 엮은 통합본도 발행한다. IPCC는 종합적인 평가보고서 시리즈뿐 아니라 기상이변[7], 해양과 빙권[8], 기후변화와 토지[9]와 같이 구체적인 사안에 초점을 맞춘 특별보고서도 발행한다.

미국 정부도 자체적으로 일련의 평가보고서를 발간한다. 1990 지구변화연구법(Global Change Research Act of 1990)에 따라 4년마다 국가기후평가(NCA)를 실시해야 하기 때문이다.[10] 이 보고서들은 USGCRP가 작성한다. NCA 보고서는 IPCC의 AR과 목적은 거의 같지만 미국 상황에 좀 더 초점을 맞춘다. 내용 역시 AR과 기조가 유사하지만 강조점이나 언어는 차이가 있을 수 있다.

NCA 보고서는 2000년, 2009년, 2014년 세 차례에 걸쳐 처음 발행됐다(조지 W. 부시 행정부는 NCA 발행에 다소 태만했다). 네 번째로 발행된 NCA2018은 두 권으로 나뉘는데, 물리적인 기후과학에 초점을 둔 1권은 2017년 11월 기후과학 특별보고서(Climate Science Special Report, CSSR)로 발표되었고,[11] 기후변화의 영향과 위험, 변화에 어떻게 적응할지에 초점을 둔 2권은 2018년 11월에 발표되었다.[12] 장차 기후가 미칠 영향을 분석한 내용은 당연히 CSSR의 미래 기후변화 예측을 토대로 하므로 CSSR이 기후과학의 확실성과 불확실성을 얼마나 충실히 전달하는지에 따라 신뢰성이 크게 좌우된다. 다섯 번째 NCA 보고서는 2023년에 발행될 예정이다.

AR 및 NCA 보고서의 초안 작성과 검토 절차는 유사하다. 주관 기관(IPCC 또는 USGCRP)이 각 장을 집필할 전문가들로 팀을 꾸리고 각 팀이 기타 전문가들의 의견을 듣고 내용을 수정해가며 초안을 작성한다. 미국 국립아카데미(National Academies of Sciences, Engineering, and Medicine, NASEM)가 소집한 위원단의 공식 검토도 거치는데, 전 과정에 수년이 소요된다. 가령 AR6의 주 저자들은 2018년 6월에 첫 회의를 했고 보고서의 예상 발표일은 그로부터 3년 뒤다. CSSR은 이보다 더 빨리 시작했는데도 초안 작성과 검토에 약 20개월이 걸렸다.

이 평가보고서는 비전문가들에게는 그야말로 '절대 과학'이다. 철두철미한 집필 및 검토 과정을 감안하면 독자가 이 평가서와 요약본을 완벽하고 객관적이며 속임수가 없는 '최적의 기준'으로 여기는 것도 당연하다. 내 경험상 대부분의 보고서들은 그 같은 기대에 부응한다. 이 책 1부에 인용한 수많은 과학적 근거들도 이들 자료에서 가져온 것이다. 하지만 최근 평가보고서를 주의 깊게 살펴보면 핵심을 오도하거나 와전하는, 근본적인 오류가 눈에 띈다. 이 오류란 무엇이고 어떻게 생기는지, 언론은 이를 어떻게 보도하는지, 이를 바로잡으려면 어떻게 해야 하는지가 기후과학의 이면에 놓여 있다.

———

기후를 이야기할 때 '옮겨 말하기 게임'에서 멀리 떨어져 있는 기관들과 일반 대중은 평가보고서에 의존한다. 가령 미국과학진흥회(American Association for the Advancement of Science, AAAS)에서 발표한 '대응 방안'이라는 제목의 2019년도 보고서는 NCA2018을 참조하고 있는데, 기후과학을 다음과 같이 요약하고 있다.

> 우리가 사는 국가, 주, 도시, 마을은 시급한 문제에 직면해 있다. 바로 기후변화다. 이미 미국인들은 그 영향을 감지하고 있으며 앞으로도 그 영향은 수십 년 동안 지속될 것이다. 기온 상승은 밭일을 하는 농부와 도시 대중교통 이용자들에게도 영향을 미칠 것이다. 전국적으로 빈번하게 일어나고 있는 허리케인, 홍수, 산불, 가뭄과 같은 기상이변도 더 강력해지고 있다. 기상이변이 지구와 인류 사회를 수많은 위험에 빠뜨리고 있지만 무엇보다 가장 큰 위험은 손 놓고 구경만 하는 것이다. 과학은 기후변화에 빠르게 대응할수록 감당해야 할 위험과 비용도 줄어들 것이라고 말하고 있다.[13]

나는 50년 남짓 미국과학진흥회의 회원으로 활동했고 수년 전에는 이 단체의 특별회원으로 임명된 바 있지만 위 내용이 12만 회원들의 지지를 받기는커녕 의견을 구하기 위해 제출된 적도 없다는 건 확실히 말할 수 있다. 만약 내게 논평을 요청했다면 평가보고서와 관련 연구문헌들에 정통한 입장에서 다음과 같은 다소 다른 의견을 제시했을 것이다.

지구가 지난 100년 동안 온난해진 데는 자연 현상으로 인한 탓도 일부 있지만 인간의 영향력이 커진 탓도 있다. 이 같은 인간의 영향(화석연료를 태워 이산화탄소를 대기에 축적시킨 책임이 가장 크다)이 복잡한 기후 시스템에 미치는 물리적인 효과는 미미하다. 안타깝게도 기후가 인간의 영향에 어떻게 반응하는지, 원래 자연적인 상태에서는 어떻게 변화하는지 실질적으로 계량화하기에는 관측과 이해가 부족하다. 하지만 1950년부터 인간의 영향이 약 5배 증가했고 지구가 다소 온난해졌음에도 가장 심각한 기상 현상은 여전히 과거(인간의 영향이 없었을 때 있었던) 변동 범위 내에 있다. 게다가 지금의 미래 기후 및 날씨 예측도 그 목적에 부적합한 기후모델에 의존하고 있다.

기후라는 주제를 논할 때 일반인과 (미국과학진흥회를 비롯한) 기관들이 근거도 없이 과장하는 경향을 보이는 이유는 앞으로 자세히 살펴볼 것이다. 또 설득하는 태도가 아니라 정보를 빠짐없이, 편견 없이 체계적으로 전달하는 전문적인 자세로 논의에 임할 수 있게 해줄 방안을 제시할 것이다. 이어지는 장들에서는 공포를 조장하기보다 사실에 입각해 신중하게 내린 진단을 뒷받침할 증거들을 제시하려 한다. 식용유나 팔자고 이 책을 쓴 건 아니니 말이다.

지구를 구한다는 거짓말

1

온난화에 대해 말하지 않는 것

?

나는 어릴 적부터 세상을 측정하고 싶은 충동에 사로잡혔다. 그 시절 나를 매료시킨 것 중 하나가 온도였고, 나는 유치원에 있던 작은 알코올 온도계에 마음을 빼앗겼다. '이건 어떻게 작동하는 거지? 온도는 왜 변한 걸까?' 다섯 살 난 아이의 호기심 어린 마음에 나는 온도계를 복도로, 건물 밖으로 가지고 나가면 어떻게 될지 궁금증을 참지 못하고 급기야 어느 겨울날, 수업이 끝난 후 온도계를 주머니에 넣은 채 교실을 나섰다. 하굣길에는 눈금이 내려가고 집 안에 들어서자 눈금이 다시 올라가는 온도계를 보고 있으니 신이 났다. 그러다 온도계를 냉장고에 넣는 바람에 내가 허락도 없이 실험 장치를 빌려왔다는 사실이 어머니께 발각되고 말았다. 다음날 아침 나는 온도계를 제자리에 돌려놓고 선생님께 사과드린 후 온도계를 다시는 가져가지 않겠다고 약속했다. 그 일로 인생의 교훈을 얻은 나는 며칠 뒤 부모님으로부터 온도계를 선물받았다.

어린 시절 본능적으로 알아차린 것처럼 자연계에 대한 이해는 측정, 즉 데이터에서 시작한다. 하지만 쓸모 있는 기후 데이터를 수집하는 일은 주머니에 온도계를 넣고 돌아다니는 일과는 차원이 다르다. 지구가 거대해 전체를 측정하기도 쉽지 않을 뿐더러(게다가 70%가 대양이다) 수십 년에 걸쳐 작은 변화를 찾는 일이라 정확하고 정밀하며(불확실성이 적다는 뜻이다) 오랜 기간 관측된 기록이 필요하다. 데이터가 아무리 훌륭하다 하더라도 데이터를 해석하는 일은 그리 간단하지 않다. 이 장에서는 지구의 기온 변화에는 '인간이 지구온난화를 유발하고 있다'를 넘어 훨씬 많은 이야기들이 얽혀 있음을 살펴볼 것이다.

대다수가 그림 1.1의 상징적인 그래프를 본 적이 있을 것이다. 이 그래프는 1850년 이후로 지구의 '기온'이 1℃가량 올라갔으며 1980년 즈음부터는 약간 가파르게 상승했음을 보여준다. 확실히 어떤 변화가 있는 것처럼 보인다. 이 그래프가 정확히 무엇을 의미할까(보다시피 '기온'이 아닌 '기온 편차'다)? 뉴욕의 연평균 온도(약 13℃)만 해도 해마다 2℃ 이상 변한다. 이 값은 그래프의 전체 변화폭보다 큰 수치다. 그런데 이렇게 장기적인 시간 동안 더 적은 온도 변화가 있었다는 사실을 걱정할 필요가 있을까? 삽입된 그래프가 지구의 실제 온도 변화는 아주 미미하다고 말해주고 있는데도? 이 그래프가 말하는 사실은

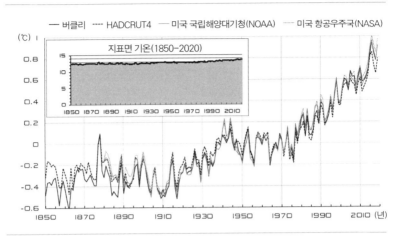

그림 1.1 네 개의 독립 기관이 분석한 연간 지표면 기온 편차

편차는 기준(평균)값과의 온도 차이를 의미한다. 미세한 차이가 있긴 하지만 네 곳의 분석 모두 비슷한 추이와 등락을 보이고 있다. 각 데이터의 일반적인 불확실성은 ± 0.1℃다.[1] 삽입된 그래프는 편차가 아닌 지구의 평균 기온을 보여준다. 네 기관의 데이터 간 차이가 미미해 삽입된 그래프에서는 잘 나타나지 않는다.

무엇일까?

훔친 온도계로 실험하는 다섯 살짜리도 온도가 장소와 시간에 따라 달라진다는 사실은 알 수 있었다. 오늘날 전 세계에 설치된 수천 개의 관측소와 머리 위를 떠다니는 수십 개의 위성이 지구 전역에서 일어나는 이런 변화(와 다양한 기상 정보)를 쉴 새 없이 기록하고 있다. 기상청은 이런 관측 결과를 정리하고 분석해 우리가 일상 계획을 세울 수 있도록 일기예보를 한다.

관측 결과 분석이 복잡하긴 하지만 이렇게 만들어진 일기예보는 우리가 아침에 집을 나서며 스웨터를 챙길지 말지를 결정하는 데 유용하다. 관측 결과로부터 기후에 관한 정보를 알아내는 일은 이보다 훨씬 복잡하다. 기후는 기상과 다르기 때문이다. 바로 이 차이가 대중적 논의에서 자주 누락된다. 모든 곳에서 쉴 새 없이 변화하는 날씨는 예측 가능하면서도 동시에 예상 밖의 현상을 보인다. 하루 중에도 (오전 4시보다 오후 4시가 보통 더 따뜻하다), 며칠 사이에도(기상 전선에 따라), 계절에 따라, 해가 바뀜에 따라 변한다. 반면 한 지역의 기후는 수십 년에 걸친 날씨의 평균이다. 기후 연구자들이 10년처럼 짧은 기간의 평균을 놓고 기후를 논하기도 하지만, 사실 유엔의 세계기상기구(World Meteorological Organization, WMO)는 기후를 30년 동안의 평균으로 정의한다. 따라서 해마다 변하는 기상 상황은 기후변화에 해당하지 않는다.

비전문가들은 종종 기후와 기상을 혼동한다(전문가들도 혼동하는 경우가 있는데, 때로는 의도적이다). 다음 예시를 통해 이 둘의 차이를 살펴보자. 미국 북부 위스콘신에서 남부 애리조나로 이사를 간다고 치자. 새 거주지의 기후에 대해 알아보니 다음과 같은 정보가 나온다. 무더운 기후에 대비해 에어컨을 구비하라, 무거운 겨울 코트는 두고 가는 게 좋다, 물을 듬뿍 줘야 하는 화초는 위스콘신 매디슨에서는 잘 자라겠지만 애리조나 투손에서는 그렇지 않을 것이다 등등. 하지만 화요일 일기예보는 좀 다르다. 애리조나에 도착하는 목요일에 우산을 챙기라고 하니 말이다. 1901년 마크 트웨인(Mark Twain)이 남긴 '기후는 예상하는 것이고 날씨는 겪는 것이다'라는 명언은 이 상황을 잘 설명해준다.

기후는 여러 해에 걸친 평균이므로 서서히 변한다. 기후를 정의하려면 최소 10년 동안의 관찰이 필요하고, 기후변화를 확인하는 데는 20여 년이 더 걸린다. 이는 기억의 한계에 달할 만큼 긴 시간으로, 특히 변화가 작을 때는 더 그렇다. 따라서 실수를 하지 않으려면 꾸준히 기록해야 한다. 대중이 가장 관심을 가지는 폭풍우나 폭염과 같은 악기상(惡氣象)의 횟수와 강도 역시 해마다 변한다. 하지만 다시 한 번 말하지만, 기후는 수십 년에 걸쳐 평균적으로 보인 특징을 근거로 정의하는 것이다.

우리는 오랜 시간에 걸친 기후라는 '큰 그림'은 물론, 지구의 큰 그림을 놓쳐서 실수를 할 수 있다. 기후는 위도(극지방에 가까울수록 추워진다), 고도(산에서는 더 춥다), 물과의 근접도(차이를 완화시킨다)와 같은 특징에 따라 장소마다 달라진다. 싱가포르의 하루 평균 최고 기온은 연중 33℃이지만, 모스크바는 1월에는 -4℃, 7월에는 24℃이다. 인간이 미치는 영향을 평가하려면 전 지구적으로 광범위한 지역에 걸친 기온을 고려하는 것이 가장 좋다. 온실가스처럼 가장 문제시되는 요인들은 전 세계에 걸쳐 영향을 끼칠 뿐만 아니라 넓은 지역에 걸쳐 평균을 내면 '잡다한 불필요 정보(Noise)들이 걸러져' 미세한 기후변화를 더 명확하게 짚어낼 수 있기 때문이다.

하지만 지표면 전체의 온도 변화를 측정하는 것, 특히 수십 년에 걸친 소수점 수준의 변화를 찾으려고 하는 건 쉬운 일이 아니다. 온도계를 어떻게 보관했는지, 정확히 어디에 설치했는지 등 온도계 자체 변화에도 유의해야 한다. 또 측정 기구가 수년 동안 제자리에 있었다 해도 주변의 도시화가 문제가 될 수 있다. 건물·도로·인구 밀집으로 인해 도시 기온이 시골보다 몇 도 더 높기 때문이다. 하지만 이보다 중요한 건 모든 지역에 온도계를 설치하지 않고 어떻게 지구의 온도를 측정할 수 있느냐다. 한센과 레베데프(Hansen and Lebedeff)가 1987년에 발표한 기념비적인 논문에 따르면, 반경 1200km 이내의 지역은 평균적으로 비슷한 기온 변화를 보인다고 한다.[2] 한 지역의 평균 기온이 1℃ 상승하면 근처의 다른 지역도 비슷한 변화를 보일 가능성이 높다는 뜻이다(하지만 장담할 수 없다). 따라서 기지국을 드문드문 설치해 광대한 지역에 걸쳐 기온 변화를 측정하면 된다. 지역 간 격차는 확률 이론으로 보완할 수 있다. 그림 1.1은 서로 다른 분석법을 사용하는 네 개의 독립 기관이 이 일반적 개념을 근거로 지표면 온도를 기록한 결과로, 온도가 매우 비슷하다는 것을 보여준다.

그림 1.1과 관련해 초반에 던진 질문으로 돌아가 보자. 왜 '기온'이 아닌 '기온 편차'일까? '편차'는 한 지역에서 관측한 패턴(이 경우는 기온)이 그 지점의 기준(평균)값에서 얼마나 벗어나는지를 측정한 것이다. 기준값 대비 변화값을 이용하면 북극과 열대의 변화를 동일한 잣대 위에 놓을 수 있어 시간 경과에 따른 변화뿐 아니라 지역 간 변화를 비교할 수 있고, 따라서 광범위한 추세를 파악할 수 있다. 기준값은 보통 분석 기간의 중간 30년(그림 1.1에서 1951~1980년으로 정한 것처럼)의 평균값으로 정한다. 다소 임의적이긴 하지만 다른 기준값을 선택한다 해도 곡선이 위아래로 위치만 이동할 뿐 모양이나 크기는 달라지지 않기 때문에 임의성 여부는 중요하지 않다(우리의 관심사는 기후

'변화'임을 기억하자).

이렇게 전 지구에 걸쳐 일 년 동안의 일일 기온을 평균 낸 예상치와 하루 평균 기온 간의 차이를 나타낸 것이 그림 1.1의 지구 기온 편차 그래프다. 이 그래프를 보면 지구 기온 편차의 평균이 지난 한 세기 동안 상승했음을 알 수 있다. 물론 이는 모든 곳의 기온이 그 기간 내내, 또는 동일한 수치로 상승했다는 의미는 아니다. 하지만 이처럼 시간에 따른 변화는 우리에게 중요하고 흥미로운 몇 가지 정보를 제공한다.

그림 1.1에 나타난 지표면 평균 기온 기록에는 한 가지 두드러진 특징이 있다. 데이터가 해마다 변동하는데도 수십 년에 걸쳐 뚜렷한 추세를 보이고 있으며 그 오르내림이 전반적인 온난화 추세와 겹친다는 점이다. 단순히 임의적 값을 마구잡이로 늘어놓은 것이 아니라는 말이다.

기후와 관련된 대부분의 시간에 따른 변화값에는 패턴이 있다. 해마다 변화가 있긴 하지만 바로 장기적인 추세가 뚜렷하다는 사실이다. 이 현상은 나일강의 수위(아프리카 대륙의 약 10%가 넘는 지역에 비가 오면 바로 수위가 변한다)를 연구하던 영국의 수문학자 허스트(H. E. Hurst)가 발견했다. 그림 1.2는 서기 622년부터 1284년까지 650년 넘게 카이로 인근의 로다 닐로미터(Roda Nilometer)에서 해마다 관측한 나일강의 최소 수심을 나타낸다. 보다시피 해마다 수치가 오르락내리락하고 때로는 크게 변화하는데도 30년 평균을 나타내는 실선을 보면 그림 1.1의 지구 기온 데이터와 마찬가지로 수십 년에 걸쳐 뚜렷한 추세가 있음을 알 수 있다.

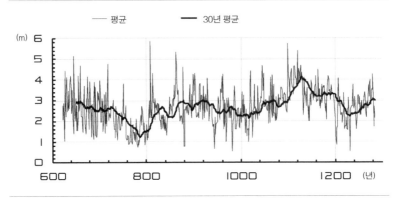

그림 1.2 기후 등락과 추세 기록

서기 622년부터 1284년까지 650년 이상 관측한 이집트 카이로 부근 나일강의 연간 최소 수심. 미터로 관측된 이 데이터는 장기적인 추세에서 나타나는 연도별 등락의 특징적 패턴을 보여준다.[3]

오락가락하는 단기적 변동보다 장기적 추세의 지표를 살펴보는 것이 기후를 파악하기 위한 큰 그림을 읽는 데 도움이 된다. 언론에서는 정반대로 보도하지만 몇 년간 수치가 이례적이었다고 해서 기후가 변했다는 뜻은 아니다. 그래서 연구자들은 흔히 수십 년에 걸친 간단한 추세 지표로 기후변화를 설명한다. 이를테면 그림 1.1의 지구 기온 편차 그래프의 경우 1900년에 −0.3℃에서 시작해 2020년에 +0.8℃로 끝나는데, 이는 120년에 걸쳐(10년씩 열두 번) 1.1℃, 즉 10년당 0.09℃가 상승했음을 보여준다.

하지만 이 그래프는 전체 기록 기간의 평균 기온 동향을 알려줄 뿐, 전체 데이터를 자세히 설명해주는 건 아니다. 수십 년에 걸친 몇

몇 구간에서 완전히 다른 움직임을 보이기 때문이다. 예를 들어 1980 년부터 2020년까지 40년간 평균 상승률(0.20℃/10년)은 0.09℃/10년의 2배에 가깝지만, 1940년부터 1980년까지 40년간 평균 상승률(-0.05℃/10년)은 마이너스다. 그리고 그 이전인 1910년부터 1940년에 이르는 30년 동안의 상승률(약 0.17℃/10년)은 다시 평균인 0.09℃/10년의 거의 2배다.

따라서 시간 범위를 어떻게 설정하느냐에 따라 변화 추세가 크게 좌우된다. 그렇다 보니 어느 구간을 선택하느냐에 따라 얼마든지 원하는 추세를 얻을 수 있다. 안타깝게도 이렇게 데이터를 '입맛에 맞게 고르는' 것은 언론(과 때론 평가보고서)이 설득을 목표로 할 때 흔히 취하는 태도다. 하지만 정보 제공이 목표라면 어떤 범위를 설정하든 모든 등락을 포함시킨 전체 데이터 집합을 제시하고 논의하는 것이 중요하다.

———

규모(재차 언급하는 '큰 그림') 역시 지구적 또는 지역적 기후변화의 복잡한 실타래를 푸는 데 도움이 되기 때문에 중요하다. 8월은 북반구 언론들이 무더운 날씨를 가장 열심히 보도하는 계절이다. 2019년 8월 13일 〈워싱턴포스트(Washington Post)〉는 1면에 "심각한 기후변화, 미국 상륙"이라는 제목의 기사를 실었다. 그리고 자신들의 주장을 뒷받침하기 위해 그림 1.3의 두 지도를 떡하니 게재했는데, 이 지도는 1895~2018년 미국 대륙의 주(州)별 기온 변화를 묘사하고 있다.

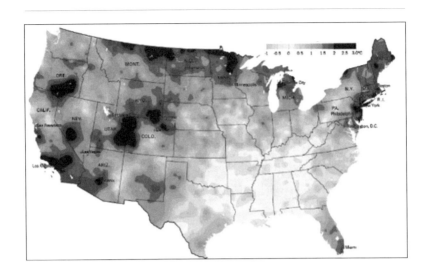

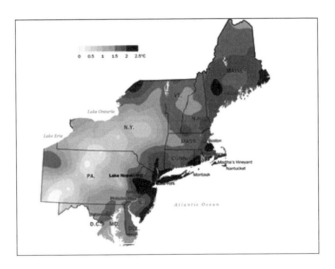

그림 1.3 **미국 주별 지표면 기온 변화(1985~2018년)**

미국 국립해양대기청의 데이터로, 2019년 8월 13일 〈워싱턴포스트〉에 "심각한 기후변화, 미국 상륙"이라는 제목으로 실렸다.[4]

지구를 구한다는 거짓말

이 기사는 지구온난화라는 맥락에서 논의의 틀을 규정짓고 있다. 하지만 주의 깊은 독자라면 일부 인구 밀집 지역(뉴욕, 로스엔젤레스, 피닉스 등)이 나머지 지역들보다 훨씬 빠르게 온난화가 진행되었다는 점을 알아차릴 것이다. 그리고 로키산맥이 지나가는 몇몇 주에 위치한 짙은 점들은 우연찮게도 새로운 석유 및 가스 생산 지역과 일치한다. 보다 전문 지식을 가진 사람들은 지구의 기후변화로 인한 기온 변화 추세가 이 두 지도의 짙은 색 부분을 넘어 훨씬 광범위한 공간에 걸쳐 있다는 점을 알 것이다. 독자 여러분도 알고 있다. 한센과 레베데프가 말한 1200km 범위가 생각날 테니 말이다. 그렇다면 어떻게 뉴욕시가 250km 떨어진 뉴욕주 중심부보다 훨씬 빨리 따뜻해질 수 있었을까?

그 이유는 기사의 다음 문장 안에 깊이 묻혀 있다.

전문가들의 말에 따르면, 도시의 열섬 현상, 대기 오염, 해류, 더스트볼(Dust Bowl, 1930년대 미국 남서부 지역에서 일어난 거대한 황사 발생 재난으로, 먼지 폭풍, 모래 폭풍이라고도 함-옮긴이)과 같은 현상, 엘니뇨와 같은 자연적인 기후 불안정 현상 모두 기온 변화에 영향을 준다고 한다.

이 기사가 주장하는 내용과 달리 이 지도는 사실 '심각한 기후변화'의 도래를 보여주지 않는다. 지도상 일부 짙은 반점들은 기후변화 때문이 아니라 도시화, 또는 특정 지방에서 석유·가스 생산이 시작되고 인간 활동이 증가하면서 생겨난 결과일 가능성이 매우 높다. 다시 말해, 이들 지역의 기후는 사실 산업혁명이 시작된 후부터 변했을 수 있다. 게다가 기사에서 온실가스를 수차례 언급하고 있는 것과 달리 이런 국지적 변화는 이를테면 이산화탄소(인간의 영향을 가장 많이 받는 온실가스)가 전 세계에 거의 동일한 농도로 존재하는 것과 같은 전 지구적 현상과는 거의 관련이 없다.

내가 강의에서 자주 사용하는 그림 1.4는 70km 떨어져 있는 웨스트포인트와 뉴욕 센트럴파크의 연평균 기온을 측정한 것이다.[5] 1920년 이후 40년 동안 뉴욕시의 기록에서 도시화가 온난화에 영향을 미친 것을 확실히 알 수 있듯(웨스트포인트는 상대적으로 여전히 시골이다) 두

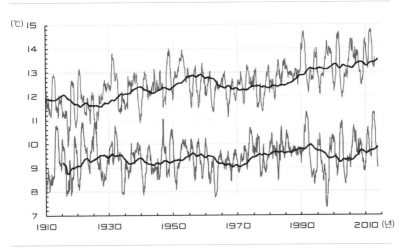

뉴욕시(위)와 웨스트포인트(아래)의 기온(1910~2013)

그림 1.4 **1910년부터 2013년까지 뉴욕시(위)와 그로부터 70km 떨어진 뉴욕 웨스트포인트(아래)의 연평균 기온**
회색 선은 연평균이고 검은색 선은 10년 단위 평균이다. 웨스트포인트의 데이터가 1.5℃ 아래에 있는 모습을 분명히 확인할 수 있다.

지구를 구한다는 거짓말

기온의 오르내림에도 상관관계가 (완벽하게는 아니지만) 있는 게 분명하다. 보다시피 두 지역의 기온 자체는 다르지만 한센과 레베데프가 예측한 것처럼 오르내림의 방향과 크기는 모두 상당히 일치한다. 당연히 측정 지역을 (뉴욕과 북경처럼) 아주 멀리 떨어진 곳으로 택했다면 변동 형태가 전혀 일치하지 않았을 것이다.

전문가들이 기온 변화를 지도에 나타낼 때 보통 1200km 거리에 걸쳐 균일하게 고르는 이유가 바로 지역적 영향과 지구적 영향을 혼동하지 않기 위해서다.[6] 만약 내가 가르치는 학생이 〈워싱턴포스트〉에 실린 것과 같은 지도를 만들어놓고 무엇이 지구 전체 기후변화로 인한 온난화이고 무엇은 아닌지에 대한 설명을 하지 않았다면 좋은 점수는 받기 힘들 것이다.

───

그림 1.1에서 지구의 기온 편차가 다양한 추세를 보이는 데는 여러 가지 원인이 있는 것으로 판단된다. 하나는 기후 시스템 자체가 느린 해류의 영향으로 수십 년 동안 주기적이고 반복적인 변화를 겪기 때문이다. 또한 태양 밝기의 변화처럼 기후 시스템이 변하도록 '힘을 가하는(영향을 미치는)' 자연적 현상도 있다. 마지막으로 우리의 가장 큰 관심사인 인간의 활동으로 인한 강제력●이 유발시키는 변화도 있다

● 기후 시스템은 지구에서 발생하는 여러 요인들에 의해 큰 영향을 받는다. 이렇게 기후 시스템에 변화를 가져오는 구체적인 요인(cause)들을 기후 '강제력'(climate forcing)이라고 한다. 자연적인 기후 강제력으로 태양복사에너지, 지구 판구조 운동, 지구 궤도 등을 들 수 있다.

(기후과학을 논하면서 '강제력'이라는 단어를 쓰는 게 이상해 보이겠지만, '영향력'을 다소 엄격하게 표현한 동의어로 보면 된다).

기후변화(Climate Change)와 변화하는 기후(A Changing Climate)

'기후변화'라는 용어는 혼동을 일으킨다(일부러 혼동을 조장할 때도 있다). '기후변화에 대한 유엔 기본협약(UN Framework Convention on Climate Change)'에서는 '기후변화'를 다음과 같이 정의한다.

> ……지구 대기의 구성을 변화시키는 인간의 직간접적 활동으로 인하여 기후가 변화하는 것으로, 비교 가능한 기간에 걸쳐 관측된 자연적 기후 변동에 추가로 발생하는 것이다.……[7]

이 정의에서는 자연적 원인으로 발생한 변화는 분명히 배제한다. 이 용어의 일반적 의미와 거리가 있기 때문이다. 따라서 보통 '기후변화'라고 하면(흔히 듣는 '기후변화는 현실이다!'라는 구호에서처럼) 그 원인이 인간이라고 생각하기 쉽다. 그런데 언론은 이 용어를 정확하게, 일관되게 쓰지 않는 것은 물론, 때로는 분명하게 정의하지도 않고 귀에 걸면 귀걸이 코에 걸면 코걸이 식으로 써먹는다. 이유가 여럿이거나 원인을 알 수 없는 변화에 대한 기사를 쓰면서도 '기후변화'라는 제목을 붙이는데, '기후변화와 맞서 싸우자!'라고 주장하면 마치 인간의 영향을 줄이면 기후가 변하는 것을 막을 수 있을 것처럼 들린다.

이런 혼동을 피하기 위해 이 책은 애매모호한 단어를 피하고 구체적이고 정확한 언어를 사용하려 한다. 인간의 영향으로 인한 변화를 논할 때는 '인간에 의한 기후변화'라는 표현을 사용할 것이다. 같은 맥락에서 '변화하는 기후'라고 하면 말 그대로 어떤 원인이든 상관없이 일어나는 변화를 가리킨다. 정확한 용어는 과학자가 명쾌하게 추리하고 의사소통하기 위한 가장 강력한 도구이지만, 부정확한 용어는 설득이 목적인 사람들의 강력한 도구다.

다음 장에서 살펴보겠지만, 1900년 이전에는 인간이 기후에 미치는 영향력이 무시할 수 있는 수준이었다. 1900년에는 인구가 많지도 않았고(오늘날의 5분의 1에 불과하다) 대부분이 농업에 종사했으며, 산업화는 대부분의 국가에서 막 시작된 참이었다. 인간의 영향력은 1950년대 후반까지도 상당히 미미해 현재의 4분의 1도 되지 않았다. 그러니 1950년 이전의 기후 변동은 지배적이진 않더라도 다른 현상들이 작용했다는 사실을 말해준다. 이는 1940년에서 1980년 사이에 인간의 영향이 커졌음에도 불구하고 지구의 기온이 오히려 내려간 것에서도 알 수 있다. 그리고 추정컨대 이러한 자연적 변화(내적 변동과 자연적 강제력)는 아직도 존재한다. 그러므로 기후가 앞으로 어떻게 변할지를 예측하는 것은 물론이고 인간이 최근의 온난화 현상에 일부라도 영향을 미쳤다고 확신을 갖고 주장하려면 이런 자연적 변화에 대해 이해하는 게 아주 중요하다.

최근의 기온 상승을 놓고 고민할 때 주목할 만한 또 다른 지점은 (오해의 소지가 있는 그림 1.3의 지도에도 불구하고) 지난 40년 동안 온난화가 대규모로 진행됐지만 그 현상이 전 세계적으로 균일하지 않다는 사실이다. 이는 미국 정부의 2017년 기후과학 특별보고서(CSSR)에서 가져온 그림 1.5에 분명히 나타나 있다. 보다시피 육지는 해수면보다, 고위도인 극지방은 저위도인 적도 부근보다 빠르게 온난화가 진행되고 있다. 그리고 일반적으로 가장 추운 기온(밤, 겨울 등)이 가장 따뜻

지표면 기온 변화(1901~2015)

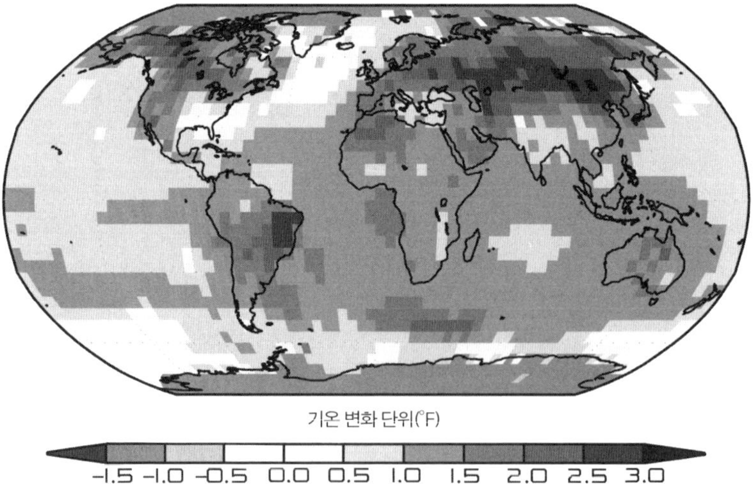

기온 변화 단위(°F)

-1.5 -1.0 -0.5 0.0 0.5 1.0 1.5 2.0 2.5 3.0

그림 1.5 **1901~1960년 대비 1986~2015년의 지표면 기온 변화(°F).**
대부분의 육지와 바다에서 전반적으로 변화가 뚜렷하다. 북대서양, 남태평양, 미국 남동부 지역은 변화가 크지 않다. 북극 바다와 남극 대륙은 장기적인 변화를 계산할 만한 데이터가 충분하지 않다(CSSR의 그림 1.3에서 인용.)[8]

지구를 구한다는 거짓말

한 기온보다 더 빠르게 상승하고 있다. 지구가 따뜻해짐에 따라 기후도 점점 온화해지고 있는 것이다.

어쩌면 '그래서 어쨌다고?'라고 반문할지도 모르겠다. '지구가 점점 따뜻해지고 있다는 게 중요하지, 온난화가 전 지구에 걸쳐 한결같지 않다거나 균일하지 않은 게 뭐가 문제라는 거야? 낮은 기온이 높은 기온보다 빠르게 상승하고 있다는 건 왜 또 문제라는 거고?' 하지만 이런 세부 사항들이 중요하다. 앞으로도 계속 논의하겠지만, 이런 정보가 있어야 과거든 향후 수십 년이든 인간으로 인한 변화와 자연으로 인한 변화를 각각 분리해 정량화할 수 있다. 또한 기후가 변하면 어떤 일들이 생기는지도 파악할 수 있다. 지구가 따뜻해지면서 생태계는 어떻게 변했을까? 우리가 이미 목격한 기후변화에 사회는 어떻게 적응해 왔으며, 앞으로의 변화에 얼마나 잘 적응할 수 있을까? 모든 과학이 그렇듯 세부 사항을 알아야 무슨 일이 일어나는지, 그 일이 왜 일어나는지, 미래에는 어떤 일이 벌어질지에 대한 이해도가 높아진다.

물론 기후에는 지표면의 기온 변화보다 훨씬 다양한 요소들이 작용한다. 심지어 대기 전체의 변화보다 기후에 작용하는 요소가 더 많다. 사실 대기는 물(바다, 호수 등), 육지와 바다의 눈과 얼음, 단단한 대지, 생물(미생물, 식물, 동물, 인간)을 포함하는 훨씬 거대하고 복잡한 시스템에서 상대적으로 작은 부분을 차지한다.

바다는 지구의 기후 시스템에서 가장 중요할 뿐만 아니라 난해한 문제들을 안고 있다. 바다는 기후 시스템에서 90% 이상의 열을 오랜 기간 함유하고 있다. 대기의 조건은 날마다 해마다, 그리고 수많은 요인들로 인해 걷잡을 수 없이 변한다. 이것이 기상과 기후의 복잡성을 해석하기가 그토록 어려운 이유 중 하나다. 반면 바다는 수십 년에서 수백 년에 걸쳐 천천히 변하고 또 그 변화에 반응한다.

하지만 앞서 언급했듯 기후변화를 포착할 만큼 폭넓고 정확하게 해양 데이터를 수집하는 것은 육지 데이터를 수집하는 것보다 훨씬 어렵다. 해양은 워낙 광대한 데다 사람도 살지 않고, 가까운 표면이면 몰라도 깊은 수심은 접근하기도 매우 힘들다(해양의 평균 깊이는 3,700m 다). 인공위성으로는 해수면과 그 바로 위의 온도만 측정할 수 있으며, 그마저도 가능해진 지 반세기가 채 되지 않았다. 인공위성이 생기기 이전에는 선박(모든 곳에 가지는 않는다)과 부표(몇 군데 지역에 고정돼 있다)로 해수면이나 수심을 측정하는 게 전부였다.

2000년에 '아르고(Argo, Array for Real-time Geostrophic Ocean-ography)'라는 국제 프로그램은 해양의 특성을 기록하기 위해 대량의 로봇 부표를 바다에 띄우기 시작했다.[9] 2005년 아르고 부표 시스템이 처음으로 전 세계에 보급된 후, 현재 3,800개가 넘는 로봇 부표들이 전 세계 해양의 특성을 기록하고 있다. 보통은 1km 깊이에서 떠다니지만, 열흘에 한 번씩 수심 2km 이상 아래로 내려갔다가 6시간에 걸쳐 수면으로 올라오면서 급수관을 통해 온도 및 염분 상태를 측정한다. 그리고 위성을 통해 결과물을 전송한 뒤 다시 수심 1km 아래로

지구를 구한다는 거짓말

돌아간다.

아르고는 해양의 상태에 관한 우리의 지식을 크게 넓혔다. 2000년 이전에는 400m까지 표본을 채집한 해양 구역이 겨우 40%였고, 900m 이하에서 표본을 채집한 구역이 10%가 채 되지 않았다(해양의 평균 수심이 3,700m임을 기억하라). 아르고는 지난 20년간 채집 범위를 획기적으로 넓혔는데, 지금은 해양의 60%에서 적어도 해마다 2km 깊이까지 표본을 채집한다.[10]

아르고 데이터는 향후 수십 년 동안 해양 상황의 변화를 이해하는 데 필수 자료가 될 테지만, 과거 데이터의 경우에는 범위나 품질 면에서 한계가 있다. 비록 그렇다고 하더라도 우리는 해양이 (수 세기까지는 아니어도) 수십 년에 걸쳐 따뜻해졌다고 확신한다. 그림 1.6은 또 다른 편차 그래프로, 이번에는 지난 60년 동안 해양의 다양한 층에서 열용량이 어떻게 증가했는지를 보여준다. 열에너지는 제타줄(ZJ, 1ZJ은 10^{21}J이다)로 측정하며, 편차는 기준선인 1958~1962년의 값에 대한 상대적인 수치다. 점선은 해양의 총 열량의 95% 신뢰 구간을 나타낸다. 즉, 이 그래프는 실제 값이 이 두 점선 구간에 있을 가능성이 95%임을 보여준다(과거로 갈수록 믿을 만한 정보가 적고 신뢰가 떨어지기 때문에 두 점선의 간격이 더 넓다). 해양의 열에너지는 뚜렷한 상승 추세를 보이는데, 열이 따뜻한 수표면으로부터 흡수된다면 예측할 수 있듯 300m까지의 상층부가 그 아래층들보다 빠르게 따뜻해진다. 반면 변화가 느린 하층부는 과거의 상태를 보다 잘 반영한다.

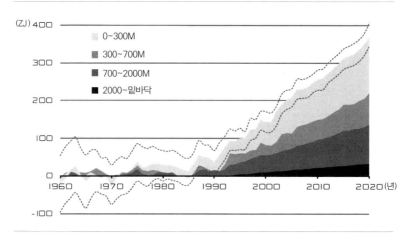

전 세계 해양 열용량(1960~2019)

그림 1.6 1960~2019년의 해양 열용량

편차의 기준은 1958~1962년으로 삼았으며, 24개월 간격으로 측정했다. 회색 점선은 총 해양 열용량의 95% 신뢰 구간이다.[11]

수백 ZJ은 엄청나게 많은 에너지량처럼 들린다(최소한 인간이 사용하는 에너지 단위로 봤을 때는 그렇다. 화석 연료, 원자력, 재생에너지로부터 매년 생산하는 에너지는 겨우 0.6ZJ에 불과하다). 하지만 열기가 해양 위로 골고루 퍼지면 온도 상승분은 아주 미미해진다. 즉, 10년에 100분의 1℃ 수준의 변화다. 그렇다고 하더라도 해양 열용량이 증가하고 있다는 건 지구가 최근 수십 년 동안 따뜻해지고 있음을 보여주는 가장 확실한 증거다.

하지만 이게 결론이 아니다. 그 외에도 다음과 같은 검증된 분석도 고려해야 한다. 어느 논문에서는 1990년부터 2015년 사이에 열용량의 증가 속도가 그림 1.6의 겨우 절반밖에 되지 않으며 1921년에서

지구를 구한다는 거짓말

1946년 사이(인간이 기후에 미치는 영향이 훨씬 적을 때)에도 마찬가지라고 주장한다.[12] 또 다른 논문에서는 1750년부터 1950년까지 해양의 상층 2km 구간이 따뜻해지는 속도가 그림에서 나타나는 수치의 약 3분의 1이라고 밝히고 있다.[13] 따라서 지표면 온도 기록이 그렇듯 과거 관측 데이터의 부실함과 자연의 거대한 변동성으로 인해 인간이 기후에 미치는 영향을 파악하기가 쉽지 않다.

───

지표면과 해양의 온도 상승이 최근의 온난화 현상을 보여주는 유일한 지표는 아니다. 북극 바다와 고산 지대의 빙하가 감소하고 있으며, 식물의 생육 기간이 조금씩 늘고 있다. 위성 관측 결과, 대기권의 하층부도 따뜻해지고 있다고 한다. 이러한 지표들에 대해서는 이 책의 후반부에서 더 자세히 설명할 것이다.

하지만 이렇게 온난화를 부추기는 요인 중 인간이 차지하는 비율은 어느 정도일까? 한 가지 단서는 인간의 영향이 실로 미미했던 지난 수 세기 동안의 기후에서 찾을 수 있다. 우리는 이미 인간이 개입하기 이전부터 해양 열용량이 상당한 변화 추세를 보였음을 확인했다. 그림 1.1에 제시된 가장 이른 시점인 1850년 이전에는 지구의 기온 편차 그래프가 어떤 모습을 띠었을까? 인간이 기후에 영향을 미치기 이전부터 장기적인 상승 추세가 있었는가? 그리고 수십 년 동안 자연 현상의 영향이나 기후 자체의 변동성으로 인해 기온 편차가 얼마나 '요동'쳤는가? 이런 질문들에 대답할 수 있어야 기후가 인간의 영향을 얼마나 받았는지, 미래에는 얼마나 받을 것인지를 알 수 있다.

17세기 중반에도 조악한 온도계가 존재했다. 하지만 최초로 신뢰할 수 있는 온도계는 다니엘 파렌하이트(Daniel Fahrenheit)가 1714년에 만들어낸 것이다. 하지만 1800년대 중반까지는 널리 사용되지 않았으므로 과거의 기후는 다른 방식으로 추론할 수밖에 없다. 시간과 장소에 따라 그 규모가 다르긴 하지만 우리에겐 수천 년 전으로 거슬러 올라가는 날씨 일지와 농작물 수확과 같은 역사적 기록이 남아 있다. 하지만 고기후학자들은 대리지표(proxy)를 사용해서, 즉 세월에 손상되지 않고 잘 보존된, 온도에 민감한 특성을 지닌 물질을 측정함으로써 훨씬 더 이전의 기후도 유추할 수 있다.[14] 그 일례가 나무가 자라면서 매년 생겨나는 나이테의 두께와 구성 성분을 분석하는 것이다. 또 다른 방법은 전 세계의 다양한 장소에서 땅속 깊이 시추공을 뚫어 물의 온도를 측정하는 것이다. 해양에서처럼 땅속 깊은 곳의 물에는 과거의 지표면 온도에 대한 수많은 정보가 담겨 있다.

그림 1.7은 1800년대 후반에 시작된 현대적 기록 방식과 더불어 다양한 대리지표를 이용해 지난 1,500년간 지구의 기온 편차를 재구성한 그래프다. 기준선은 1881년과 1980년 사이의 평균 온도로, 점선으로 표시했다.

그림에서 보듯이 수 세기 동안 따뜻하던 기온이 1000년경부터 점차 내려가 소빙하기로 이어졌다가 약 1450년부터 1850년까지 이례적으로 추운 시기가 닥쳤다. 이후 현재까지 계속해서 온도가 빠르게 높아졌다.

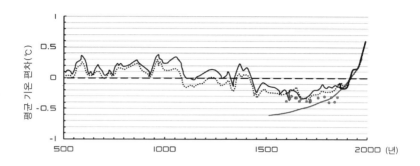

그림 1.7 **여러 대리지표와 현대 계측기를 이용해 재구성한, 지난 1,500년간 전 세계 지표면 평균 기온 편차(검은색 선).**
편차는 1881~1980년을 기준으로 한 상대적 수치이며, 50년보다 짧은 기간에 일어나는 편차의 변동폭을 줄였다.[15]

IPCC의 AR5(그림 1.7의 출처)에서 과거 30년간의 지구 온난화가 그림 1.7의 재구성된 기온 변화의 범위를 초과했다는 주장은 증거 자료가 부족하기 때문에 신뢰도가 낮다. 하지만 북반구(육지가 더 많음)에는 좋은 대리지표가 풍부하기 때문에 지난 1,400년 동안 최근 30년이 북반구에서 가장 온난한 30년이었을 것(3분의 2에 해당하는 가능성)이라는 AR5의 주장은 중간 정도의 신뢰도를 갖는다.

좀 더 시야를 넓혀서 훨씬 긴 기간을 살펴보면 어떨까? 나이테의 정보를 분석하면 약 1만 5천 년 전까지 거슬러 올라갈 수 있지만, 남극이나 그린란드의 대륙 빙하를 뚫어 빙핵을 조사하면 훨씬 더 과거까지 추정할 수 있다. 이러한 빙상은 해마다 층층이 쌓이며 각각의 층(얼음에 갇힌 가스, 동위 원소의 구성, 먼지 등)은 얼음이 형성됐을 때의 기후 상태에 대한 정보를 담고 있다. 이 빙핵의 층층을 분석하면 먼 과거에 대해 알 수 있는데, 가장 오래된 빙핵의 경우 거의 3백만 년 전까지 거슬러 올라간다.[16] 해저 침전물의 중심부는 1억 년 전의 과거까지 담고 있는데, 작은 해양 생물의 껍질들이 해수면에서 해저로 침강하여 퇴적되면서 탄생 및 성장 환경이 끊임없이 기록되었기 때문이다.

어떤 대리지표를 사용하든 온도계로 직접 측정하는 것만큼 정확하지는 않다. 대리지표는 단일 지역의 상태만을 직접 반영할 뿐이며 해석하기에도 복잡하다. 이를테면 나무의 생장은 온도뿐 아니라 강수량에도 민감하다. 게다가 시간을 거슬러 올라갈수록 불확실성이 커진다. 하지만 대리지표 덕분에 인간이 날씨를 체계적으로 관찰하고 기록하기 이전에는 기후가 어떻게 변했는지를 짐작해볼 수 있다.

지난 5억 년에 걸친 지표면 온도에 관해 추적된 지식이 잘 요약된 그래프가 그림 1.8이다. 이 그래프는 1960~1990년을 기준선으로 삼

지구의 온도

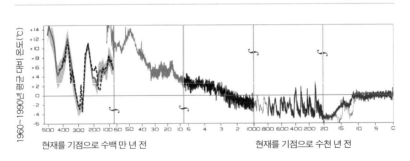

그림 1.8 **다양한 지질학적 대리지표를 이용해 5억 년 전부터 현재까지 다섯 개의 기간에 걸쳐 나타낸 지표면의 평균 기온 편차**

지구를 구한다는 거짓말

아 지표면의 평균 기온 편차를 섭씨 온도(℃)로 나타낸 것이다.[17] 총 다섯 개 구간이 있는데, 각 구간은 지질학적으로 중요한 사건을 기준으로 나뉘어져 있다. 각 구간의 기간은 과거로 갈수록 바로 전 구간의 10분의 1 정도에 해당하는, 즉 바로 전 구간보다 더 짧은 기간들이다.

오른쪽(가장 최근) 구간부터 살펴보면, 빙하가 마지막으로 지구의 대부분을 뒤덮었던 2만 년 전을 기점으로 지구가 약 5℃ 가량 따뜻해졌다는 것을 알 수 있다. 지난 1만 년 동안 비교적 따뜻한 온도가 안정적으로 유지되면서 급속한 문명 발전을 뒷받침했다.

오른쪽에서 두 번째 구간을 기점으로 지난 100만 년 동안에는 급속한 온난화 시기와 그보다 느린 냉각 시기가 번갈아 나타나는데, 초반에는 4만 년 간격으로, 약 50만 년 전부터는 10만 년 간격으로 나타났다. 이런 변화는 지구가 태양을 공전하는 궤도와 자전축의 기울기가 조금 변하면서 일어난 것이다. 현재를 제외하고 가장 최근에 온난했던 시기는 약 12만 7천 년 전부터 약 2만 년 동안 지속되었다. 이 기간 지표면 기온 편차는 최대 2℃이며, 해양 상층부는 오늘날보다 2~3℃ 더 따뜻했다.

좀 더 과거로 거슬러 올라가면 왼쪽 세 구간에서 볼 수 있듯 등락의 가파름이 훨씬 심한데, 이 현상은 현대 세계에도 영향을 미친 바 있다. 예를 들어 석탄기는 3억 6천만 년 전부터 3억 년 전까지로, 진화 과정상 나무가 처음 등장하고 처음 부패하기까지의 기간을 일컫는다. 나무가 죽어도 분해시킬 만한 미생물(곰팡이, 박테리아)이 없었기 때문에 이 시기에 전 세계에 매장된 석탄이 대거 생성됐다. 이 전체 그래프가 지구 역사 중 지금과 가까운 10%에 불과하며 해부학상 현대 인류가 마지막에서 두 번째 구간의 중반쯤(수십만 년 전)에야 나타났다는 사실을 생각하면 매우 놀라운 일이다.

═══════

이 장이 기후과학뿐 아니라 이를 토대로 결론을 도출하는 데 관여하는 수많은 유동적 요소들을 일부나마 새로 알게 되는 기회가 됐기를 바란다. 지금까지 지구온난화라는 맥락에서 이러한 기초 개념과 문제점들을 살펴봤다. 지표면 기온과 해양 열용량의 역사적 변화 과정을 살펴본다고 해서 1880년 이후로 지표면 평균 기온 편차가 1℃ 상승한 까닭이 인간 때문이라는 주장이 틀렸음을 입증하지는 못한다. 하지만 이는 자연 현상 역시 기후에 큰 영향을 미치고 있다는 사실과 기후에 미치는 인간의 영향을 자신 있게 규명하려면 자연 현상의 강제력을 정확히 파악해야 한다는 난제를 명확히 보여준다. 다시 말해 (이 장 내내 분명히 밝혔듯이) 진짜 문제는 최근에 지구가 온난해졌는지 여부가 아니라 온난화에 인간이 미치는 영향이 어느 정도인지다.

이 질문에 답하기 위해서는 인간이 기후에 어떻게(그리고 얼마나 많이) 영향을 미쳤는지를 알아야 하는데, 이것이 바로 다음 장의 주제다.

2

인간의 미미한 영향력

?

여느 사람처럼 나 역시 체중에 신경을 쓴다. 많이 먹고 적게 운동하면 살이 찌지만, 적게 먹고 몸을 꾸준히 움직이면 몇 kg이 빠진다. 먹는 양과 운동량이 유일한 변수인 건 아니다. 체중에는 건강 상태, 호르몬, 칼로리를 소모하고 저장하는 속도를 결정하는 유전적 문제 등 다양한 요소가 관여한다. 요컨대 내 몸무게는 몸이 흡수하는 칼로리와 연소되는 칼로리의 균형에 따라 달라지고, 이 균형이 조금이라도 깨지면 금세 체중으로 나타난다. 마찬가지로 지구의 온도도 햇빛이 지구를 데우는 현상과 이 열기가 다시 우주로 방출되면서 지구가 식는 현상의 균형에 따라 결정된다.

이 균형 관계에서 지구를 가열하는 것은 지구가 흡수하는 태양 에너지다. 지구가 가열되면 우주로 적외선이 방출되는데, 이 현상으로 가열된 지구가 식는다. 오스트리아의 두 물리학자가 1880년경에 발견한 기본 물리학 법칙(슈테판-볼츠만 법칙, Stefan-Boltzmann law)●에 따르면 물체가 내뿜는 적외선의 양은 해당 물체의 온도에 비례해 증가한다. 따라서 태양열의 온난화 효과로 지구의 기온이 상승하면 적외선의 냉각 효과 역시 온난화 수준과 동일해질 때까지 커진다. 이렇게 지구가 에너지를 얻지도 잃지도 않아 온도가 일정하게 유지되는 상태를 전문 용어로 '복사 평형'이라고 한다. 균형점을 이루는 온도는 '평형 온도'라 부르는데, 이는 다양한 요소에 좌우되며 그중에서도 가장 큰 영향을 미치는 것이 바로 지구와 태양 사이의 거리다.

균형의 양 날개 중 온도를 높이는 쪽, 즉 지구가 흡수하는 태양 에너지에 대해 좀 더 자세히 살펴보자. 지구는 완전한 검은색이 아니므로 지구에 도달하는 햇빛의 70%만 흡수된다. 나머지 30%는 우주로 반사돼 지구의 온도 상승에는 영향을 미치지 않는다. 이 30%는 지구의 반사율을 나타내고 이 비율을 '알베도'(albedo, '하얀'을 뜻하는 라틴어 albus에서 유래했다)라고 하는데, 알베도가 높으면 지구가 햇빛을 더 많이 반사해 더 시원해지고 알베도가 낮으면 지구가 햇빛을 더 많이 흡

● 어떤 흑체가 방출하는 에너지는 그 물체의 온도의 네제곱에 비례한다는 법칙. 흑체란 자기에게 입사되는 모든 복사에너지를 완전히 흡수하는 한편 완벽히 방출한다고 정의된 물체다. 흑체는 실제로는 존재하지 않는 이상적인 물체지만, 자연에서 백금흑 등 흑체와 가까운 성질을 지닌 물체들을 찾아볼 수 있다.

지구를 구한다는 거짓말

수해 더 따뜻해진다. 지구의 평균 알베도는 0.30이지만 이 값은 측정하는 시점에 지구의 어느 부분이 태양을 향하느냐(바다는 더 어둡고 땅은 더 밝으며 구름은 그보다 더 밝고 눈이나 얼음은 매우 밝다)에 따라 달라지며, 월평균 알베도는 계절에 따라 ±0.01 정도 변한다(3월에는 변화폭이 더 크고, 6월과 7월에는 그보다 적다).

햇빛과 알베도

기후 시스템을 이해하려면 지구의 알베도를 정확하게 측정하는 것이 중요하다. 가령 구름이 5% 증가해 평균 알베도가 0.30에서 0.31로 상승하면 추가 반사율은 대기 중 이산화탄소가 대략 2배 증가하면서 나타난 온난화 효과를 상쇄시킨다.

1991년 여름, 나는 미국 정부의 과학기술 자문단인 제이슨(JASON)에서 시행하는 연구에 (물리학자 프리먼 다이슨[Freeman Dyson]과 우주비행사 샐리 라이드[Sally Ride]와 함께) 참여하면서 알베도 측정에 개인적으로 관심을 갖게 되었다. 당시 연구의 초점은 기후를 관측할 때 소형 위성을 사용할 수 있는지 여부였다.[1] 소형 위성은 지표면의 한 지점이 우주로 반사하는 햇빛의 파편을 측정할 수 있다. 지구를 전부 아우를 수 있을 만큼 충분한 위성을 띄우면 파편의 평균을 구해 지구의 알베도를 측정할 수 있을 터였다. 현재는 수많은 소형 위성을 띄우는 대신 고가의 대형 위성 몇 개를 띄운다는 것만 제외하면 40년 이상을 이런

방식으로 알베도를 측정해왔다.[2]

30년 전에 수행한 이 연구는 나로 하여금 오래되고 단순한 지구 알베도 연구 방법을 다시 떠올리도록 했다. 1930년대 초, 프랑스 천문학자 앙드레 당종(André Danjon)은 최초로 지구의 알베도를 측정했는데, 그는 그림 2.1에서 볼 수 있듯 초승달일 때 달의 '어두운' 영역을 희미하게 비춰 '지구 반사광'을 관측하는 매우 영리한 방법을 썼다. 이 빛은 지구가 반사한 햇빛이 다시 달 표면에 반사된 것이므로 밝기는 지구의 반사율에 따라 달라지며 지구 알베도의 측정값도 그에 따라 달라진다.

태양에서 오는 빛

지구에서 반사된 빛　　　필터로 인한 선

그림 2.1 **초승달에 나타난 지구 반사광과 햇빛**
오른쪽 상단은 햇빛을 받아 빛나는 얇은 초승달로, 육안으로도 잘 보인다. 여기에 강력 필터를 사용하면(필터 때문에 달 이미지를 통과하는 선이 생겼다) 달의 나머지 부분에 지구의 반사광이 보인다.[3]

지구를 구한다는 거짓말

당종이 0.39라는 믿을 수 없이 높은 값을 얻자 지구 반사광 연구는 1950년경 이후 단순한 호기심 거리로 전락했다. 그러다 1991년 여름, 우리는 제이슨 연구를 수행하면서 달 표면의 다공성 구조가 지구 반사광을 더 많이 반사시킨다는 사실에 착안해 당종의 데이터를 재분석했고 그가 내놓은 지구의 알베도가 대체로 정확하다는 사실을 알게 됐다.[4] 그리고 1995년 이후로는 현대 지구 반사광 관측 프로그램에 천문학자들을 투입했다. 반사광으로 알베도를 측정하는 데는 여러 이점이 있다. 소형 망원경과 표준 카메라만 있으면 된다는 것, 그리고 지구광의 밝기는 동일한 이미지 속 햇빛의 밝기와 비교되기 때문에 자체 보정이 가능하다는 것도 이점이다. 이러면 수십 년, 심지어 수백 년 뒤에 미래의 연구원들이 그 시대에 존재하는 모든 장비를 이용해 이런 측정 과정을 재현할 수 있다.

위성을 이용하든 여타 측정 수단을 사용하든 연구원들은 정확한 관측 결과를 얻을 때까지 지속적으로 개선하는 과정을 거친다. 우리의 제이슨 연구도 마찬가지였다. 그러다 우리는 1999년부터 2014년까지 (이 기간에는 유의미한 추세가 없었다)의 연평균 알베도를 ± 0.003의 오차 범위 내로 측정해냈고 이는 위성 관측값과도 일치했다.[5] 위성 관측값과 비교하면 불확실성은 약 2배 더 높지만 비용은 1000분의 1에 불과하다. 달에 비친 지구 반사광의 변화를 파악하는 것은 다른 항성을 공전하는 행성을 연구하는 것도 가능할지를(행성에 비친 별빛을 통해 그 별을 볼 수 있으므로) 시험해보는 유익한 계기도 됐다.[6] 이것이 바로 예기치 않았던 과학의 연관성(Connections of Science)이다.

지구의 알베도(일주기와 계절 주기에 따른 전 지구적 평균값)를 알면 적외선 방출의 냉각 효과와 지구에 흡수되는 햇빛을 비교해 평형 기온을 알아낼 수 있다. 앞서 말했듯 기온이 높아질수록 냉각 효과가 강하게 일어나(지구가 뜨거워질수록 열을 더 많이 방출하기 때문이다) 일종의 온도 조절 장치 역할을 한다. 심각한 기후 상황이 닥칠 경우 초반에 이 균형점을 계산해 지구의 평형 기온을 알아내는 것이 기본 과제다. 이런 논리로 계산해보면 지표면의 평균 온도는 −18℃(0℉)다.

하지만 −18℃(0℉)는 지구의 실제 평균 기온인 15℃보다 훨씬 낮으므로 잘못된 수치다. 대기 중 온실가스로 인한 열 방출을 차단하는 효과(단열 효과)가 빠졌기 때문인데, 이 효과가 포함돼야 지구의 표면 기온이 관측치까지 높아진다. 단열 효과의 원리는 다음 일화를 통해 좀 더 살펴보자.

2010년 1월, 나는 에너지부 과학차관으로 일하며 남극 대륙을 방문하는 특권을 누렸다.[7] 에너지부는 남극 대륙 가장자리에 세워진 미국 맥머도 기지(McMurdo Station)와 뉴질랜드 스콧 기지(Scott Base) 사이 능선에 풍력 터빈 3기를 설치하는 일을 돕고 있었다. 터빈으로 전기를 생산하면 유조선으로 들여오는 디젤 연료량을 줄일 수 있었다. 나는 이 기념식 사절단의 일원으로 헌정식에 참석할 예정이었다.

나는 비행기를 타고 워싱턴 DC에서 로스앤젤레스로, 다시 뉴질랜드 오클랜드를 거쳐 크라이스트처치로 날아갔다. 그곳에서 사절단은 단열 작업복, 파카, 플리스 재킷, 두꺼운 장화, 양털 모자, 장갑, 고글 등 극한의 추위에 대비한 방한복을 갖춰 입었다. 다음날 아침, 우리는

지구를 구한다는 거짓말

뉴욕주 방위군이 운영하는 군용 화물 제트기에 탑승했다. 비행기에 문제가 생겨 급히 탈출하는 경우에 대비해 방한 장비를 둘둘 말고 있자니 다섯 시간 내내 불편하기 짝이 없었다. 그렇게 남쪽으로 한참을 날아가 맥머도 기지에서 약 32km 거리의 빙붕 너머에 위치한 페가수스 활주로에 도착했다.

그날 밤 우리는 풍력 터빈을 헌정하고 이튿날 아침에는 극지를 방문하기 위해 화물 수송기를 타고 좀 더 남쪽으로 날아갔다. 영하 33℃의 날씨였지만 그곳에서 여덟 시간을 머물렀다. 내가 그 시간을 즐길 수 있었던 건 방한 장비의 단열 효과가 내 몸에서 빠져나가는 체열을 중간에서 가로채 주변 공기로 흘러나가지 못하도록 막아준 덕분이었다.

대기 중 온실가스도 방한 장비처럼 지표면에서 적외선 형태로 우주에 방출되는 열의 흐름을 중간에서 가로채 흘러나가지 못하도록 막는 역할을 한다. 이 열의 일부는 다시 지표면으로 가라앉는데, 그림 2.2에서처럼 이 과정에서 추가로 온도가 높아진다(온실효과). 흔히들 온실가스가 열을 '가둔다'고 표현하는데, 이 말은 열이 절대 빠져나가지 못하게 한다는 인상을 준다. 하지만 앞서 말했듯 모든 열이 결국 우주로 방출돼야 지구가 에너지 균형을 유지한다. 방출되는 열은 지구가 흡수한 태양열과 0.5% 미만으로 아주 정확하게 균형을 이루어야 한다. 그렇지 않으면 지구가 더워지거나 냉각되는 현상이 지금보다 훨씬 빠르게 일어나게 된다. 따라서 온실가스가 지표면에서 나오는 열기에 미치는 영향을 표현할 때는 '잡았다가 놔준다'는 비유가 더 적절하다. 그런 이유로 이 책에서도 '가둔다'라는 말보다 '가로막는다', '지연시킨다'는 표현을 사용할 것이다.

지구 대기를 구성하는 가스는 대부분 질소(78%)와 산소(21%)다. 이 두 가스는 건조한 대기의 99%를 차지하며, 분자 구조 특성상 열을 쉽게 통과시킨다. 나머지 1%에서 가장 큰 비중을 차지하는 것은 불활성 가스인 아르곤이다. 하지만 그보다 적은 비중을 차지하는 일부 나머지 가스들(가장 중요한 수증기와 이산화탄소, 메테인, 아산화질소, 오존)이 지표면에서 방출되는 열의 약 83%를 가로막는다.[8] 즉 지구는 실제로 태양으로부터 흡수한 것과 똑같은 양의 에너지를 방출한다. 하지만 그 에너지들이 곧장 우주로 흘러나가지 못하고 상당량이 지구를 뒤덮은 대기에 가로막히기 때문에 지구를 평균 0°F로 차갑게 식히지 못하는 것이다.

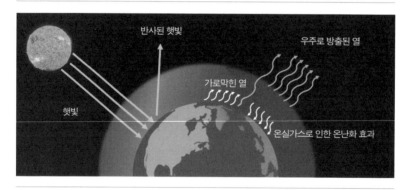

그림 2.2 햇빛의 흐름과 지구의 기후 시스템을 통과하는 열
지구에 도달하는 태양 복사열 중 약 30%가 반사되는데, 대기가 지표면에서 방출되는 적외선 복사의 80% 이상을 가로막는다.

지구를 구한다는 거짓말

가장 중요한 온실가스는 수증기다. 물론 대기 중 수증기의 양은 시간과 장소에 따라 크게 달라진다(습도는 날씨에 따라 크게 다르다). 하지만 수증기는 평균적으로 대기 중 분자의 약 0.4%만 차지한다. 그럼에도 대기가 열을 가로막을 때 수증기가 담당하는 역할이 90%가 넘는다. 가스에 적외선을 흡수하는 성질이 있다는 것을 최초로 밝혀낸 아일랜드 물리학자 존 틴달(John Tyndall)은 1863년 공개 강연에서 수증기의 중요성을 다음과 같이 멋지게 열변한 적이 있다.

수증기는 영국 식물에겐 담요와도 같습니다. 인간에게 옷이 필요한 것보다 더 필수적인 존재이지요. 여름에 딱 하룻밤만 이 나라를 뒤덮고 있는 수증기를 없애면 어떻게 될까요. 온몸이 얼어붙을 만큼 기온이 떨어져 모든 식물은 죽고 말 겁니다. 들판과 정원의 온기가 우주로 일방적으로 새어나가 태양이 뜨더라도 영국은 혹한이라는 철통같은 손아귀에 붙들려 있을 테니까요.[9]

그 다음으로 중요한 온실가스인 이산화탄소는 수증기와 달리 대기 중 농도가 전 지구적으로 동일하다. 이산화탄소는 대기가 열을 가로채는 능력의 약 7%를 담당한다. 인간의 활동이 농도(대기 중 이산화탄소 분자의 비율)에 영향을 미친다는 점도 다르다. 1750년 이후 이산화탄소 농도는 0.000280(280ppm)에서 2019년 0.000410(410ppm)로 증가했으며 매년 2.3ppm씩 늘고 있다. 오늘날 대부분의 이산화탄소는 자연 현상으로 발생한 것이지만 이 같은 증가는 인간의 활동, 주로 화석 연료의 연소가 원인이라는 점에는 의심의 여지가 없다.

인간이 지난 250년 넘게 대기에 방출시킨 이산화탄소는 열을 가로채는 대기의 능력을 증대시키고(단열을 두껍게 하는 셈이다) 온난화에 힘을 점점 더 크게 발휘하고 있다. 특정 시간과 장소에 따라 단열 효과가 정확히 얼마나 증가하는지는 기온, 습도, 흐림 정도 등등에 따라 달라진다. 하늘이 맑은(구름이 없는) 일반적인 상태를 가정하면, 1750년부터 오늘날까지 축적된 이산화탄소로 인해 대기가 중간에 가로막는 열의 비율이 82.1%에서 82.7%로 증가했다. 이산화탄소량이 증가함에 따라 대기의 열 차단 능력(온난화 작용) 역시 증대된다. 1750년에 280ppm이었던 이산화탄소 농도가 2배 늘어 560ppm이 되면 (맑은 날을 기준으로) 열 차단 능력도 83.2%로 증가한다. 이산화탄소 분자가 공기 1만 개당 2.8개 증가하는 것이다.● 다시 말해 공기 분자 1만 개당 이산화탄소 분자가 3개 이하로 증가하면 대기가 가로채는 열이 82.1%에서 83.2%로 약 1% 증가한다.

여기까지 따라왔다면 두 가지 의문이 생길 것이다. 첫째, 분자 1만 개당 3개 이하, 즉 0.03%가 변했는데 대기의 열 차단 능력은 어떻게 30배(1%)가량이나 증가한 걸까? 열 차단 능력이 고작 1% 증가한 사실이 뭐 그리 대수라는 걸까?

첫 번째 질문의 답은 지구가 열을 식히기 위해 방출하는 적외선(열)복사에너지의 세부 사항에 따라 달라진다. 앞서 지구의 복사에너

● ppm은 백만분율을 의미하므로 280ppm = 280/1,000,000 = 2.8/10,000이다.

지구를 구한다는 거짓말

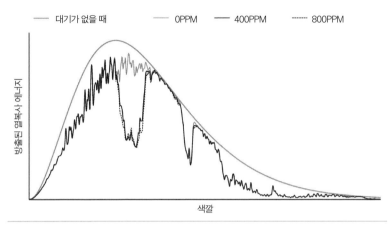

그림 2.3 대기 상층부에서 방출되는 열 스펙트럼

매끈한 회색 실선은 대기가 없는 경우를, 들쭉날쭉한 회색 실선(0ppm)은 이산화탄소를 제외한 모든 주요 온실가스(수증기, 메테인, 오존, 아산화질소)가 있는 경우를 나타낸다. 검은색 실선과 점선은 이산화탄소의 농도가 각각 400ppm과 800ppm일 때 스펙트럼에 따라 방출되는 열복사 에너지가 어떻게 변하는지를 보여준다. 가장 큰 실선 안에 모든 실선과 점선이 들어간다.[10]

지가 왜 태양 에너지와 균형을 이루어야 하는지를 설명했는데, 복사 에너지는 사실 스펙트럼의 다양한 파장에 퍼져 있다(그림 2.3 참조). 눈에 보이지는 않지만 이를 '색깔'이라고 생각해보자. 가장 중요한 온실가스인 수증기는 정해진 몇몇 색깔만 거의 100% 가로막기 때문에 대기 중에 수증기가 더 많아진다고 해서 단열 효과가 높아지는 건 아니다. 검은색 창문에 검정색 페인트를 한 겹 더 칠하는 격이다. 이산화탄소는 다르다. 이산화탄소 분자는 수증기가 놓치는 일부 색깔을 가로막는데, 이는 이산화탄소 분자 몇 개가 수증기보다 훨씬 더 효과적일 수 있음을 의미한다(투명한 창문에 검은색 페인트를 처음 칠한 효과와 같다). 따라서 이산화탄소 분자가 발휘하는 힘은 비교적 잘 알려져 있진 않지만 이산화탄소와 수증기가 열복사 에너지를 가로채는 방식에 달려 있다. 이는 인간이 기후에 미치는 영향을 파악할 때 세부 현상이 중요하다는 것을 보여주는 또 다른 사례다.

그림 2.3은 이 세부 현상의 일부를 보여준다. 이 그래프는 대기 상층부에서 방출되는 열이 복사 에너지의 색깔(즉, 적외선 스펙트럼)에 따라 어떻게 달라지는지를 나타낸다. 대기가 없을 경우 스펙트럼은 매끈한 회색 선(슈테판-볼츠만 법칙에 따른 곡선)에 해당된다. 이 곡선 아래 영역은 복사에너지 방출 작용으로 인한 지구 냉각 효과의 크기를 나타낸다. 들쭉날쭉한 좀 더 밝은 회색 선은 이산화탄소를 제외하고(이산화탄소가 0ppm일 때) 주요 온실가스가 전부 있을 때 스펙트럼이 어떤 형태를 띠는지를 보여준다. 이 가스들이 전부 있으면 복사에너지 냉각 효과가 12.1% 감소한다. 이 선들이 오르락내리락하는 이유는 다양한 온실가스 분자, 특히 가장 중요한 수증기와 메테인 및 오존의 세부 성질 때문이다. 검은색 실선은 이산화탄소가(지금의 농도와 가까운) 400ppm일 때 냉각 효과가 추가로 7.6% 감소(열 차단 효과 증가)됨을 보여준다. 마지막으로 검은색 점선은 이산화탄소 농도가 오늘날의 약 2배인 800ppm까지 증가하면 냉각 효과가 다시 0.8% 더 줄어든다는 것을 보여준다. 400ppm과 800ppm 선의 차이는 눈으로 겨우 분간할 수 있을 정도다.

이 그래프는 두 가지를 시사한다. 하나는 스펙트럼의 복잡성이다. 수십만 개 분자의 성질(대개 실험실에서 측정되었다)이 반영돼야 위성 관

지구를 구한다는 거짓말

측 결과와 일치하는 이런 모의 스펙트럼을 만들 수 있다. 두 번째, 현재의 이산화탄소 농도가 유의미한 영향(7.6%)을 미치긴 하지만 앞서 논의한 '검은색 창문에 페인트칠하기' 효과로 인해 수치가 2배가 된다고 해서 상황이 크게 변하진 않는다(0.8%가 추가로 증가할 뿐이다).

이제 조금 전에 제기한 두 번째 질문으로 돌아가 보자. 열 차단 능력이 고작 1% 증가한 사실이 뭐 그리 대수라는 걸까?

IPCC의 기후모델은 이산화탄소 농도가 산업화 이전 수치에서 2배로 증가하면(앞서 논의한 열 차단 능력을 1% 변화시키면) 평균 기온이 약 3℃ 증가할 것으로 예측한다. 평균 기온은 15℃이므로 3℃(15℃ 중 3℃)가 상승했다는 것은 온도가 20% 상승했음을 나타낸다. 하지만 화씨로 환산하면 똑같은 기온 변화가 평균 59°F에서 5.5°F, 즉 10% 상승하는 셈이다. 단위를 바꿀 때 온도 상승 비율이 달라지는 이유가 뭘까? 한편 섭씨일 때 20%가 됐든 화씨일 때 10%가 됐든 변화폭이 너무 커 보인다. 대기의 열 차단 능력이 1% 변했을 뿐인데 왜 이렇게 큰 영향을 미치는 걸까?

일반적으로 물리학자들은 원인과 결과가 비례할 거라 예측한다. 열 차단 능력이 1% 변하면 온도도 1% 변하는 게 마땅하다는 것이다. 따라서 이렇게 차이가 크다는 건 퍼즐의 한 조각이 빠졌다는 의미다.

여기서 우리가 놓친 퍼즐 조각은 온도의 눈금이다. 앞에서 본 슈테판-볼츠만 법칙은 켈빈 온도로 측정한 절대 온도를 눈금으로 삼는다. 섭씨와 화씨의 눈금은 모두 물의 특성, 즉 0℃(32°F)에서 얼고 100℃(212°F)에서 끓는다는 사실을 기준으로 한다. 켈빈 온도는 물질이 너무 차가워 열을 조금도 방출하지 않는 절대 0(0K = -273.15℃ 또는 -459.67°F)을 기준으로 한다. 1K=1℃이므로(각각 1.8°F) 지구의 평균 표면 온도인 15℃(59°F)는 약 288K에 해당한다. 그러니 표면 온도가 3℃(또는 3K 또는 5.5°F) 상승한 것은 288K 중 3K, 즉 약 1%가 따뜻해진 것과 같고, 이는 이산화탄소 농도가 2배로 늘면 대기의 열 차단 능력이 1% 상승한다는 의미다.

사용하는 온도 눈금에 따라 결과가 달라지는 것만 봐도 기후 시스템이 그만큼 민감하다는 것을 알 수 있다. 지난 몇 세기 동안 관찰한 것처럼(그리고 이 장에서도 살펴봤듯) 평균 기온이 몇 도 상승한 것은 결국 물리적으로는 큰 변화가 아니었다(절대 온도로 따지면 약 1%에 해당하는 변화다). 기후 시스템이 그 정도로 민감한 만큼 지구가 온실가스 상승에 어떻게 반응하는지 알아내는 연구는 굉장히 복잡할 수밖에 없다. 게다가 온실가스가 지구 기온을 상승시키는 유일한 요인이 아니기 때문에 문제는 더더욱 복잡해진다.

불행하게도 우리는 기후 시스템이 인간 활동에 어떻게 반응하는지 여전히 모르고 있다. 이것은 오늘날까지 과학적으로 완전히 규명되지 않기로 유명한 인체의 영양분과 체중 감소의 연관성을 파악하는 문제와 매우 유사하다. 매일 오이를 반 개 더 먹게 하는 실험이 있다 치자. 이 경우 성인 기준 하루 평균 2000kcal의 1%, 즉 20kcal가량을 추가 섭취하는 셈이다. 실험은 1년 동안 진행되고 이후 몸무게가 얼마나 증가했는지를 확인한다. 이 경우 의미 있는 결론을 도출하려면 수많은 다른 요소들을 파악하고 있어야 한다. 그 밖에 뭘 먹었는가?

운동은 얼마나 했는가? 칼로리를 소모하는 속도에 영향을 미칠 만한 건강상 변화나 호르몬 변화가 있었는가? 다른 조건이 전부 동일하다면 칼로리 추가로 체중이 약간 늘 거라고 예측하겠지만, 그럼에도 오이를 추가로 섭취한 것이 어떤 영향을 미쳤는지 정확히 파악하려면 그 외에도 많은 것을 측정해야 한다.

인간이 유발한 이산화탄소와 기후에 대해 논할 때도 오이 실험과 마찬가지로 다른 조건들이 반드시 동일하지 않다는 점이 문제가 된다. 인간과 자연의 힘 두 가지 모두 기후에 영향을 미치는데, 바로 이 점 때문에 자칫 상황을 잘못 판단하기 쉽다. 인간이 기후에 영향을 미치는 기타 요소들 중에는 대기에 배출되는 메테인(화석 연료에서 방출되지만 더 중요한 원인은 농업이다)과 인간에 의한 이산화탄소만큼이나 온난화에 큰 영향을 미치는(모두 합쳤을 때) 다른 미량의 가스들도 있다.

인간의 활동이 온난화만 일으키는 것은 아니다. 에어로졸은 저질 석탄을 태울 때 생겨 대기 중에 머무는 미세 입자와 같은 것으로, 건강에 문제를 일으켜 매년 수백만 명을 사망에 이르게 하는 원인이다. 이 에어로졸이 햇빛을 직접 반사하거나 빛을 반사하는 구름을 형성하도록 유도해 지구의 반사력을 높이기도 한다. 숲을 목초지로 바꾸는(목초지가 숲보다 반사율이 더 높다) 등 토지 이용의 변화도 인간에 의한 에어로졸과 함께 알베도를 증가시키는 요인이다. 이러한 요인들로 인한 순냉각 효과는 인간이 배출한 온실가스의 온난화 효과를 절반 정도 상쇄시킨다.

자연 현상도 기후 변화의 요인이다. 화산이 폭발해 에어로졸을 성층권 높이까지 상승시키면 에어로졸은 그곳에 몇 년간 머물면서 보통 때보다 햇빛을 더 많이 반사하고 냉각 효과를 일으킨다. 화산 폭발을 예측하기는 어렵지만 몇 달 치에 맞먹는 인간의 영향력을 완전히 상쇄할 만큼 중요한 요소이므로 반드시 고려해야 한다(일례로 1991년 11월 피나투보 화산 폭발 이후 15개월 동안 지구 온도는 약 0.6℃ 내려갔다[11]). 그리고 극히 작은 부분이지만 태양광의 강도도 내적 변동으로 인해 수십 년에 걸쳐 변하기 때문에 지구에 도달하는 햇빛의 양이 바뀐다. 그래서 지구의 미세한 에너지 균형에 영향을 미치는 인간 및 자연의 모든 강제력을 설명하기도 더 어려워진다. 하지만 이산화탄소 증가에 기후가 어떻게 반응하는지를 이해하려면 이런 기타 요소들은 무엇인지, 그 힘은 얼마나 강력한지, 언제 어떻게 작용하는지를 파악하는 것이 중요하다.

기후 시스템에 들어오고 나가는 에너지의 양은 m²당 와트(W/m²)로 측정한다. 지구가 흡수하는 태양 에너지(즉, 지구에 의해 방출되는 열에너지)는 평균 239W/m²에 달한다. 100와트의 백열전구는 100와트(대부분이 열이다)를 발산한다. 이를 지구가 방출하는 태양 에너지라고 생각해보면, 지구는 표면에 1m² 간격으로 두 개 이상의 전구가 설치된 것과 같은 열을 방출하고 있는 것이다. 한편 오늘날 인간의 영향력은 2W/m²를 조금 넘거나 이러한 자연적 흐름의 1%에 약간 못 미친다(매 식단에 오이 반 개를 추가했을 때의 영향력과 비슷하다. 그림 2.4 참조).

태양열 외에도 기후 시스템에 열을 가하는 두 가지 근원이 더 있는데, 그중 하나가 지표면에서 흘러나오는 지열이다. (화산, 온천, 해저 분

지구를 구한다는 거짓말

출구의 경우처럼) 국지적으로는 에너지가 상당히 클 수 있지만 지구 전체 지열의 평균은 겨우 0.09W/m^2로, 기후의 에너지 균형에 직접적으로 유의미한 영향을 미치기에는 너무 적다. 하지만 남극 빙하 아래에서 화산이 폭발해 얼음이 녹는 것처럼 간접적인 영향은 있을 수 있다.[12]

기후 시스템에 열을 가하는 또 다른 근원은 인간이 화석 연료와 핵물질로부터 파생시키는 에너지다. 이 에너지는 난방·이동·전기 발전에 사용되고 있기 때문에 사실상 전부 열역학 제2법칙에 의해 기후 시스템에 열을 보태고 궁극적으로 지구의 자연적 열 방출과 함께 우주로 빠져나간다(극소량은 투명한 대기를 통해 우주로 직접 빠져나가는 가시광선이 되지만 이것조차 결국 우주 어딘가에서 열로 변한다). 이 에너지가 (이를테면 도시들이나 발전소 근처처럼) 한곳에 집중되면 인간이 발생시킨 열이 그 지역의 기후에 실제로 영향을 미칠 가능성이 있다. 하지만 지구 평균으로 보면 현재는 겨우 0.03W/m^2에 불과하다. 자연적 열 흐름이 기후 시스템에 미치는 영향의 1만분의 1 이하, 인간이 미치는 기타 영향의 1백분의 1 이하다.

그림 2.4는 인간과 자연이 기후에 미치는 영향을 보여준다. 앞서 논의한 내용의 많은 부분이 이 그림에 나와 있다. 우리는 온실가스로 인해 지구의 기온이 상승하고 있으며(이산화탄소와 메테인의 농도 및 인간이 방출한 다른 온실가스의 증가가 주요 원인이다), 에어로졸의 냉각 효과가 증대되면서 이를 부분적으로 상쇄시키고 있음을 알 수 있다. 대규모 화산 폭발로 인한 일시적 냉각 현상 역시 뚜렷하다. 1950년 이전에는

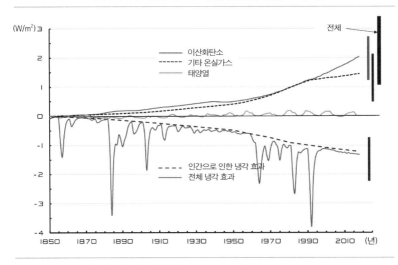

그림 2.4 인간과 자연이 기후에 미친 영향(1850~2018년)

인간이 배출한 이산화탄소와 기타 온실가스(메테인, 할로겐화탄소, 오존, 질소산화물 등)가 지구를 가열하는 작용을 한다면, 인간에 의한 에어로졸과 지표면 알베도 변화는 지구를 냉각하는 작용을 한다. 대규모 화산 폭발과 햇빛의 강도 등 미세한 변화들이 일으키는 일시적인 자연 냉각 효과까지 더해지면 전체가 완성된다. 오른쪽 막대들은 현재 각각의 강제력은 물론 전체 힘의 총합에 대한 불확실성이 2시그마(σ)임을 나타낸다.[13]

인간이 미친 총 영향력('이산화탄소', '기타 온실가스', '인간이 유발한 냉각 효과')이 현재와 비교해 5분의 1도 못 미친다는 사실도 알 수 있다.

그림 2.4는 다양한 강제력들의 불확실성도 보여준다. 이산화탄소와 기타 온실가스가 일으킨 온난화 효과의 불확실성은 20% 이내인 것으로 알려져 있지만, 인간이 유발한 에어로졸의 냉각 효과의 불확실성은 이보다 훨씬 커서 전체적인 영향력의 불확실성이 약 50%까지 늘어난다. 현재 인간의 순영향력은 $1.1W/m^2$~$3.3W/m^2$일 가능성

이 높다는 말이다.

———————

인간이 유발한 요소가 현재 기후 시스템을 드나드는 에너지의 겨우 1%만 차지한다는 사실은 중요한 시사점을 던지는 동시에 많은 이해가 요구된다는 것을 의미한다. 인간의 영향력과 그 효과를 실질적으로 측정하려면 이 1%가 아니라 기후 시스템의 큰 부분(나머지 99%)을 훨씬 더 정밀하게 관찰하고 이해해야 한다. 미미한 자연적 영향력도 그만큼 정확하게 파악하고 전부 설명할 수 있어야 한다. 제한된 시간 동안 제한적인 관찰만 가능하며 여전히 불확실성이 큰 시스템 안에서는 엄청난 도전이다.

이런 강제력들을 고려한 기후모델과 그렇지 않은 기후모델을 비교하면 인간의 영향력이 최근 기후변화에 어떤 역할을 했는지 분명히 밝힐 수 있을 뿐 아니라, 이 영향력이 커지면 미래에 기후가 어떻게 변할지도 예측할 수 있다. 인간이 기후 시스템에 미치는 영향 중 단연코 가장 큰 비중을 차지하며 거의 모든 기후 정책이 초점을 맞추고 있는 것이 바로 온실가스 배출이다. 하지만 인간의 온실가스 배출과 온실가스의 영향 간 상관관계는 짐작하는 것보다 훨씬 복잡하다. 그런 의미에서 기후모델을 논하기 전에 온실가스와 온실가스의 흐름부터 살펴보도록 하자.

UNSETTLED

3

탄소 배출량에 얽힌 진실

?

내가 BP의 수석과학자로 일하며 재생에너지 기술 개발 가속화에 매진하던 2008년, 한번은 필립 공이 버킹엄궁에서 주최하는 단출한 저녁 식사 자리에 나를 초대한 적이 있다. 나는 검은색 넥타이를 맨 차림으로 런던 택시를 타고 버킹엄궁 앞뜰에 도착했고 신속한 보안 검색 후 다른 손님들과 함께 응접실로 안내받았다. 식전주를 마시며 잡담을 나눈 뒤 우리(필립 공, 앤 공주, BP 최고경영자 존 브라운, 영국 학계·재계·정계의 저명인사들을 포함해 열네 명쯤 됐다)는 웅장한 방으로 자리를 옮겨 커다란 식탁 주위로 모여 앉았다.

　필립 공이 환영사를 하며 그날 저녁의 주제가 기후·에너지라는 사실을 상기시키자 식탁 너머로 오가던 잡담이 잦아들었다. 이어서 그가 이산화탄소 배출과 지구의 기온 상승 간 관계에 대한 질문을 던지며 이야기를 시작했다. 필립 공이 던진 주제가 꽤나 전문적이어서인지 어색한 침묵이 흘렀다. 그때 내가 당돌하게 나서 브루클린 억양으로 적외선 활성 분자의 '검은색 창문' 효과와 대기의 농도와 배출량의 관계에 대해 짧게 강의했다. 필립 공이 감사의 뜻으로 내게 고개를 끄덕여 보였는데, 보아하니 그의 식견도 상당했다.

대화의 포문을 열 때부터 필립 공은 이미 그 질문의 답을 알고 있었던 게 아닐까 한다. 아무튼 훌륭한 저녁 식사에 이어진 활발한 토론은 이제껏 내가 참여했던 수많은 토론들과 닮아 있었다. 비전문가들이 기후와 에너지를 둘러싼 복잡미묘한 주제를 이해해보려고 열의를 보이는 모습은 물론, 우리가 직면한 문제의 본질과 규모에 대해 혼란스러워하는 모습까지 비슷했다.

인간이 유발한 온실가스 중 기후에 영향을 미치는 가장 중요한 가스는 이산화탄소와 메테인이다. 두 가스의 대기 중 농도는 인간의 배출로 인해 갈수록 증가하고 있다. 기후변화를 초래하는 인간의 영향을 줄이려는 노력이 이 두 가스의 배출량 감소에 초점을 두는 것도 그 때문이다. 하지만 중요한 건 농도와 배출의 상관관계가 그리 간단하지 않다는 점이다. 특히 이산화탄소는 이 관계가 더 복잡해 농도를 감소시키기가 더 어렵다.

이 장에서는 이동, 주로 탄소의 이동을 다룬다. 인간이 배출한 이산화탄소가 지각·해양·식물·대기 사이를 이동하는 탄소의 거대한 자연적 순환에 기여하는 양은 비교적 적다. 곧 보겠지만 어떤 미래 시나리오에서든 인간이 이런 순환에 보태는 이산화탄소의 양은 수십 년 동안 증가할 것이다. 하지만 기후모델이 정확하다는 주장에도 불구하고 이런 증가가 기후에 어떤 영향을 미칠지는 매우 불확실하다.

———

미국 캘리포니아주 라호야 소재 스크립스 해양연구소(Scripps Institution of Oceanography)의 지구화학자 찰스 데이비드 킬링(Charles David Keeling)은 1950년대에 칼텍에서 박사후과정을 밟으며 이산화탄소 농도를 정밀하게 측정하기 시작했다. 그의 놀라운 초기 연구 결과 중 하나가 1957~1959년에 이산화탄소 농도가 1% 증가했음을 발견한 것이다. 이를 계기로 이산화탄소 농도를 관측하기 위한 장기적인 협력 프로그램이 마련됐고 이후에는 대기 중의 다른 가스들로도 대상이 확대됐다. 그로부터 40여 년 뒤, 나는 제이슨 업무 차 라호야에서 여름을 보내며 킬링 박사와 유쾌한 대화를 나눴다. 그는 자신이 하는 일이 세상에 중요하다는 것을 알고 거기에만 전력을 쏟는, 조용하고 사려 깊고 꼼꼼한 사람이었다.

그림 3.1은 오늘날 '킬링 곡선(Keeling Curve)'이라 불리는, 하와이 마우나로아에서 매월 측정한 대기 중 이산화탄소 농도를 나타낸다. 외딴 섬에서 얻은 데이터는 관측 결과를 왜곡시킬 수 있는 국지적 배출원들과는 멀리 떨어진, 지구의 배경농도(background concentration)를 파악하기에 좋은 척도다. 관측 결과를 보면 이산화탄소 농도가

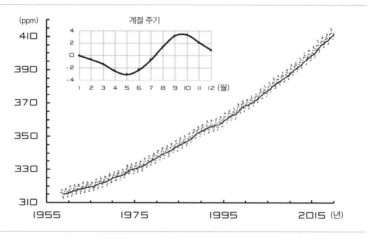

그림 3.1 **1958년에서 2020년까지 하와이 마누아로아에서 측정한 월평균 이산화탄소 농도**
삽입된 그래프는 월별 계절 편차를 나타낸다.[1]

1960년에 310ppm에서 2019년 410ppm으로 꾸준히 증가했으며,
지난 10년 동안 매년 약 2.3ppm씩 증가했음을 알 수 있다. 수십 년
에 걸친 추세 옆에 추가적으로 연간 주기가 삽입돼 있는데, 삽입된 그
래프가 보여주듯 농도가 계절에 따라 2.4ppm씩 오르내린다. 전 세계
여러 장소에서 측정한 추세와 주기를 모두 알면 전체를 파악하는 데
도움이 된다.

지구의 역사를 거슬러 올라가 보자. 지구는 일정한 양의 탄소를 품
은 채 45억 년 전에 생성되었다. 오늘날 그 탄소는 지구를 둘러싼 다
양한 환경, 일명 '저장소'에서 찾아볼 수 있다. 현재 가장 큰 저장소
는 지각(地殼)으로, 지구 탄소의 대부분인 19억 Gt(기가톤, 1Gt은 10억 t

이다)이다.[2] 다음으로 많은 양인 약 4만 Gt은 바다에 있는데, 대개 해수면보다 훨씬 깊은 곳에 존재한다. 지상에서는 토양과 생물에 약 2,100Gt이, 지하의 화석 연료에 5천~1만 Gt이 저장돼 있다. 대기 탄소(대부분이 이산화탄소의 형태를 띠고 있다)는 약 850Gt으로 지구 표면(토양, 식물, 얕은 바다)이나 인접한 곳에 있는 탄소의 25%가량에 해당하지만 해양의 총 탄소와 비교하면 겨우 2%에 불과하다.[3]

지구의 탄소는 강력한 자연 현상을 통해 때때로 화학적 형태를 바꿔가면서 여러 저장소들 사이를 이동한다. 이 과정에서 가장 중요한 요인이 계절적 흐름으로, 식물은 자라면서(식물은 광합성을 통해 대기 이산화탄소를 유기물로 바꾼다) 대기 탄소의 약 4분의 1을 잎사귀 표면으로 흡수했다가 호흡 작용과 유기물의 부패를 통해 대기로 되돌려 보낸다. 사실상 북반구의 무성한 식물이 그림 3.1에서 보듯 2월에서 7월까지 마우나로아의 이산화탄소를 감소시키는 원인이며 이것이 바로 지구의 '호흡'이다. 해수면의 탄소를 해저 깊은 곳으로 이동시켰다가 바위 속에 저장시키는 것처럼 훨씬 느리게 일어나는 다른 과정들도 있다. 그 예가 해양 생물의 껍질로 형성되는 석회암과 대리석이다.

화석 연료를 태울 때 배출되는 이산화탄소는 해마다 일어나는 이러한 거대한 순환의 균형을 방해한다. 이런 자연적 과정과는 무관하게 지하 깊숙이 묻혀 있던 탄소가 밖으로 나오기 때문이다. 화석 연료의 사용으로 이 순환에 추가되는 탄소의 양은 현재 매년 순환하는 전체 탄소의 약 4.5%다. 이 증가분의 대략 절반을 매년 지표면이 소비하고(이산화탄소가 증가하면 지구의 수많은 지역에서 식물이 늘어난다) 나머지는 대기에 머무르며 이산화탄소 농도를 증가시킨다. 이 상황은 이미 지구의 에너지 흐름에서 본 것과 별로 다르지 않다. 작지만 꾸준한 인간의 영향이 훨씬 거대한 자연적 과정에 조금씩 힘을 미치는 것이다.

그림 3.2에서 볼 수 있듯 모든 온실가스의 배출량이 전 세계적으로 빠르게 증가하고 있다. 2018년까지 10년 동안 속도가 조금 더뎌지긴 했지만(매년 1.1%), 지난 50년 동안 매년 1.3%씩 증가했다. 만약 이런 추세가 장기적으로 지속된다면 2075년에는 배출량이 현재의 2배가 될 것이다. 이러한 배출량 상승은 대부분 화석 연료 사용에서 발생하는 이산화탄소로 인한 것이다(숲을 목장·농장으로 개간하는 토지 이용 변화 과정에서 식물과 토양에 저장된 탄소가 배출되는 양은 훨씬 적다). 이산화탄소 다음으로 가장 큰 원인은 메테인(CH_4)이며, 아산화질소(N_2O)와 불화가스(프레온과 같은 불소와 결합된 기체들)는 전체에서 차지하는 비중이 매우 적다.

나는 지난 150년 동안 이산화탄소 농도가 증가한 이유가 거의 전적으로 인간의 활동 탓이라는 주장에 이의를 제기하는 전문가를 본 적이 없다. 다음 다섯 가지 증거가 그 주장을 뒷받침하기 때문이다. 첫 번째는 상승 시기다. 지난 1만 년 동안 공기 시료의 이산화탄소 농도는 260~280ppm 사이를 오가다가 19세기 중반 들어 급격히 상승했다. 두 번째는 상승한 농도의 규모가 화석 연료를 태울 때 배출될 것으로 예상한 이산화탄소 추정치와 비슷하다는 점이다. 세 번째는 북반구에서의 증가가 남반구에서의 증가보다 2년 정도 앞서 있으며 (북반구에는 육지와 인구가 더 많으며 대부분의 화석 연료가 연소된다) 배출량

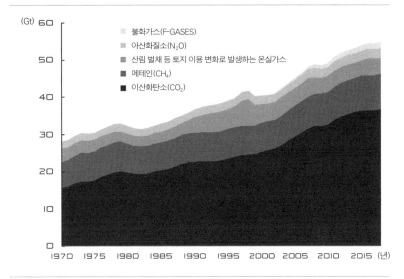

연간 온실가스 배출량(1970~2018)

그림 3.2 **1970년에서 2018년까지 전 세계의 연간 온실가스 배출량**
이산화탄소가 아닌 온실가스 배출량은 이산화탄소 온실효과 양으로 환산한 것이다.[4]

이 늘어나면서 그 속도가 더 빨라지고 있다는 점이다.

　네 번째는 일반 탄소보다 약 8% 더 무겁고 희소한 탄소 동위원소를 이용한 보다 세밀한 확인이다. 지구 전체 탄소의 약 1.1%는 원자량이 13인 무거운 ^{13}C이고 나머지는 가벼운 ^{12}C이다. 그리고 탄소의 존재 형태에 따라 ^{12}C와 ^{13}C의 비율이 조금씩 달라진다. 특히 생명체의 화학 반응이 ^{12}C를 조금 더 선호하는 까닭에 생물의 탄소는 지각의 광물 탄소와는 반대로 '가볍다.' 즉, ^{13}C의 비율이 좀 더 적다. 대기 중 이산화탄소의 탄소가 수십 년에 걸쳐 계속 '가벼워졌기' 때문에 이 탄소가 한때는 생물이었던 화석 연료의 연소로 발생했을 것이라는 추론이 가능하다. 마지막으로 지난 30년간의 측정 결과 대기의 산소 농도가 적지만 감지할 수 있을 만큼 꾸준히 감소한 것으로 나타났다. 감소량이 너무 미미해 숨을 못 쉬게 되는 건 아닌지 걱정할 필요는 전혀 없지만 화석 연료의 탄소를 이산화탄소로 바꾸는 데 필요한 양과는 거의 일치한다.

하지만 기후과학이 흔히 그렇듯 뒤로 멀찍이 물러나 지질학적 시대를 살펴보면 완전히 다른 사실을 알게 된다. 과거 지질학적 시대에 지구에서 일어난 탄소 이동의 자연 현상은 오늘날과 매우 다르다. 과거와 비교하면 오늘날의 지구 대기는 이산화탄소에 굶주려 있다고 할 정도로 농도가 낮다. 그림 3.3은 과거 이산화탄소 농도의 추정치를 보여준다. 가로축은 지질학적 시간으로, 약 5억 5천만 년 전인 캄브리아기까지 거슬러 올라간다. 세로축은 과거 대기의 이산화탄소 농도와 지난 몇백만 년 동안의 평균 농도(약 300ppm)의 비율이다. 탄산염 퇴적물과 고생토(화석화된 토양) 속의 ^{12}C 대비 ^{13}C의 비율을 분석해 얻은 기록이다. 다른 방법으로 얻은 대리지표들도 질적으로 비슷한 결과를 보여준다.

지질학적 연대에서 지금까지 대기 이산화탄소 농도가 오늘날만큼 낮았던 적은 딱 한 번, 3억 년 전인 페름기 때뿐이다. 과거에는 이산화탄소 수치가 현재보다 5배, 또는 10배 더 높았고, 그런 시기에도 동식물은 왕성하게 번식했다. 그러나 당시의 동식물 종류는 지금과는 달랐다. 따라서 이산화탄소 자체가 지구에 딱히 근심거리인 것은 아니다. 다만 관심을 가져야 할 것은 지금의 생명체는 낮은 이산

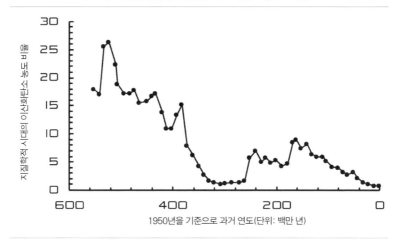

그림 3.3 **지난 5억 5천만 년 동안의 지구 대기 이산화탄소 농도 변화**
세로축 값은 탄산염 퇴적물과 화석화된 토양에서 관측된 동위원소 비율로부터 얻은 값을 지금
으로부터 가까운 몇백 년 동안의 평균(오늘날 값)을 기준으로 나누었다. 오른쪽 끝부분에 해당
하는 1950년 현재 이산화탄소 농도는 1.3 정도가 될 것이다.[5]

화탄소 수치에 적합하도록 진화해 온 탓에(해부학적으로 볼 때 현대의 인
간은 겨우 20만 년 전에 등장했으며 이 그래프의 가장 오른쪽에 해당한다) 지난
100년 동안 급격히 증가한 이산화탄소가 생태계 교란을 가져올지 모
른다는 점이다. 이산화탄소 농도가 1,000ppm(오늘날 실외 농도의 2.5배)
까지 오르는 건 교실이나 강당에서는 흔한 일이다. 농도가 그보다 높
아지면 인간은 졸음에 빠지게 된다. 그래서 내 강의 시간에 학생들이
꾸벅꾸벅 졸기 시작하면 나는 내 강의의 질이 떨어진 것이 아니라 이
산화탄소 농도가 1,000ppm을 넘어서 그런 거라고 생각하고 싶다.
2,000ppm이 넘어가면 좀 더 심한 생리학적 현상이 나타난다. 하지

만 지난 10년 동안의 추세가 앞으로 유지된다면 농도는 약 250년이 지나야 1,000ppm에 도달할 것이다.[6] 이 그래프에서는 세로축 값 3.3에 해당한다.

이산화탄소는 인간이 유발하는 온실가스 중 기후에 가장 큰 영향을 미치는 물질이다. 그러나 이 물질이 크게 염려되는 또 다른 이유는 대기와 지표면 순환 과정에 아주 오랫동안 남아 있기 때문이다. 오늘날 배출되는 이산화탄소의 약 60%는 지금으로부터 20년 동안 대기 중에 머물 것이며, 30~55%는 100년이 지난 뒤에도, 15~30%는 1,000년 뒤에도 남아 있을 것이다.[7]

이산화탄소가 대기 중에 오래 머문다는 단순한 사실은 인간이 기후에 미치는 영향을 줄이기 어려운 근본적인 걸림돌이다. 소량 배출돼도 농도가 증가하므로 배출이 멈추지 않는 한 농도는 계속 증가한다. 즉, 이산화탄소는 스모그와 달리 배출이 멈춘다고 해도 며칠 뒤에 바로 사라지는 게 아니다. 과잉 배출된 이산화탄소가 대기에서 사라지는 데는 수백 년이 걸린다. 이산화탄소 배출량을 완만하게 감소시키면 농도 상승을 늦출 뿐, 멈추게 하지는 못한다는 소리다. 결국 이산화탄소 농도를 안정화시키고 그로 인한 온난화 효과를 누그러뜨리려면 전 지구적으로 이산화탄소 배출을 완전히 금지해야 한다.

인간이 유발하는 두 번째로 중요한 온실가스인 메테인 역시 지난 세기 동안 그 양이 증가해 기후온난화에 한몫하고 있다. 메테인도 이산화탄소처럼 장기적인 상승 추세와 연간 순환 주기를 보인다(그림 3.4 참조). 1998년에서 2008년 사이에 메테인 농도가 일정했던 원인은 기후과학의 불확실성을 보여주는 또 다른 사례다. 그리고 이산화탄소처럼 오늘날 메테인 농도도 지난 수백만 년과 비교하면 매우 높은데, 급격히 증가하기 시작한 것은 약 4천 년 전부터다.[8]

메테인과 이산화탄소는 몇 가지 중요한 차이점이 있다. 첫째, 메테인 농도는 훨씬 낮다(2,000ppb로, 이산화탄소의 400ppm에 비하면 200분의 1 수준이다). 둘째, 메테인 분자는 대기 중에 겨우 12년 정도만 머문다(그 이후에는 화학 반응이 일어나 이산화탄소로 변한다). 셋째, 분자들이 적외

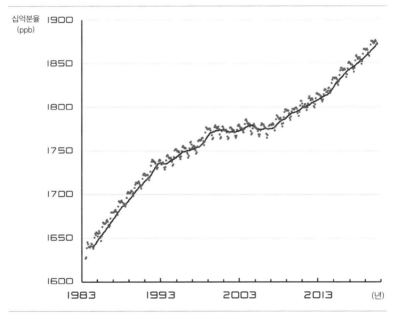

그림 3.4 월별 대기 메테인 농도(1983년부터 2020년까지)
매달 평균 수치는 십억분율(ppb)로 표현했다. 검은색 선은 12개월 후행 평균(이전 12개월 수치의 평균)이다.[9]

선 복사 에너지의 다양한 파장과 독특한 방식으로 상호작용하므로 대기에 더해지는 메테인 분자 한 개는 이산화탄소 분자 한 개보다 온난화에 30배 더 큰 영향을 준다. 메테인과 이산화탄소 배출을 비교할 때는 이런 차이점들(메테인은 농도가 낮고 수명은 짧지만 온난화에 미치는 영향은 더 크다는 점)을 고려해야 한다. 인간이 매년 배출하는 메테인은 3억t으로, 화석 연료를 태웠을 때 배출되는 이산화탄소 36Gt의 0.8%에 불과하다. 하지만 그림 3.2에서 볼 수 있듯 메테인은 예상과 달리 지구온난화에는 10Gt의 이산화탄소와 맞먹는 영향력을 행사한다.

많은 사람들이 놀라는 또 하나의 중요한 사실은 그림 3.5에 제시된 바와 같이 화석 연료가 인간이 지구에서 유발하는 메테인 배출량의 4

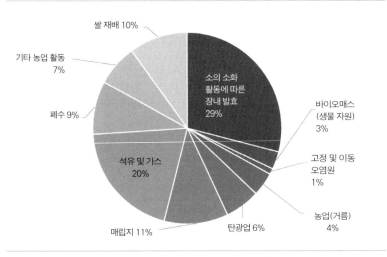

지구의 메테인 배출원

쌀 재배 10%

기타 농업 활동 7%

폐수 9%

석유 및 가스 20%

매립지 11%

소의 소화 활동에 따른 장내 발효 29%

바이오매스 (생물 자원) 3%

고정 및 이동 오염원 1%

농업(거름) 4%

탄광업 6%

그림 3.5 **2010년 기준 인간 활동으로 인한 지구의 메테인 배출원**[10]

지구를 구한다는 거짓말

분의 1밖에 차지하지 않는다는 점이다. 오히려 대부분이 장내 발효(소의 소화 활동을 의미하는데, 방귀가 아닌 트림으로 배출된다)와 기타 농업 활동, 특히 쌀 재배 과정에서 발생한다. 매립지의 쓰레기 부패 역시 큰 비중을 차지한다. 메테인 배출을 획기적으로 줄이려면 이 같은 원인을 해결하려는 노력도 반드시 필요하다.

———

미래의 기후는 인간과 자연의 영향에 대한 기후 시스템의 반응에 따라, 그리고 자체 변동(앞서 봤듯 기후는 인간의 간섭 없이도 변할 수 있다)에 따라 결정될 것이다. 우리는 기후의 자체 변동이나 자연의 영향(화산, 태양, 해류 역시 기후처럼 나름의 움직임이 있다)에 대해 자세히 알지 못하고 기후 조절 능력도 별로 없다. 하지만 인간이 앞으로 영향을 미칠 범위(특히 온실가스와 에어로졸 배출에 관해서)가 어디까지인지 타당한 추측은 할 수 있다.

미래의 온실가스 배출량과 기후에 미치는 인간의 영향은 인구 통계, 경제 발전, 규제, 그리고 그 시대에 사용하게 될 에너지 및 농업 기술에 따라 달라질 것이다. 이들 요인에 대한 다양한 가정을 결합하면 온실가스 배출량, 에어로졸 농도, 토지 이용의 변화를 추정할 수 있다. 이 가정들을 토대로 기후모델을 만들면 향후 수십 년 동안 기후가 인간의 영향에 어떻게 반응할지에 대해 조금은 감을 잡을 수 있을 것이다.

하지만 여기서 주의할 게 있다. 많은 이들이 확실성을 내세워 예측 결과를 사실처럼 보고하는데, 인간의 영향을 추정하는 일은 엄청난 불확실성을 갖기 마련이다. 1900년대로 돌아가 2000년도의 문명이 어떤 모습일지 예측한다고 상상해보라. 최초의 엔진 구동 비행기와 대량 생산되는 자동차가 출연하기 전이고, 라디오를 발명한 지도 얼마 되지 않았으며, 엑스레이가 막 발견되었고, 항생제는 상상조차 못하던 시절이다. 예지력이 가장 뛰어난 당대의 점쟁이조차 100년 후에 세계 인구가 4배로 증가하고 전 세계 경제가 40배까지 성장해 세상이 천지개벽할 거라곤 꿈도 꾸지 못했을 것이다! 그들이 오늘날 사람, 상품, 정보가 전 세계를 누비는 이 엄청난 규모와 신속성을, 우리의 생산 방식을, 농업과 의료의 진보를 본다면 놀라 쓰러지지 않을까.

향후 수십 년에 대한 거대한 불확실성 때문에 IPCC는 미래의 온실가스 농도를 정확히 예측하는 대신 일련의 시나리오를 만들었다. '대표농도경로(Representative Concentration Pathways, RCP)'라는 다소 복잡한 이름의 이 시나리오는 인구, 경제, 기술 등으로 변화 요소들을 넓게 설정하고 있다.[11] 각 RCP는 해당 시나리오상 2100년에 인간이 온난화에 미치는 영향력의 정도를 숫자로 표시하는데, 가령 RCP6은 21세기 말에 인간이 유발한 복사강제력(온난화에 미치는 영향)이 $6W/m^2$에 해당한다는 뜻이다(그림 2.4에서 봤듯 인간이 미치는 순영향력은 현재 $2.2W/m^2$이다). 이 시나리오들은 예측을 위한 것이 아니라 일어날 법한 미래 세계의 모습을 하나씩 개괄적으로 기술한 것이다. 한편 RCP를 더 정교하게 발전시킨 '공통사회경제경로(Shared Socioeconomic Pathways)'는 온실가스 배출량을 줄이고 변화하는 기후에 적응할 수 있는 사회의 능력을 나타내는데, 핵심을 이해하려면 보다 단순한 형태의 RCP를

지구를 구한다는 거짓말

살펴보는 게 좋다.[12]

역사적으로 온실가스를 배출하는 가장 중요한 요인은 두 가지로,

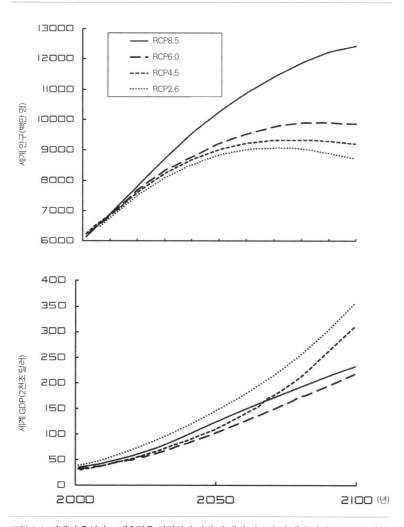

그림 3.6 **미래의 온실가스 배출량을 설명하기 위해 전 세계 인구와 전 세계 실질 GDP를 4개의 대표농도경로(RCP)로 추측한 그래프**

인구 증가와 경제 활동 증가다. 그림 3.6은 4개의 RCP 시나리오에 이 요소들을 가정해 예측한 그래프다. 배출량이 적은 RCP2.6 시나리오 (2100년에 복사강제력이 2.6W/m²임을 뜻한다)에서는 전 세계 인구가 현재 의 78억 명에서 2070년에 90억 명으로 정점을 찍은 뒤 2100년까지 수억 명씩 감소한다. 반면 RCP8.5는 인구가 2100년에 120억 명 넘게 꾸준히 증가한다고 가정한다. 전 세계의 실질 GDP는 모든 시나리오 에서 21세기를 거치며 크게 성장할 것으로 추정되는데, 배출량이 높 은 시나리오에서는 6배, 배출량이 낮은 시나리오에서는 10배까지 예 상한다. 좀 더 번영한 세계가 환경 문제를 우선시할 가능성이 높기 때 문으로 보인다. 모든 시나리오에서 GDP가 인구의 몇 배수로 증가하 므로 어떤 미래가 닥치든 2100년에는 1인 기준으로 전 세계가 더욱 번영할 것으로 예상된다(모델의 결과에 대한 논의에서는 세부 사항이 생략되 는 경우가 많다).

   이산화탄소 배출량, 이산화탄소 농도, 그리고 인간에 의한 모든 복 사강제력을 가정한 RCP를 그림 3.7에 제시했다(맨 아래 그래프는 인간 이 유발한 모든 온실가스와 에어로졸에 의한 순영향을 나타낸다). 시나리오마 다 배출량을 다양하게 가정하고 있기 때문에 2100년에 인간이 기 후에 미치는 영향력도 마찬가지로 다양하다. 예상대로 배출량이 적 으면 농도가 줄어들고 따라서 기후에 대한 인간의 영향(강제력)도 약 해진다. 인구가 많아서 석탄 사용량도 많은 RCP8.5의 지구에서는 2100년이 되면 연간 이산화탄소 배출량이 3배 이상 증가하고 농도는 900ppm 이상으로 치솟으며 복사강제력은 오늘날의 3배 이상으로

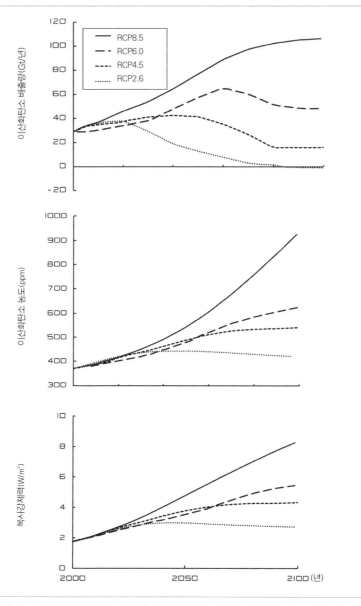

그림 3.7 **세계인의 이산화탄소 배출량 예상치(맨 위), 대기 중 이산화탄소 농도(가운데), 인간이 유발한 강제력의 총합(맨 아래)**
마지막 그래프에는 온실가스 일체와 에어로졸이 포함된다.[13]

늘어난다. 반면 인구는 적지만 번영한 RCP2.6의 세계에서는 이산화탄소 배출량이 2080년까지 줄어들면서 농도와 복사강제력 모두 현재 수치에서 안정화되고 이후부터 매우 천천히 감소한다.

배출량이 중간에 해당하는 RCP4.5와 RCP6.0 시나리오는 각각 이산화탄소 농도와 복사강제력이 중간 정도의 반응을 보인다. 2005년부터 2017년까지의 최근 배출량 분석에 따르면 2040년까지 경제 성장이 둔화하고 2100년 말까지 석탄 사용이 감소하므로 고배출 시나리오는 점점 타당성이 떨어지는 것으로 나타났다.[14]

여기서 알 수 있는 핵심 내용은 어떤 시나리오에서건 배출이 완전히 멈추지 않는 한 인간의 영향력은 지속적으로 늘어난다는 사실이다. 미래에 배출량이 얼마간 줄어든다 해도 인간이 기후에 미치는 힘은 계속 늘어날 것이다. 15년 전, 민간 분야에서 일할 때만 해도 인간이 기후에 미치는 영향력을 안정화시키려는 목표는 '도전'이라고 배웠다. 하지만 정부에서는 이 목표를 '기회'라고 불렀다. 다시 학계로 돌아온 지금은 좀 더 솔직히 말할 수 있다. '실질적으로 불가능한 일'이라고 말이다. 이에 대해서는 2부에서 설명할 것이다.

───────

온실가스, 특히 이산화탄소 배출이 지구의 온난화에 영향을 미치고 있다는 데는 의심의 여지가 없다. 인간이 기후에 미치는 영향력은 지난 수십 년 동안 증가했고 가장 급진적인 배출 규제를 제외한 모든 시나리오 하에서 계속 증가할 것이다. 인간의 영향은 기후 시스템의 다양한 측면들과 분리하기가 어려울 뿐더러 배출량과 대기 농도의 관계 때문에 그 영향을 완화하기도 매우 힘들다.

인간의 영향을 미래 기후 예측에 포함시킨다 해도 어느 수준까지는 결과가 눈에 띄지 않는다. 물론 온실가스 배출량이 많아지면 지구의 온도는 더 빨리 높아진다. 하지만 온난화가 정확히 얼마나, 언제 어디서 일어나게 될지, 기후 시스템에 다른 변화는 없는지, 그런 변화가 사회에 실제로 어떤 영향을 미칠지를 파악하기 위해서는 훨씬 정교한 분석이 필요하다. 다음 장에서는 정교한 분석이 어떻게 이루어지고 이것으로부터 알 수 있는 사실은 무엇인지를 살펴본다.

UNSETTLED

4

기후모델은 얼마나 정확할까

?

'기후모델'이 여러 가지를 예측하는 데 쓰인다는 말은 들어봤을 것이다. 그런 모델들이 다양한 사실을 증명한다는 점에는 의심의 여지가 없다. 그렇다면 기후모델은 정확히 무엇인가? 짧게 답하면 기후 시스템에 대해 수학적 시뮬레이션을 수행하는 컴퓨터 프로그램이다. 미국 위스콘신대학교 통계학자인 조지 박스(George Box)는 1978년에 이런 유명한 말을 남겼다. "모든 모델은 틀렸지만, 몇몇은 유용하다."

나는 계산을 통해 과학적 현상을 연구하는 분야에 모든 경력을 바쳤다. 50년도 더 전인 고등학교 2학년 때, 컬럼비아대학교의 과학 향상 프로그램 덕에 IBM1620으로 코딩하는 법을 처음 배웠다. 1974년에 발표한 나의 초창기 논문도 우주에서 산소를 생산하는 별들의 핵 반응을 컴퓨터로 모델링하는 내용을 다루고 있다.[1] 1981년, IBM 대 표가 난데없이 내 사무실로 찾아와 내게 선물(최초의 개인용 컴퓨터였다) 을 건네며 한 가지 부탁을 했다. 그 컴퓨터를 이용해 '흥미 있는 일'을 해보라는 거였다. 나는 결국 칼텍에 컴퓨터 물리학(컴퓨터 모델링) 강좌 를 열었고, 이 주제를 다루는 최초의 교과서를 집필했다.[2] 40년이 지 난 지금도 연구원들이 그 책 덕분에 연필과 종이로만 공부하던 물리 학을 유용하게 시뮬레이션하는 법에 대해 배웠다고 말해줄 때면 마 음이 흐뭇하다.

가장 널리 인용되는 내 연구 중 일부는 원자 속의 전자나 원자핵의 양성자, 중성자와 같은 양자 역학 시스템을 시뮬레이션하기 위해 새 로운 알고리즘을 개발하고 이용하는 것이다. 그리고 지난 30년 동안 나는 국제 조약으로 핵무기 실험이 금지된 상황에서도 미국이 비축 된 핵무기에 대한 확신을 가질 수 있도록 시뮬레이션을 시행하는 데 도움을 줬다.

이러한 다양하고 오랜 경험으로 인해 컴퓨터 모델을 이해하게 됐 지만, 동시에 그 한계도 인정하게 됐다. 그런 점에서 박스 교수의 말 은 정곡을 찌른다.

컴퓨터 모델링은 기후과학의 중요한 부분이다. 기후모델은 기후 시스템이 어떻게 작동하는지, 과거에 왜 변해왔는지, 그리고 가장 중 요하게는 어떻게 변할지를 이해하는 데 도움이 된다. IPCC 제5차 평 가보고서(AR5) 제1실무그룹(WG1)의 보고서는 전체 14장 중 4개의 장을 기후모델과 모델로부터 얻은 분석 결과에 할애하고 있다. 그리고 그 결과는 변화하는 기후가 생태계 및 사회에 미치는 영향을 평가하는, 유엔의 나머지 실무그룹들이 작성하는 보고서의 근거가 된다.

나는 약 30년 전 제이슨에서 당시 최신식이었던 대규모 병렬 컴퓨터(수천 개의 컴퓨터 프로세서를 조합해서 하나의 문제를 해결한다)를 이용해 기후모델의 예측 능력을 향상시킬 수 있는 방법을 연구하면서 처음으로 기후모델링을 자세히 접했다.[3] 당시 잠재적 가능성을 보인 것 중 대부분이 그 이후로 30년 동안 실용화됐다. 하지만 그 모델들에는 커다란 난제가 남아 있다. 다시 말하면 지구의 기후를 유용하게 묘사하는 것이 아직도 가장 어려운 과학적 시뮬레이션 중 하나라는 점이다.

우리의 기후모델들은 과연 얼마나 뛰어날까? 이 모델들이 예측하는 미래 기후를 우리는 얼마나 확신할 수 있을까? 이러한 질문들에 답하기 위해서는 세부 사항을 좀 더 깊이 알아볼 필요가 있다.

컴퓨터를 이용한 기후 예측

과학용 컴퓨터는 연산을 위한 기계다. 과학용 컴퓨터를 이용하면 엄청나게 많은 숫자(오늘날 가장 큰 기계가 저장할 수 있는 숫자는 10^{17}개에 육박한다)를 저장할 수 있고, 또 그 숫자들을 눈부신 속도(오늘날 초당 작업 속도는 10^{18} 정도다)로 처리할 수 있다. 물질과 에너지를 지배하는 물리학 법칙에 대한 이해 수준이 아주 높기 때문에 컴퓨터에 대기와 해양의 현재 상태를 입력하면 향후 인간과 자연에 미치는 영향을 추측할 수 있고, 그에 따라 수십 년 후의 기후도 정확히 예측할 수 있다는 생각에 빠져들기가 쉽다.

안타깝지만 그것은 환상에 불과하다. 정확히 예측할 수 있는 일기예보 기간이 겨우 2주 남짓이라는 사실만 봐도 알 수 있다. 물론 30년 전보다는 나아졌다. 주로 컴퓨터 용량이 늘어나고 대기 관측 능력이 향상돼 모델링의 출발점이 훨씬 정확해졌기 때문이다.[4] 하지만 2주간의 일기예보조차 정확성을 장담하기 힘들다는 사실은 1961년에 MIT의 에드 로렌츠(Ed Lorenz)가 설명했던 근본적인 문제를 잘 보여준다. 날씨는 혼란스럽기 짝이 없다. 모델링을 하는 방식에 사소한 변화만 생겨도 몇 주 후에 완전히 다른 예측 결과가 나올 수 있다. 그래서 현 상황을 얼마나 정확히 반영하는지와 상관없이 예측의 불확실성은 먼 미래일수록 기하급수적으로 커지게 된다. 컴퓨터 용량을 아무리 늘려도 이런 기본적인 불확실성은 극복할 수 없다.

하지만 기후는 날씨가 아니라는 것을 유념해야 한다. 기후는 수십 년에 걸친 평균 날씨이며, 기후모델을 통해 알아내려는 것도 바로 이것이다. 기후 예측이 가능하다고 믿는 데는 이유가 있다. 물이 끓는 냄비에서 거품이 몇 개나 발생할지는 자세히 예측할 수 없지만 다 끓고 나서 물의 평균 수위가 얼마나 감소할지는 자신 있게 예측할 수 있지 않은가. 물론 기후 시스템이 물 끓이는 냄비보다 훨씬 복잡하고 성가신 실질적 문제가 많다는 사실은 기후모델 결과를 적어도 100%

신뢰해서는 안 된다는 점을 의미한다.

지금부터 기후모델과 제작자들이 실제로 하는 일이 무엇인지 알아보자.

가장 단순한 모델을 제외한 모든 기후모델은 지구 대기를 3차원 격자로 뒤덮는 것부터 시작한다. 그림 4.1에서 보는 것처럼 보통 가로세로가 100km인 정사각형으로 이루어진 격자형 표면 위에 수직 10~20층의 격자를 쌓는다. 하지만 모델링이 필요한 대기의 높이가 표면의 평면 격자 하나의 크기와 견줄 만하기 때문에, 격자를 층층이 쌓아놓으면 그림처럼 정육면체보다는 팬케이크에 훨씬 더 가까워진다(기온은 고도에 따른 변화가 수평 변화보다 크기 때문에 수평 격자 크기보다 수

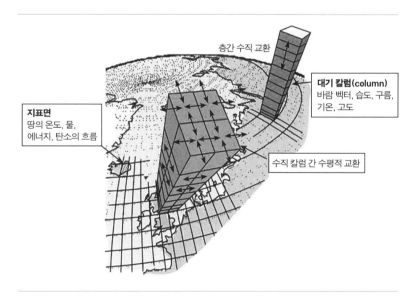

그림 4.1 대기 컴퓨터 모델에서 사용되는 격자의 개략도[5]

직 격자 크기를 작게, 촘촘히 나눈다-옮긴이). 해양을 덮고 있는 격자도 이와 유사하지만 수표면 격자는 보통 가로세로가 10km로 좀 더 작고, 수직으로 층이 더 많다(최대 30층이다). 지구 전체를 이런 식으로 덮으면 대기에는 상자 형태의 격자가 약 100만 개, 해양에는 격자가 1억 개가 생겨난다.

대기를 격자로 나눈 다음에는 컴퓨터 모델이 물리학의 기본 법칙을 이용해 특정 시간에 각 격자 안에 있던 공기, 물, 에너지가 시간이 조금씩 지나며 어떻게 이웃하는 격자로 이동하는지 계산한다. 이때의 시간 간격은 10분 정도로 짧을 수도 있다. 이런 과정을 수백만 번 반복해 100년 후의 기후를 시뮬레이션한다(시간 간격이 10분이면 5백만 번 이상이다). 한 번 시뮬레이션을 하면서 이렇게 짧은 시간 간격을 수없이 많이 거치려면 세계에서 가장 강력한 슈퍼컴퓨터를 사용한다 해도 수개월이 걸릴 수 있다. 걸리는 시간은 격자 안에서 일어나는 일을 얼마나 세밀하게 묘사하는지(모델의 '물리학')에 따라 달라질 뿐만 아니라 격자의 수와 시간 간격에 따른 계산 횟수에도 영향을 받는다. 연구자들은 적용 모델의 목적에 따라 이러한 다양한 요인들을 상호 조절한다. 처리 시간이 동일할 경우, 모델을 좀 더 단순화시키면 격자를 훨씬 미세하게 만들거나 더 오랜 기간에 대해 시뮬레이션할 수 있다. 모델 결과와 과거 실측 기후(평균과 연도별 변화 모두)를 비교하면 그 모델이 얼마나 잘 맞는지 대략 알 수 있다. 모델 적용이 일단 끝나면, 인간과 자연의 영향을 추정해 향후 몇십 년 뒤의 기후를 예측하기 위한 일련의 시뮬레이션을 반복한다.

지구를 구한다는 거짓말

이렇게 보면 간단한 것 같지만 전혀 그렇지 않다. 실은 상상을 초월할 정도로 어렵다. 기후모델이 '그냥 물리학'이라고 떠드는 사람은 기후모델을 이해하지 못하거나 의도적으로 오도하는 것이다. 한 가지 주된 난제는 기후모델들이 단일 격자 내에서는 온도, 습도 등에 관해 하나의 값만 사용해 격자 내의 조건을 설명한다는 점이다. 하지만 수많은 중요 현상들(산, 구름, 뇌우 등)이 가로세로 100km인 격자보다 작은 규모로 발생하기 때문에 연구자들은 격자 안에 다시 소규모의 아격자(Subgrid)를 가정해야 완벽한 모델을 구축할 수 있다. 예를 들어 대기를 통과하는 햇빛과 열의 흐름은 구름의 영향을 받는다. 구름은 그 종류와 형태에 따라 다양한 정도로 햇빛을 반사하거나 열기를 가로채는 등 중요한 역할을 한다. 물리학에 따르면 격자판 위의 각 대기층(층층이 쌓인 격자)에 존재하는 구름의 숫자와 유형은 일반적으로 그곳의 조건(습도, 온도 등)에 따라 달라진다. 하지만 그림 4.2에서 알 수 있듯 구름의 변화와 차이는 하나의 격자보다 훨씬 작은 규모로도 생기므로 가정에 꼭 포함시켜야 한다.

모델 제작자들은 기본 물리학 법칙과 기상 관측 결과 모두를 토대로 아격자를 상정하지만 그래도 상당 부분 자기 판단이 개입된다. 그리고 사람마다 가정하는 방식이 다른 탓에 결과가 모델마다 크게 다를 수 있다. 구름의 높이와 넓이가 일상적으로 변하는 것도 인간의 영향력만큼 햇빛과 열의 흐름에 파급 효과를 가져올 수 있으므로 이는 전혀 사소하고 하찮은 문제가 아니다. 실은 기후모델링의 가장 큰 불확실성이 구름을 어떻게 취급하느냐에서 비롯한다.[6]

그림 4.2 **구름의 규모가 모델의 격자보다 훨씬 작기 때문에 모델 사용자들은 아격자를 가정해야 한다.**
실제 격자가 이 그림보다 훨씬 얇기 때문에 이 그림은 오해의 소지가 있다.

그렇다면 아격자를 가정할 때 모호함을 줄이기 위해 격자 자체를 좀 더 미세하게 만드는 건 어떨까? 안타깝게도 그렇게 하면 다루어야 할 격자가 많아져서 계산량이 엄청나게 증가한다. 또 격자의 개수는 둘째 치고, 격자가 미세해지면 다른 문제가 발생한다. 어떤 연산이든 단일 시간 간격 안에서는 상황이 크게 변하지 않아야(즉, 대상이 격자 하나 이상 이동하지 않아야) 정확한 결과가 나온다는 점이다. 따라서 격자가 더 미세해지면 시간 간격도 짧아져야 하고, 컴퓨터로 처리하는 시간도 훨씬 길어질 수밖에 없다. 이를테면 동일한 시뮬레이션을 가로세로 100km 격자망에 실행하면 두 달이 걸리지만 10km 격자망에 실행하면 100년 넘게 걸릴 수 있다. 현재보다 1천 배 빠른 슈퍼컴퓨터를 사용할 경우 처리 시간을 두 달로 유지할 수 있지만 그런 컴퓨터는 향후 20~30년 후에나 만나볼 수 있다.

또 다른 문제는 격자망 구성에서 지구를 유의미한 수평·수직 크기로 된 덩어리로 나누는 방식에서 비롯된다. 대기와 바다는 모두 지구 표면을 덮고 있는 얇은 껍질이다. 지구의 반지름(6,400km)에 비하면 바다의 평균 깊이(4km)는 물론이고 대기의 높이(약 100km)조차 매우 얇다. 수직의 변화를 정확하게 설명하기 위해서는 대기에는 위쪽으로(바다는 아래쪽으로) 쌓아올린 수십 개의 격자들이 정육면체가 아닌 매우 평평한 팬케이크(전형적인 격자 모양은 높이보다 평면이 100배 넓다)처럼 되어야 한다. 참고로 10센트 동전도 넓이가 두께의 13배다.

일반적으로 대기에서는 층별로 이동하기 때문에 팬케이크 격자가 좀 더 정확한 시뮬레이션을 가능하게 한다(고도가 높은 곳의 대기를 성층권이라고 부르는 데는 이유가 있다). 하지만 격자가 이렇게 납작하면 난기류가 발생하는 10km 이하의 대기에서 문제가 된다. 에너지와 수증기가 수직으로 상승하는 흐름은 길이가 100km인 격자보다 훨씬 좁은 지역에서 발생한다(적란운을 생각해보라). 이런 문제는 상승 흐름이 에너지와 수증기를 해양 표면에서 대기로 끌어올리는 데 중요한 역할을 하는 열대 지방에서 특히 골칫거리다. 사실 바닷물의 증발에 의해 대기로 전달되는 에너지의 흐름은 그림 2.4에 제시한 인간의 영향보다 30배 이상 크다. 따라서 이처럼 '수분 상승 기류'(공기와 수분이 납작한 격자를 어떻게 수직으로 이동시키는지)에 관해 아격자를 가정하는 것은 정확한 모델을 구축하는 데 매우 중요하다.

또 모든 시뮬레이션은 '초기화 설정'이 필요하다. 즉, 시뮬레이션이 시작되는 첫 시간 단계에서 바다와 대기의 상태를 어떤 식으로든 명시해야 한다. 모든 대기 격자에 기온, 습도, 바람 등, 그리고 모든 바다 격자에 수온, 염도, 해류 등 초기값이 주어져야 한다. 안타깝게도 우리의 정교한 관측 시스템에도 불구하고 과거 수십 년은 말할 것도 없고 오늘날까지도 그런 세부 사항을 모두 알아낼 수는 없다. 그리고 설령 알아낸다 하더라도 시뮬레이션에서 가정한 조건들은 워낙 혼돈 상태라서(기상 예측에 대해 논의한 내용을 떠올려보라) 2주 정도 지나면 대부분의 세부 설정이 쓸모없어진다. 따라서 초기 설정 시에는 기후 시스템의 중요한 특징(대기의 제트기류나 주요 해류처럼)만 정확하게 포착할 필요가 있다.

격자, 기본 물리학, 아격자 가정, 초기값 설정이 준비됐다 해도 유용한 기후 시뮬레이션의 준비가 다 끝난 건 아니다. 마지막으로 남은 단계는 모델을 '보정'하는 것이다. 각각의 아격자를 상정할 때 어떻게든 수치를 설정해줘야 하는 변수들이 있다. 구름 면적과 대류는 그 수십 가지 변수 중에서 두 예시에 불과하다. '얼마나 많은 물이 토양 특성, 식생 면적, 대기 조건에 따라 지표면으로부터 증발하는가?' '얼마나 많은 눈 또는 얼음이 지표면에 있는가?' '바닷물이 어떻게 혼합되는가?' 등등 셀 수도 없다.

아격자는 본래 부정확할 수밖에 없다. 모델 사용자들이 현실에서 얻을 수 있는 '수치'가 없으니 어쩌겠는가. 따라서 그들은 자신들이 알고 있는 물리학을 근거로 아격자 변수를 설정하고 모델을 실행한다. 그렇지만 일반적으로 모델 실행 결과가 기후 관측치와 차이가 많이 나기 때문에 이후 실제 기후 시스템의 일부 특징과 더 잘 일치하도록 이런 변수들을 조정한다. 가장 중요한 것은 2장에서 논의한 것처럼 태양열의 데우는 작용과 적외선의 식히는 작용이 얼추 균형을 이루는지 또 빛과 열이 대기층을 어떻게 통과하는지에 따라 결정되는 지표면 온도가 얼마인지다.

'보정'이라고 하면 '미세한 조율'처럼 사소한 사항을 조정하는 일처럼 들리지만, 여기서는 미세하거나 사소한 게 전혀 없다. 이것은 고질적인 모순을 손보거나 짜증스러운 불확실성을 땜질하듯 해결하기 위해 모델을 조정하는 과정이다. 때로 모델 사용자들이 원하는 결과를 도출하겠다는 일념으로 변수에 대한 '지식'과는 거리가 먼 방식으로 아격자 변수를 보정하기도 한다. 이를테면 영국에서는 연구원들이 일부 눈 쌓인 지역이 북부 지역 산림의 알베도를 변화시키는 방식(눈은 나무 꼭대기 부분보다 햇빛을 더 많이 반사한다)을 조절해서 자신들의 최신 모델을 부분적으로 보정한 바 있다. 이들은 또한 바다 표면에서 미생물이 생성하는 디메틸설파이드(Dimethyl Sulfide, 에어로졸을 생성해 해수면의 알베도를 증가시키는 화학물질)의 양도 조절했다.[7] 그런 세부 사항들이 기후에 중요하다고 누가 생각했겠는가?

어떤 경우든 모델의 몇십 개의 변수를 조정해서 훨씬 더 많은 기후 시스템에서 관찰된 특징을 일치시키는 것은 (현실적인 이유로도, 근본적인 이유로도) 불가능하다. 이는 모델의 결과에 대한 신뢰성에 의구심을 불러일으킬 뿐 아니라 기후 현상에 대한 우리의 이해력이 인간의 작은 영향력을 확인하는 데 필요한 수준에도 도달하지 못했음을 보여준다.

기후모델에 적절히 반영해야 하는 가장 중요한 것 중에 '되먹임 작용(feedback)'도 있다. 온실가스 농도의 증가는 지구의 기온을 상승시키기도 하지만 동시에 온난화 작용을 직접적으로 확대 및 감소시키는 다른 변화를 일으킬 수도 있다. 가령 지구가 따뜻해지면 지구 표면에 눈과 얼음이 줄어들고 이로 인해 지구의 알베도가 감소한다. 그러면 지구의 반사율이 낮아져 햇빛을 더 많이 흡수해 온난화가 더 심해진다. 되먹임 작용의 또 다른 사례는 대기가 따뜻해질수록 수증기를 더 많이 머금어 열을 흡수하는 능력이 더욱 커진다는 것이다. 하지만 수증기가 많아지면 구름의 양도 늘어나고 덩달아 열을 흡수하는 능력(높은 구름)과 반사율(낮은 구름)도 높아진다. 이 모두가 종합돼 결국 반사율이 높아지게 되고 구름의 총체적인 되먹임 작용이 직접적인 온난화 효과를 다소 감소시키게 된다. 이 되먹임 효과(즉, 직접적인 영향을 확대 또는 감소시키는)의 크기는 어떤 경우 그 징후조차 처음에는 정확히 파악하기 힘들지만 이후 모델을 조정하면서 드러날 수밖에 없는데, 각 모델마다 약간씩 다른 답이 나오게 된다. 그렇게 많고 다양한 모델을 통해 얻은 결과의 평균을 내면 모든 되먹임 작용이 이산화탄소가 온난화에 미치는 직접적인 영향을 2~3배로 증가시키는 순효과를 가져온다는 사실을 알 수 있다.

따라서 복잡한 시스템을 모델링할 때가 그렇듯 기후모델에서도 보정은 꼭 필요하지만 위험한 부분이기도 하다. 보정을 잘못하면 실제 세계를 제대로 설명하지 못하고, 보정을 과하게 하면 장부를 조작하는, 즉 답을 미리 정해놓고 끼워 맞추는 위험이 생긴다. 세계적인 기후모델 사용자 15인이 공동으로 집필한 논문에서는 이를 이렇게 표현한다.

> 보정 시 선택과 타협을 하면 모델의 결과에 상당한 영향을 미칠 수 있다. (…) 이론적으로, 보정은 모델 결과에 대한 평가, 상호비교, 상호해석을 고려해 이루어져야 한다. (…) 왜 보정에는 그토록 투명성이 결여돼 있는 것일까? 아마 보정이 기후모델링에서 불가피하지만 부도덕한 부분으로, 과학보다는 공학으로, 과학 문헌에 기록될 가치가 없는 땜질 행위로 인식돼서일 것이다. 또한 모델을 보정한다고 설명하면 기후변화 예측의 타당성에 의문을 제기하는 사람들의 주장에 힘을 실어주는 꼴이 될까 봐 염려해서이기도 하다. 실제로 보정은 모델의 오류를 보완하는 고약한 방식으로 여겨질지도 모른다.[8]

사실이다. 독일의 막스 플랑크 연구소(Max Planck Institute)에서 출간한, 가장 인정받는 한 기후모델을 세세히 분석한 한 논문을 보면 처음 선택한 수치에서 실제 관측한 것보다 온난화 값이 2배로 나오자 (대기 중의 대류와 관련된) 아격자 변수를 10배 정도 보정했다는 설명이 있다.[9] 아격자 변수를 10배나 조정한다는 건 단순히 조율하는 정도가 아니다.

결과의 범위

지금쯤 기후모델이 어떻게 만들어졌는지, 또 그 모델들이 왜 우리가 원하는 것보다 불명확한 미래를 대략만 보여주고 마는지 확실히 알게 됐을 것이다. 그 결과들을 한번 살펴보자. 하나의 모델로는 모든 것을 정확히 예측할 수 없기 때문에 평가보고서는 전 세계의 연구 그룹이 사용한 수십 개의 다양한 모델로 구성된 '앙상블(Ensemble, 결합체)'을 이용해 평균 결과를 보고한다. 결합 모델 상호비교 프로젝트(The Coupled Model Intercomparison Project, CMIP)가 앙상블을 편집하는 작업을 맡는데,[10] CMIP3 앙상블은 IPCC의 AR4에, CMIP5는 2013년 AR5에 근거를 제공했으며, CMIP6는 AR6 평가의 기초가 될 것이다.

여기서 잠깐 짚고 넘어가자. 이렇게 말하면 대부분의 모델이 일치한다고 암시하는 것 같지만 실은 전혀 그렇지 않다. 이런 앙상블에 포함된 모델들을 비교해보면 인간의 영향에 대한 기후 반응 관측에 요구되는 가시적 수준에서 모델들의 결과가 서로 다른 건 물론이고 실제 관측 결과와도 완전히 다르다는 걸 알 수 있다. 하지만 IPCC 보고서를 깊이 있게 살펴보지 않으면 이 사실을 알아차리기 힘들다. 자세히 읽은 후에야 제시된 결과들이 서로 일치하지 않는 다양한 모델들의 '평균값'임을 알게 된다(그런데 앙상블의 개별 모델들 사이의 불일치는 기후모델이 '물리학 그 자체' 이상임을 보여주는 증거이기도 하다. 만약 그렇지 않다면 모든 모델이 사실상 전부 동일한 결론을 내놓을 것이기 때문에 다수의 모델이 필요하지 않을 것이다).

시뮬레이션 결과 유독 불일치하는 부분이 하나 있으니 바로 지표면 평균 기온(편차가 아니라 기온)이 모델마다 3℃ 가량 차이가 난다는 점이다. 이는 그들이 주장하는 20세기의 기온 상승폭보다 3배나 큰 수치다. 그리고 두 모델의 지표면 평균 기온이 그 정도로 차이가 난다면 세부적인 부분이 상당히 다를 수밖에 없다. 이를테면 물이 어는 온도를 조정할 수는 없으니(자연의 법칙이기 때문에) 지구를 뒤덮은 눈과 얼음의 양을 조절했을 것이고, 따라서 알베도에서 큰 차이가 날 것이다.

평가보고서가 기온 그 자체보다 평균 기온 상승에 초점을 맞추고 각 모델에서 계산된 기온을 제시함으로써 평균 기온이라는 비물리학적 요소(기온을 평균한다는 것은 물리학적 접근이 아니다)의 어색함을 무시해버리고 있다. 이런 식의 접근은 앙상블에 들어 있는 모델 간의 차이를 잘 보이지 않게 한다. 그 결과가 그림 4.3이다(AR5에서 인용). 이 그래프는 AR4와 AR5에 사용된 앙상블의 평균과 범위를 관측값(그림 1.1에서 보았던 정보)과 비교하며 지표면 평균 기온의 편차를 살펴본다. 앙상블 평균과 관측 결과가 일치한다는 점이 인상적으로 보이지만, 이러한 결과는 이 책 초반에서 언급했던 조미료가 살짝 가미된 것이라고 생각해야 한다. 세계에서 가장 뛰어난 기후모델 사용자 중 한 명도 이렇게 말한 바 있다. "[과거의 온도와] 잘 맞아떨어지는 모델의 경우, 약간의 조율이 있었을 수도 있다고 추측하는 것이 합리적이다."[11] 그리고 그림 4.3을 자세히 뜯어보면 몇 가지 다른 문제들도 눈에 보인다.

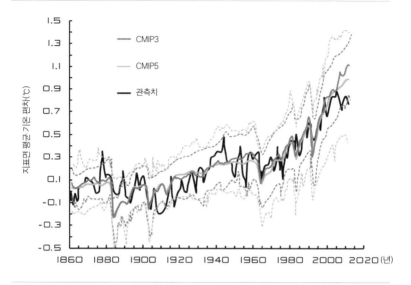

그림 4.3 CMIP3와 CMIP5 모델 앙상블로 시뮬레이션한 지표면 평균 기온 편차
회색 실선은 앙상블 평균을 나타내고, 점선은 앙상블의 결과의 범위를 나타낸다. 검은색 선은 관측치 편차를 나타낸다.[12]

한 가지 놀라운 문제는 1960년 이후 몇 년간은 CMIP5 앙상블의 예측 범위가 CMIP3에 있는 모델이 예측한 범위보다 크다는 것이다. 달리 말하면 후에 나온 모델이 이전 모델보다 더 불확실하다는 의미다. 기후모델이 좀 더 정교해졌음에도 불구하고(격자가 정교해지고 이격자 변수의 질이 더 높아지는 등) 불확실성이 줄어들기는커녕 오히려 늘어났다는 사실에 정말 놀라지 않을 수 없다. 작업 도구와 정보가 개선되면 모델이 정확해지고 모델들도 서로 더 일치하는 게 정상이다. 하지만 실제로 그렇지 못하다는 점이 여러분이 "모델의 예측 결과에 따르면……"이라는 글을 읽을 때마다 명심해야 할 부분이다. 모델의 예측 범위가 넓어지고 있다는 사실은 과학이 확정적이지 않음을 보여주는 아주 좋은 증거다.

그런데 이 그래프에는 그만큼이나 심각한 문제가 또 있다. 그림 4.3 은 앙상블들이 1910년부터 1940년까지 관측된 강한 온난화 현상을 재현하지 못했음을 보여준다. 평균적으로 모델들은 이 기간에 실제 관측된 기온 상승률의 약 절반에 대한 정보만 제공한다. IPCC는 다소 신중하고 냉담한 어조로 다음과 같이 말한다.

> 강제력과 그에 대한 기후 시스템 반응의 불확실성, 그리고 충분하지 못한 관측 범위로 인해 자체 변동, 자연적 강제력, 인위적 강제력이 이런 온난화 현상에 미친 기여도를 정량화하는 것은 여전히 어렵다.[13]

좀 더 직설적으로 말하면 자신들도 모델들의 실패 원인을 모른다는 소리다. 수십 년 동안 어째서 기후가 변했는지 말해주지 못하는 것이다. 그리고 평가보고서가 20세기 후반에 관측된 온난화에 대해 '강한 확신'을 갖고 인간의 영향을 그 원인이라고 지적했는데, 20세기 초반에 관측된 온난화와 비슷하다는 점을 보면 과학적으로는 전혀 이해되지 않는다.

IPCC는 '정량화하기 어렵다'며 사소한 문제로 취급하지만 사실 자체 변동은 중요한 사안이다. 기후 관측 결과를 보면 수십 년, 심지어 수백 년에 걸친 반복적인 움직임이 분명히 확인된다. 이 중 적어도 일부는 해류의 느린 변화와 대기와 바다의 상호작용으로 인한 것이다. 가장 잘 알려진 사례가 엘니뇨 현상(엄밀히 따지면 엘니뇨 남방 진동, El Nino-Southern Oscillation)으로, 열에너지가 2년에서 7년마다 불규칙적으로 적도 부근 태평양을 가로지르면서 전 세계의 기상 패턴에 영향을 미치는 현상이다. 그보다는 덜 알려진 좀 더 느린 움직임이 대서양 수십년 진동(Atlantic Multidecadal Oscillation, AMO)으로, 이 현상은 북대서양에 주기적으로 온도 변화를 일으킨다.[14] 그림 4.4는 해수면 온도로 추론한 결과 AMO의 세기가 60년에서 80년 주기로 반복되고 있음을 보여준다.

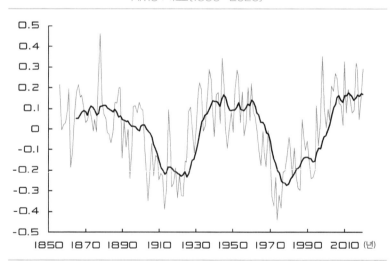

AMO 지표(1856~2020)

그림 4.4 **북대서양 해수면 온도로 구성한 AMO 지표**
검은색 선은 10년 후행 연평균이다.[15]

지구를 구한다는 거짓말

태평양에도 이와 비슷하지만 독자적인 주기적 움직임을 보여주는 태평양 10년 주기 진동(Pacific Decadal Oscillation, PDO)이 있는데, 주기가 약 60년이다. 인간이 관측을 제대로 한 기간이 약 150년에 불과하기 때문에 더 긴 기간에 걸쳐 발생하는 규칙적인 움직임에 대해서는 알려진 바가 적다. 그러므로 훨씬 더 긴 주기의 자연적 변화가 또 있을 수 있다(거의 확실하다).

이러한 주기들은 전 지구 및 일부 지역의 기후에 영향을 미치는 것은 물론이고 온실가스 배출이나 화산 에어로졸과 같은 인위적·자연적 강제력에 따른 추세에 힘을 보탠다. 그런 까닭에 기후에서 관찰된 변화들이 인간에 의한 것인지 자연에 의한 것인지 확인하기는 어렵다. 이를테면 1998년과 2016년(그림 1.1에서 보듯)의 지구 온도 편차에서 나타나는 급격한 변화는 거대한 엘니뇨 현상이 주된 원인이다.

오늘날의 모델들은 엘니뇨 현상의 일부 측면은 재현해도 강도, 지속 시간, 지구상의 패턴, 또는 그보다 느린 주기의 발생 시기를 재현하는 데는 그리 뛰어나지 못하다. AR5에 따르면, 많은 모델이 AMO와 같은 현상을 재현하지만 결과가 모델마다 다르고 여러 가지 측면에서 관측 결과와 차이가 난다. 가장 주목할 만한 것은 기후모델들이 만든 AMO와 같은 현상의 주기가 모델에 따라 40년에서 100년 이상까지 다양하다는 사실이다.[16] 그러한 모델들은 태평양에서 일어나는 수십 년 주기의 변동도 잘 재현하지 못했다.[17]

그리고 IPCC의 AR6에 정보를 제공하는 CMIP6 모델 역시 적어도 이러한 기준에서는 CMIP5보다 나은 점이 별로 없다. 그림 4.3에서

CMIP3과 CMIP5 앙상블을 비교한 것처럼 그림 4.5는 CMIP6 모델들에서 추출한 기온 편차 결과와 실제 관측 결과를 비교한다. 전 세계 19개 모델링 그룹이 만든 29개의 다양한 CMIP6 모델로 실행한 267개의 시뮬레이션을 분석해 보면 이 모델들이 1950년 이후의 온난화 현상을 제대로 설명하지 못할 뿐 아니라 20세기 초반의 온난화 속도를 항상 적게 추산하고 있다는 사실도 알 수 있다.[18]

가장 최신 모델들조차 20세기 초반에 기후가 급격히 따뜻해진 현상을 재현하는 데 실패했다는 것은 자체 변동(기후 시스템의 자연적 변화)이 최근 수십 년 동안의 온난화에 상당히 크게 기여했을 가능성을

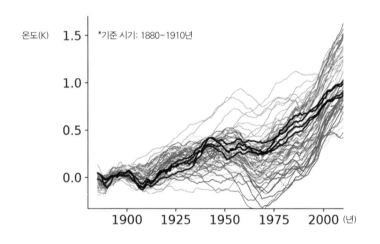

그림 4.5 26개의 CMIP6 모델에서 추출한 지표면 평균 기온 편차
모델들이 각각 독립적으로 실행한 결과는 옅은 회색 선으로, 세 가지 다른 관측 데이터는 검은색 선으로 제시했다. 편차는 1880~1910년의 기준선에 대한 상대적 수치이며, 곡선은 11년 간격으로 평활화했다.[19]

지구를 구한다는 거짓말

암시한다.[20] 이 모델들이 과거를 그대로 재현할 수 없다는 것은 심각한 문제이며, 이는 이 모델들의 미래 기후를 예측하는 능력에 대한 신뢰마저 떨어뜨린다. 특히 1980년 이후 발생한 온난화에 자연적 변동성과 인간의 영향이 각각 어떤 역할을 했는지 구분하기가 매우 어려워진다.

기후 시스템이 인간의 영향에 어떻게 반응하는지를 평가하는 일반적 척도이자 우리가 기후모델을 통해 얻고자 하는 중요한 정보는 평형 기후민감도(Equilibrium Climate Sensitivity, ECS)다. ECS는 이산화탄소 농도가 산업화 이전 수치인 280ppm에서 2배로 증가했다고 가정했을 때 지표면 평균 기온 편차(편차는 예상 평균값과의 차이임을 유념하자)가 얼마나 증가할지를 나타낸다. 만약 배출량이 현재 속도로 지속되고 탄소 순환이 크게 달라지지 않는다면 이번 세기 말쯤 지표면 평균 기온 편차는 2배가 될 것이다. ECS가 높을수록(예를 들어 예상되는 온도 상승폭이 클수록) 기후는 인간의 영향(또는 적어도 이산화탄소의 증가)에 더 민감해진다.

　1979년, 미국 국립과학아카데미는 차니 보고서(Charney Report)를 통해 기후민감도에 대한 표준 추정치를 제시했다.[21] 최고의 연구원들이 ECS의 범위가 1.5~4.5℃이되 3℃일 가능성이 '가장 높다고' 추정했다.[22] 2007년, IPCC의 AR4가 예상 범위를 2~4.5℃로 좁혔지만 가능성이 '가장 높은' 값은 동일했다. 그렇지만 7년 후, AR5가 추정 범위를 1.5~4.5℃로 되돌렸고 가능성이 '가장 높은' 값은 제시하지 않았다. 다시 말하면 2014년에는 기후민감도가 얼마인지 1979년 수준의 추정도 할 수 없었다.

IPCC의 AR6는 CIMP6 모델의 앙상블을 토대로 작성될 것이다. 그림 4.6은 2020년 5월에 확보한 데이터를 이용해 40개 모델에서 추출한 ECS 값이다. 이 모델들의 약 3분의 1(검은색 막대기)은 시뮬레이션 결과, 기후가 IPCC가 이전에 제공한 예상 상한선인 4.5℃보다 더 민감하다고 결론짓고 있다. 또한 민감도가 높은 모델의 경우 최근 수십 년 동안의 관측치보다 빠르게 온난해지고[23,24] 지질 시대 기후 데이터와도 일치하지 않는다.[25]

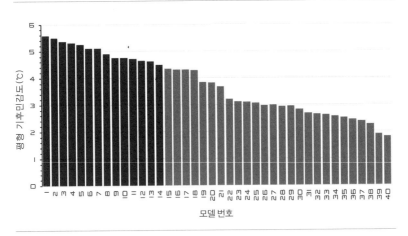

CIMP6 모델의 기후민감도

그림 4.6 CIMP6 앙상블의 40개 모델에서 추출한 평형 기후민감도
모델들은 민감도가 높은 것에서 낮은 것 순으로 나열했다. 검은색으로 표시된 수치는 AR5에서 제시한 예상 상한값보다 더 민감하다.[26]

지구를 구한다는 거짓말

이렇게 민감도가 높은 것은[27] 이 모델들의 아격자가 구름, 그리고 구름과 에어로졸과의 상호작용을 재현하는 데서 비롯한 것으로 보인다.[28] 주요 연구자 중 한 명은 이렇게 말한다.

구름과 에어로졸의 상호작용은 기후 시스템의 작동 방식을 이해함에 있어 최근에 부상한 영역으로, 우리가 이해하지 못하는 것을 모델링한다는 건 보통 어려운 일이 아니다. 이 모델 제작자들이 그 이해의 폭을 넓히려 애쓰고 있으니 이런 불확실성이 새로운 과학에 동기를 유발할 수 있길 희망한다.[29]

다시 말해 인간이 온난화에 미치는 영향만큼이나 기후 시스템에 영향을 미치는 강제력들을 잘 이해하지 못하고 있다는 뜻이다. AR6이 이 문제를 어떻게 다룰지(또는 다루지 않을지) 지켜보는 것도 흥미로운 일이다.

민감도가 이전 것들과 비슷하다고 CIMP6 모델들에 너무 위안을 받아서도 안 된다. 막스 플랑크 연구소의 한 모델 제작자가 한 다음 말을 곰곰이 생각해보자.

기계로 관측한 온난화 기록과 맞추려고 지구 기후모델 MPI-ESM1.2을 보정한 과정을 문서로 남겼고, 그 노력은 성공적이었다. 현상들이 일어나는 시간적 순서 때문에 우리는 에어로졸의 강제력을 조정하는 대신 구름의 되먹임 작용을 이용해 ECS의 목표를 약 3K(3℃)로 설정

하는 방법을 선택했다.[30]

즉, 온실가스에 대한 민감도를 자신들 생각에 끼워 맞추기 위해 모델을 보정한 것이다. 바로 이런 게 장부 조작이다.

기후민감도가 그토록 불확실한 이유 중 하나는 에어로졸이 냉각 효과를 발휘해 온실가스의 온난화 효과를 부분적으로 상쇄하기(또는 감추기) 때문이다. 이는 그림 4.7에도 분명히 드러나는데, 이 그래프는 다른 강제력을 함께 반영해 시뮬레이션을 실행했을 때 CMIP6 앙상블의 지구 평균 기온 편차가 어떻게 반응하는지를 보여준다. 온실가스 하나만으로 1900년부터 온도가 1.5℃ 상승했지만 인간이 유

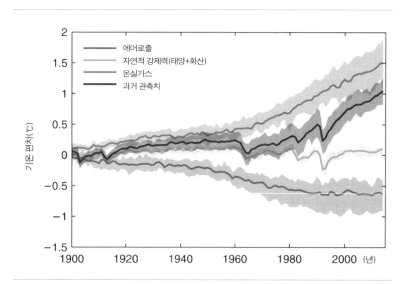

그림 4.7 **CMIP6 모델이 자연적·인위적 강제력을 고려해 예측한 지구 평균 기온 편차**
실선은 앙상블 평균을 나타낸다. 그림자 부분은 불확실성이 17~83%인 영역이다.[31]

지구를 구한다는 거짓말

발한 에어로졸이 0.6℃ 정도 냉각 효과를 일으킨 덕분에 부분적으로 상쇄됐다(태양의 변화와 화산 에어로졸은 장기적으로는 큰 영향을 미치지 않는다). '과거 관측' 곡선은 자연과 인간이 초래한 모든 강제력을 반영한 앙상블에 해당한다. 특히 1963년 아궁(Agung)과 1991년 피나투보(Pinatubo)의 거대 화산 폭발이 냉각 효과를 일으킨 것도 확인할 수 있다. 또한 과거 기온 시뮬레이션에서는 1910년부터 1940년까지 관측된 온난화 현상을 찾을 수 없다.

에어로졸과 온실가스에 민감도가 높은 모델이 민감도가 훨씬 낮은 모델보다 과거 관측치를 더 잘 설명하지 못한다. 에어로졸의 크고 불확실한 냉각 효과 때문이다. 앞으로 수십 년 동안 온실가스의 영향이 커지고 우세해지면서(에어로졸은 국지적 대기 오염의 중요한 원인이므로 어디에서든 에어로졸을 줄이는 것이 우선이다) ECS 추정치는 보다 정확해질 것이다.

기후민감도를 측정하는 또 다른 방식은 지난 140년 동안의 기온 상승과 그동안 발생한 자연적·인위적 강제력을 비교하는 것이다. 이를테면 그림 1.1에서처럼 1900년 이후 기온이 약 1℃ 상승한 것과 그림 2.4에서처럼 같은 기간에 총 강제력이 약 $2W/m^2$ 상승한 것을 비교하면 기후가 외부의 영향에 얼마나 민감한지 어느 정도 추정할 수 있다. 이런 하향식 접근법은 섬세한 격자망 기반의 모델보다 훨씬 단순하고 투명하다(슈퍼컴퓨터도 필요 없다!). 하지만 기온과 자연적·인위적 영향의 불확실성 말고도 문제는 더 있다. 바로 자체 변동을 고려해야 할 뿐 아니라 온도는 강제력에 뒤늦게 반응한다는 점이다(바다는 천천히 데워진다). 하지만 이런 요소들이 고려되고 나면 에너지 수지 분석에서 얻은 민감도가 CMIP 앙상블에서 얻은 수치(약 1.5℃)보다 훨씬 낮아진다.[32]

2020년 7월, 스무 명의 저자가 기후민감도를 명확히 규명하기 위해 하향식 접근법과 격자망 기반 접근법을 결합시킨(관측치와 고기후 정보를 함께 사용하면서) 논문을 발표했다.[33] 저자들은 ECS의 범위를 2.6~4.1℃로 추정했는데, 이는 AR5가 추정한 범위(1.5~4.5℃)의 절반으로, 가장 낮은 값과 가장 높은 값은 개연성이 떨어진다는 것을 의미한다.

기후 시스템이 다양한 외부 강제력에 얼마나 민감한지 이해하기 위해서는 아직 할 일이 많다. 만약 기후가 현재 예상하는 것보다 훨씬 덜(또는 훨씬 더) 민감하다면 아마 큰일이 될 것이다.

―――――

따라서 기후모델링 작업에서는 고민거리가 한두 가지가 아니다. 세상에서 가장 빠른 컴퓨터를 사용한다 해도 시뮬레이션을 실행하려면 수개월이 걸릴 수 있다는 문제 외에도, 모델 보정의 모호성, 정량화되지 않은 자연적 변동성, 온실가스로 인한 온난화 효과와 에어로졸의 냉각 효과 간 균형과 같은 복잡한 사안들이 있다. 기후가 온실가스 농도의 증가에 어떻게 반응하는지 이해하기 힘들 수밖에 없다. 기후 시스템에 대해 알면 알수록 얼마나 복잡한지를 깨닫게 된다.

대중 언론이 기후모델에 얼마나 문제가 많은지를 논하는 일은 별

지구를 구한다는 거짓말

로 없다. 하지만 주의를 기울이면 조금이나마 문제점을 엿볼 수 있다. 이를테면 온실가스의 온난화 작용을 막으려고 지구의 반사도(알베도)를 일부러 향상시키는 것과 같은 다양한 기후 대응 전략의 효과를 평가할 때 기후모델을 사용하는 경우가 있다(이 '지구공학'에 대해서는 14장에서 논의할 것이다). 최근 미국 국립과학아카데미 보고서에서는 다음과 같이 언급했다.

알베도 수정 결과와 기후변화 모델링에서 발생하는 불확실성 때문에 알베도 수정이 지구의 특정 지역에 미치는 이익과 위험은 말할 것도 없고 지구 시스템 전체에 미치는 상대적 위험과 결과, 혜택에 대해 신뢰할 수 있는 정량적인 진술을 내놓는 것은 지금으로서는 불가능하다.[34]

만약 '기후변화 모델링에서 발생하는 불확실성'이 모델로는 알베도 수정 결과에 대해 유용한 정보를 얻지 못한다는 것을 의미한다면, 이런 모델들이 인간의 기타 영향력에 대한 기후 시스템 반응을 더 잘 예측할 것인지도 확신하기 힘들다. 결국 이 모델들도 이 장에서 논의한 것과 같은 모델들로, 알베도 변화를 시뮬레이션하기 위해 약간의 수정(이를테면 태양을 1% 정도 덜 강렬하게 만든다거나 대기 상층에 에어로졸을 조금 더 추가하는 것처럼)만 가한 것이다.[35] 하지만 알베도 수정이면 몰라도 온실가스에 대해 위와 같은 진술을 할 거라고는 상상하기 어렵다. 그러면 이렇게 말하는 셈이 될 테니 말이다.

미래의 온실가스 배출 결과와 기후변화 모델링에서 발생하는 불확실성 때문에 온실가스 상승이 지구의 특정 지역은 말할 것도 없고 지구시스템 전체에 가져오는 상대적 위험과 결과, 혜택에 대해 신뢰할 수 있는 정량적인 진술을 내놓는 것은 지금으로서는 불가능하다.

평가보고서에서 이런 진술을 보기란 좀처럼 힘들다.

보고서들이 으레 강조하듯 기후모델은 우리가 가진 최고의 모델이고 계속 정교해지고 있다. 하지만 지금도 여전히 무수한 문제를 안고 있으며, 여느 사람들처럼 나 역시 기후모델이 개선되기를 바라고 있다.

5

기온을 둘러싼 거짓말

오늘날 TV 기상 캐스터들은 '기후 및 기상 캐스터'로 변신해 자신들이 다루는 수많은 심각한 기상 사건들이 '기후 파괴' 때문이라고 말한다. 사실 언론인, 정치인, 심지어 일부 과학자들은 관례처럼 폭염, 가뭄, 홍수, 폭우를 비롯해 대중이 두려워하는 그 밖의 모든 악기상(惡氣象)의 원인을 인간의 영향 탓으로 돌린다. 이유는 아주 잘 먹혀들기 때문이다. 현장 보도 장면은 강렬하고 때론 감동적이기까지 하다. 게다가 과거의 일에 대한 우리의 기억력은 형편없어서 '전례 없는' 일이라는 표현을 쓰면 더 설득력이 생긴다.

하지만 과학은 달리 말한다. 한 세기 이전의 관측 결과를 살펴보면 대부분의 기상이변에는 아무런 유의미한 변화도 찾을 수 없다. 사실 인간이 기후에 미치는 영향이 커졌는데도 일부 현상은 오히려 심각성이나 빈도가 줄어들었다. 일반적으로 기상이변은 추세를 찾기에 불확실성이 매우 크다. 다음은 IPCC의 AR5 WG1 보고서를 요약한 (놀랄 만한) 내용의 일부로, 우리가 알고 있는(또는 모르고 있는) 몇몇 추세에 대해 이야기하고 있다.

- "……전 세계적으로 홍수의 강도와 빈도의 추세를 나타내는 지표는 신뢰도가 낮다."[1]
- "……20세기 중반부터 전 세계에서 관측된 가뭄이나 건조(강우량 감소) 추세는 신뢰도가 낮다."[2]
- "……우박과 뇌우와 같은 소규모 악기상을 나타내는 추세는 신뢰도가 낮다."[3]
- "……1900년 이후로 극심한 아열대성 사이클론(폭풍)의 강도가 크게 변했다는 주장은 신뢰도가 낮다."[4]

과학이 악기상의 변화를 감지해 그 원인을 인간의 영향(앞서 논의한 모든 것들) 탓으로 자신 있게 돌리지 못하는 데는 많은 이유가 있다. 바로 관측 기간이 짧고 데이터 품질이 좋지 않으며, 여기에 높은 자연적 변동성, 자연적 영향과의 혼동, 그리고 그간 사용된 수많은 모델들 간의 불일치가 있기 때문이다. 하지만 큰 변화가 있다는 증거가 거의 없는데도 언론들은 기상 현상을 기후와 연결 짓는 '뉴스' 기조를 유지

지구를 구한다는 거짓말

한다. 부분적으로는 기후과학계에서 세를 확장하고 있는 '사건 기여도 연구(Event Attribution Studies, EAS)'에 의존함으로써 말이다.[5]

EAS의 원리는 이렇다. 폭우나 홍수, 가뭄이나 폭염과 같은 악기상 현상이 일어나면 얼마 후 연구자들이 기후모델링과 과거 관측 자료를 결합시켜 그런 현상이 발생하거나 극심해지는 데 인간이 어떤(보통 온난화에 대한) 역할을 했는지 결론을 내리려고 시도한다. 허리케인과 같은 현상이 일어난 뒤에 기후변화가 해당 현상이 일어날 가능성을 몇 퍼센트 높였다거나 몇 퍼센트 더 심각하게 만들었다고 주장하는 기사들이 바로 EAS의 결과물이다.[6,7] 예상했겠지만 EAS는 온화한 날씨 상황이 아니라 거의 전적으로 기상재해에 초점을 맞춘다.

이쯤 되면 이런 연구들에 문제가 많다고 굳이 말할 필요도 없을 것이다. 수많은 요소들이 기상이변에 일조하는 만큼 이 모든 현상이 오직 인간의 영향 때문임을 알아내려고 애쓰는 것은 분명 문제다. IPCC가 2012년에 발표한 〈기상이변에 대한 특별보고서(Special Report on Extreme Events, SREX)〉의 3장 요약본에 이 문제가 잘 기술돼 있다.

수많은 악기상과 이상기후(엘니뇨와 같은 현상 포함)는 자연적 기후 변동성의 결과이고, 십 년 또는 수십 년 주기로 일어나는 자연적 기후 변동은 인위적[인간이 초래한] 기후변화의 배경에 있는 현상이다. 인간이 기후변화를 초래하지 않는다 해도 자연 발생적인 악기상과 이상기후는 여전히 다양하게 일어난다.[8]

세계기상기구(WMO)는 여기서 조금 더 나간다.

> ⋯⋯ 심각한 열대성 사이클론[허리케인이나 태풍]과 같은 어떤 단일
> 현상도 과학에 대한 현재의 이해 수준을 고려했을 때 인간이 초래한
> 기후변화에서 기인했다고 볼 수 없다.[9]

실무자들은 EAS가 날씨와 기후변화를 연결 짓기 위해 기후과학이 할
수 있는 최선이라고 주장한다. 하지만 물리과학자로서 나는 언론 보
도는 말할 것도 없고 그런 연구가 신뢰받는다는 사실에 입이 다물어
지지 않는다. 과학이라면 연구 결과를 관측 결과와 비교하고 시험해
야 마땅하다. 하지만 날씨를 대상으로 한 기여도 연구는 이것이 사실
상 불가능하다. 이는 마치 무속인이 이미 복권에 당첨된 사람에게 자
신의 영적 능력 덕분이라고 우기는 것과 같다. 그런 기이한 주장이 사
실인지 시험하려면 무속인의 도움을 받아 복권을 수차례 긁어보고(아
마 비용이 엄청나게 들 것이다!) 당첨 횟수가 예상보다 많은지 확인하는
길밖에 없다. 데이터는 과학의 시금석이다. 그리고 기상 현상의 원인
을 시험하는 단 하나의 확실한 방법은 악기상의 통계적 특징이 변했
는지 확인하는 것이다. 그러면 애당초 EAS는 필요가 없다.

　요점은 이거다. 최악의 악기상에 대해 인간이 기후에 영향을 미친
탓이라고 할 만한 장기적인 추세는 보이지 않는다는 게 과학적 사실
이다(때로는 과거 관측치와 혼합하기도 하지만, 기후모델이 미래의 악기상에 대
해 어떻게 예측할지는 또 완전히 다른 문제다). 하지만 대중들은 악기상이

점점 흔해지고 심각해진다고 인식하고 있다. 이는 사실을 왜곡하는 언론이나 EAS가 갈수록 만연해진 결과로 인한 것 때문만이 아니라, 공식 평가보고서가 과학적 사실에 관해 분명하지 못하거나 때로는 부정확하기 때문이기도 하다.

　이어지는 장들에서는 흔히 인간이 초래한 기후변화가 원인으로 지목되는 심각한 현상(그중 일부는 악기상)들의 구체적 증거를 논할 것이다. 이 장은 우선 악기상에 대한 대중적 인식이 기후과학과 담을 쌓게 된 이유를 밝혀주는 주제로 시작하려 한다. 과학의 일부 측면에 불과하긴 해도 이 주제야말로 과학이 비전문가들에게 전달되는 방식, 즉 억지 분석, 결과 왜곡, 잘못된 검토 과정, 언론의 과장 등등의 많은 문제를 명확히 보여준다. 엄청난 관심의 중심에 놓여 있는 이 주제란 바로 기온 관측 기록이다.

지난 수 세기 동안 지구가 따뜻해졌다는 사실에는 모두 동의한다. 다음은 IPCC의 AR5에 나와 있는 또 다른 요약문이다.

　1950년경 이후로 추운 낮과 밤의 수가 감소하고 따뜻한 낮과 밤의 수가 증가했을 가능성이 매우 높다. (…) 20세기 중반 이후 전 세계적으로 폭염을 비롯해 고온 현상의 길이와 빈도가 늘어났다는 사실은 중간 정도 신뢰할 수 있다.[10]

IPCC는 폭염과 같은 짧은 고온 현상이 좀 더 길어지거나 빈번해졌다는 점에 대해서는 미온적으로 '중간 정도 신뢰'하면서, 기온이 갈수록 따뜻해지는 일반적인 추세에 대해서는 '가능성이 매우 높다'고 말하는데, 이 말은 결과가 잘못됐을 가능성이 10%에 불과함을 의미한다.

하지만 극심한 고온 현상이 늘어나고 있다는 대중적 인식("불타는 지구, 일별 최고기온 치솟아"와 같은 헤드라인이 조장하는)은 한마디로 잘못된 것이다. 공간적으로 가장 넓은 범위에 걸쳐 수준 높은 기상 데이터를 보유한 미국의 경우 기록적인 저온은 실제로 줄었지만 기록적인 고온은 한 세기 전보다 증가하지 않았다.

하지만 사상 최고치를 운운하는 헤드라인(이따금 붉은 온도계와 황량한 사막 이미지가 동반된다)은 하늘에서 뚝 떨어진 게 아니다. 미국 정부에서 발표한 2017 기후과학 특별 보고서(CSSR)는 오해를 넘어 아예 거짓 내용을 담고 있다. 보고서처럼 표현해보자면, 2019년 봄에 내가 직접 조사한 바를 근거로 '매우 높은 신뢰도'를 갖고 말할 수 있을 정도다. 과학이 어떻게 정보 전달이 아닌 설득을 위해 사용되는지, 그리고 비전문가들이 그 설득에 어떻게 현혹되는지를 단적으로 보여주는 불쾌한 사례다. 사실 CSSR의 핵심 요약본 19쪽은 현저하고 '매우 높은 신뢰도'를 부여하며 다음과 같이 말한다.

미국 인접 주(하와이와 알래스카를 제외한 48개 주) 전역에 걸쳐 극심한 기온 변화가 눈에 띈다. 지난 20년 동안 기록된 최고 기온의 일수는 최저 기온의 일수를 훨씬 능가한다.

지구를 구한다는 거짓말

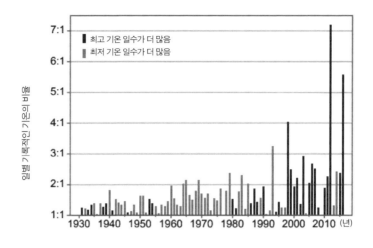

그림 5.1 **1930년부터 2017년까지 미국 인접 주 전역의 관측소에서 기록한 최고 기온 일수와 최저 기온 일수의 비율**[11] (CSSR 그림 ES.5에서 인용)

그러면서 근거 자료로 그림 5.1을 제공한다.

어두운 막대는 최고 기온이 최저 기온보다 더 많았던 해를, 밝은 막대는 최저 기온이 최고 기온보다 더 많았던 해를 의미한다. 막대의 높이는 연간 최고 기온과 최저 기온의 비율을 나타낸다. 예를 들어 밝은 막대의 비율이 2:1이라면 관측소에서 그해에 일일 최저 기온을 최고 기온보다 2배 더 많이 기록했다는 뜻이다.

대부분의 독자들이 내가 그랬던 것처럼 이 그림을 보고 충격을 받았을 것이다. 안 그럴 사람이 어디 있겠나. 시선을 잡아끄는 제목("최고 기온을 기록하는 일수가 갈수록 늘어나고 있다") 아래에 막대기가 최근 몇 년 동안 급격히 치솟는, '하키 스틱처럼 생긴' 데이터(원래 그래프에서는

'최고치'가 많은 연도의 막대기를 경각심이 일으키는 주황색으로 칠해놓았다)를 증거 자료로 제시했으니 말이다. 이 정도면 기온이 천정부지로 치솟는 것처럼 보일 수밖에 없다.

하지만 나는 이 그림과 이 보고서의 다른 그림들, 특히 그림 5.2에서 재현한 그림이 확연히 불일치한다는 사실이 마음에 걸렸다. 이 그림은 1900년 이후 연중 최저 기온의 평균은 증가한 반면, 최고 기온의 평균은 60년 가까이 변동이 없으며 현재 1900년과 거의 같다는 것을 보여준다(오른쪽 아래의 최고 기온 그래프를 보면 더스트볼로 인해 1930년대에 '최고 기온이 더 높았다'는 것도 확인할 수 있다. 당시 대평원에 농경지를 엄청나게 확장하고 과도하게 경작하는 등의 농업 관행을 일삼으면서 자연적 변동성이 커진 탓이다).

물론 이렇게 연평균으로 최고-최저 기온을 나타낸 것은 그림 5.1에 사용된 개별 관측소의 일일 최고-최저 기온 자료로 표현한 것과 다르다. 하지만 그림 5.1에서 최고 기온 대 최저 기온의 비율이 높아

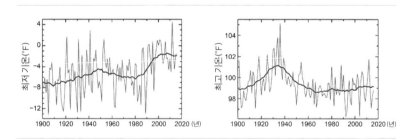

그림 5.2 **1900년 이후 연중 최저(왼쪽) 기온과 최고(오른쪽) 기온**
미국 내 인접한 48개 주의 평균값이다. 들쭉날쭉한 밝은 선은 연도별 수치를 나타내고, 검은색 선은 완만하게 평활화한 것이다.[12] (CSSR 그림 6.3에서 인용)

지구를 구한다는 거짓말

지는 것은 최고 기온을 기록하는 날이 더 많아져서가 아니라 최저 기온이 올라가면서 분모(일별 최저 기온의 일수)는 작아지는 반면 분자(일별 최고 기온의 일수)는 최근 수십 년 동안 거의 변하지 않았기 때문이다.

불일치는 과학자에게 아주 중요한 연구 대상이다. 불일치를 해결하면 큰 통찰력을 얻을 수 있다. 나는 이 불일치의 근본을 파헤치기로 하고 먼저 CSSR이 어떤 기준으로 일별 극한 기온의 발생률을 도출했는지를 설명하는 논문들을 찾아보았다.[13,14] 이 논문들은 '상대적 최고 기록(Running Record)'을 계산하는 법에 대해 설명하는데, 이에 따르면 특정 관측소에서 특정일의 최고 기온이 과거 그날의 최고 기록을 넘어서면 일일 최고 기록으로 집계한다(마찬가지로 특정일의 최저 기온이 과거 그날의 최저 기온보다 낮을 경우 최저값으로 집계한다). 이는 매일 일기예보에서 발표하는 것과 같은 기록 방식이다.

하지만 그림 5.3에도 나와 있듯 최고 기온을 계산하는 방법이 하나 더 있다. 특정 관측소에서 그해 특정일의 기온이 과거 그날의 최고 기온을 넘어서면 전부 '상대적 최고' 기온으로 기록한다. 따라서 관측 기간 동안(예를 들어 그림 5.1에서는 1930년부터 현재까지다) 이런 기록이 여러 개 생긴다. 반면, '절대적 최고' 기온은 관측 기간 동안 오직 한 번, 가장 높은 일일 최고 기온을 찍은 그해에만 생긴다.

나는 상대적 기록에 큰 문제가 있다는 사실을 곧바로 깨달았다. 새 기록이 생길 때마다 '기준치가 높아지는' 탓에 새로운 기록이 생기기가 점점 어려워지고, 따라서 해가 갈수록 최고 기록의 빈도가 줄어들

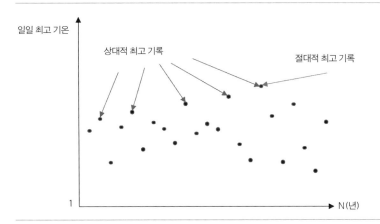

그림 5.3 상대적 기록과 절대적 기록의 차이. 단일 관측소에서 측정한 일일 최고 기온을 나타낸 것이다.
각각의 상대적 기록은 그전의 모든 해보다 높지만, 절대적 기록은 모든 해를 통틀어 가장 높다.

기 때문이었다. 한번 생각해보라. 관측을 시작하고 2년 후에 '최고 기록'이 되려면 1930년과 1931년의 일간 기온보다 기온이 높으면 되지만, 1980년에 최고 기록이 되려면 이전 50년 동안의 그 어떤 날들보다 기온이 높아야 한다. 실제로 그림 5.4(CSSR.15에 인용된 참고 자료에서 가져왔다)에서 '상대적 최고 기록'의 숫자가 감소하는 것을 볼 수 있다.[15] 검은색 선은 데이터에 아무런 추세가 없을 때 예상되는 감소세다. 예를 들어 최저 기온이 상승하지 않으면 연간 상대적 기록의 발생률(점)은 하강 곡선과 거의 일치하게 된다(반면, 최저 기온이 더 낮아지면 점들이 곡선 위로 올라가게 된다). 보다시피 최고 기온과 최저 기온의 숫자 모두 1930년부터 현재까지 급격히 감소하고 있으며, 최저 기온의 숫자는 더욱 빠르게 줄어들고 있다. 이는 두 유형 모두 빈도수가 훨씬

지구를 구한다는 거짓말

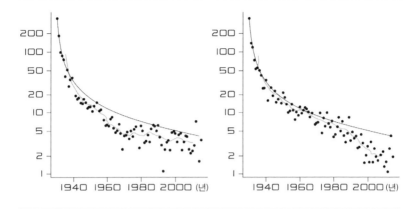

그림 5.4 **CSSR에서 사용하는 '상대적' 기록 방식으로 계산한, 미국의 일별 최고-최저 기온 일수**
점은 기록적인 기온의 발생률(왼쪽 그림은 최고 기온, 오른쪽 그림은 최저 기온)을 나타내며, 회색 선은 11년 이동 평균이다. 검은색 선은 기온에 아무런 추세가 없을 때 예상되는 감소세다.

줄어들고 있음에도 최고 기온 대 최저 기온의 비율이 왜 최근 몇 년 동안 더 컸는지를 설명해준다.

하지만 CSSR의 비율 그래프(그림 5.1)에는 또 다른 문제가 있다. 상대적 기록 방식을 사용하면 초기 몇 년은 안정된 추세를 보이다가 나중에 급격한 오르내림을 보일 수밖에 없다는 것이다.

이를 확인하려면 그림 5.1에서 두 번째 연도(1931)를 살펴보라. 모든 관측소는 1년 365일 매일 기온이 전년보다 1도만 높아져도 '최고 기온'이라고 기록하는 반면, 기온이 낮아지면 기록하지 않는다. CSSR이 1400개의 관측소 데이터를 이용했다고 가정해보자(정확히 몇 개를 사용했다고 밝히지는 않지만, 2016년 분석[16]에서는 1408개가 사용되었다). 해당 막대의 길이가 짧고 온도의 변동성이 무작위이기 때문에 전년도 기온보다 높은 쪽과 낮은 쪽이 거의 반반일 것이고, 따라서 그해에 가장 따뜻한 날씨는 255,500개(365×1,400/2)에 가까운 숫자가 집계될 확률이 높다. 마찬가지로 가장 추운 날의 숫자도 동일하게 집계될 테니 1931년(과 바로 몇 해 뒤까지)에 가장 따뜻한 일수와 가장 추운 일수의 비율이 1에 가까워질 것이다. 그 수가 많기 때문에(그리고 초기 몇 년 동안은 이 숫자가 유지될 것이기 때문에) 관측 초반에는 이 비율이 1:1에서 크게 달라지지 않는다. 하지만 몇 년 뒤 새로운 기록에 해당하는 막대가 길어지면서 기록 일수가 훨씬 줄어들고 따라서 비율은 크게 변하게 된다. 결론적으로 상대적 기록 방식을 사용하면 비율 그래프가 당연히 초반에는 오랜 기간 1에 가까운 값을 나타내다가 뒤로 갈수록 극적인 변동성을 보이면서, 실제로는 그렇지 않더라도 최근 수십 년 동안 엄청난 변화가 있는 것 같은 인상을 주게 된다. 시각적으로는 공포감을 주지만 이 비율은 기온이 실제 어떻게 변하고 있는지와는 거의 상관이 없다.

CSSR이 발표한 미국의 일별 최고 기온이 사실을 크게 오도한다는 것을 파악하고서 나는 자연스레 올바른 분석법(절대 기록을 사용하는 분석법)을 사용하면 어떤 결과가 나올지 궁금해졌다. 또한 1930년 이전의 최고 기온은 어떻게 된 것인지도 알고 싶었다. 미국은 1900년 이전에도 기온을 관측할 수 있었으니 말이다.

내가 직접 이 질문에 대답하려면 처음부터 시작해야 할 터였다. 미국 기상 관측소에서 엄청난 양의 데이터를 다운로드하고, 데이터를 정리하고, 데이터를 분석하기 위한 컴퓨터 프로그램을 작성해야 했다. 하지만 과학자들과 광범위한 네트워크를 맺고 있어서 좋은 것은 언제나 나보다 더욱 빨리(그리고 더욱 잘) 분석할 수 있는 사람을 찾을 수 있다는 점이다. 나는 앨라배마대학교 헌츠빌 캠퍼스의 존 크리스티(John Christy) 교수에게 연락을 취했다. 나와는 2014년 미국 물리학회 워크숍에 참석했을 때 안면을 튼 사이였다. 크리스티는 미국의 방대한 기상 기록들을 열람할 수 있었고 그것들을 다양한 방식으로 분석하는 데 능숙했다. 곧바로 그가 조사를 맡았다.

연구자들은 새로운 무언가를 시도하기 전에 언제나 신중을 기하기 위해 기존 결과들을 재현할 수 있는지부터 확인한다. 내가 CSSR이 사용하는 상대적 기록 방식에 문제가 있는 것 같다고 말하자 처음에 크리스티는 내 말을 믿지 않았기 때문에 이 경우에는 특히 더 중요했다. 그래서 그는 우선 자신이 가진 데이터를 이용해 CSSR의 그림 ES.5를 재현할 수 있음을 증명했다. 그런 다음 '절대적 기록'을 이용한 표준 방식으로 분석을 이어 나갔다. 이렇게 절대 기록으로 결과를 도출해 보니 상대적 기록과는 달리 구조적 감소가 일어나지 않았다. 혹여 관찰 기간 동안 이런 기록들의 숫자가 크게 변한다면 그건 기온 자체의 추세가 변해서였다.

크리스티는 절대적 최고 기온과 최저 기온에 대해 분석하면서 미국 관측소 725군데에서 1895년부터 얻은 데이터를 사용했다. 이 숫자는 CSSR이 1930년 이후의 분석에 사용한 관측소 수의 약 절반으로, 그 수가 절반 정도에 그치는 이유는 양질의 초기 기록을 가진 관

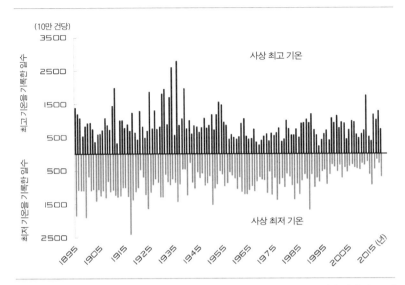

(10만 건당)

최고 기온을 기록한 일수

3500

2500

1500

500

사상 최고 기온

최저 기온을 기록한 일수

500

1500

2500

사상 최저 기온

1895 1905 1915 1925 1935 1945 1955 1965 1975 1985 1995 2005 2015 (년)

그림 5.5 1895년부터 2018년까지 미국 관측소 725군데에서 조사한, 미국에서 사상 최고-최 저 기온을 기록한 일수. '절대' 기록 방식으로 계산했다.
위쪽은 해마다 (10만 건의 관측 결과당) 최고 기온 일수를 나타내는 반면, 아래쪽은 최저 기온 일 수를 나타낸다.

측소가 적어서다. 그럼에도 불구하고 그의 결과는 그림 5.5에서 보는 것처럼 설득력이 있었다.

최고 기온을 보면 1930년대가 온난한 건 분명하지만 120년에 걸 친 관측 기간 동안, 또는 심지어 인간이 기후에 미친 영향이 크게 증 가했던 1980년대 이후로도 어떤 주목할 만한 경향은 보이지 않는다. 이와 대조적으로, 최저 기온 일수는 한 세기 넘게 감소하다가 1985년 이후로 그 추세가 가속화한다. 이 두 개의 막대그래프를 합치면 일반 적인 인식과는 완전히 배치되는 결과를 확인할 수 있다. 미국 전반에

지구를 구한다는 거짓말

걸쳐 기온이 사상 최대치를 기록하는 경우가 19세기 후반 이후로 줄어들면서 기온이 다소 온화해졌다는 사실이다.

하지만 CSSR의 핵심 요약본은 "최고 기온을 기록하는 날이 갈수록 많아지고 있다"는 설명까지 곁들여 잘못된 비율 그래프(그림 5.1)를 대문짝만하게 걸어놓고 있다. 너그럽게 봐줘서 저자들이 '……최저 기온과 비교해서'라는 문구를 넣는 걸 '까먹었다'고 주장한다 해도, 이 자료가 충격적일 만큼 사실을 오도하고 있다는 데는 논쟁의 여지가 없다. 특히 기록적인 기온에 대한 이 보고서의 나머지 자료까지전부 합치면 더욱 그렇다. 이 그래프는 보고서 6장에 다시 등장하는데, 이 부분에서는 "최저 기온의 일수는 1970년 후반 이후로 감소하고 있는 반면, 최고 기온의 일수는 증가하고 있다"는 문구 바로 옆에위치하고 있다. 하지만 CSSR의 자체 정의에 따르면 최고 기온 일수는 감소하고 있다.

스스로 "기후변화 과학에 대한 권위 있는 평가서가 되고자 한다"고 선언한 보고서가 어떻게 데이터를 이토록 잘못 해석할 수 있는걸까?[17] 어쨌거나 CSSR은 미국 국립과학공학의학아카데미(National Academies of Science, Engineering, and Medicine, NASEM)가 소집한 전문가 패널을 포함해 다양한 집단의 검토를 거친 보고서인데 말이다.

나는 이 문제를 조금 더 깊이 파고들다가 국립과학공학의학아카데미의 전문가 검토 패널이 CSSR의 보고서 초안[18]에 언급된 극한 기온에 대한 논의를 실제로 비판한 사실[19]이 있음을 알아냈다. 다음은 해당 초안 6장의 주요 발견 2(Key Finding 2)에 해당하는 부분이다.

평균 기온의 상승과 더불어 미국 대부분의 지역에서 기온이 사상 최고치를 기록하는 현상이 (예상했다시피) 늘어나고 있다. 1900년대 초반부터 미국 전역에 걸쳐 혹한의 기온은 상승했으며, 혹서의 기온도 서구 대부분에 걸쳐 상승했다. 최근 수십 년 동안 강한 한파는 줄어든 반면 강한 폭염은 늘어난 것이다.(가능성 매우 높음, 신뢰도 매우 높음)

검토단은 학술 검토에서 사용하는 외교적 표현으로 이 결과에 대해 다음과 같이 비판했다.

더 나아가 이번 장에 포함된 대부분의 그래프가 과거 관측 기록과 비교해 폭염 기온이 감소했음을 보여준 것을 생각하면, 기후변화로 폭염 기온이 상승했다는 주장이 들어 있는 보고서 내용이 어떻게 가능성이나 신뢰도가 매우 높을 수 있는지 이해하기 힘들다.

당연히 이 부분은 나의 의구심을 계속 끌어올린 모순된 주장과 같다. 해당 CSSR의 책임자였던 연방 관료(마이클 쿠퍼버그[Michael Kuperberg], 당시 미국 지구변화연구 프로그램의 상임이사)는 6장에 대한 국립과학공학의학아카데미의 검토에 다음과 같이 반응했다.

국립과학아카데미에서 보낸 제안 사항을 [최종 보고서에] 거의 대부분 반영했으며 (…) 사상 최고 기온과 최저 기온의 변화에 대한 새로운 그림도 추가했다.[20]

여기서 언급하는 '새로운 그림'이란 최종 보고서의 악명 높은 비율 그래프, 그림 ES.5(이 책에 있는 그림 5.1)를 말한다. 국립과학공학의학 아카데미 검토단이 추가된 새 그림을 미처 보지 못한 게 아닌가 싶다. 보았다면 분명히 논평을 했을 테니까. 그래서 이 그림이 출간까지 살아남았으리라 짐작된다. 정부가 그다음에 실시한 내부 검토에서 이 그림의 문제점들이 지적되지 않은(또는 무시된) 것이 분명하다.

바로 이것들이 내가 정부의 공식 보고서에서 기후과학에 대한 중대한 정보 왜곡을 식별하고 바로잡는 데 '매우 높은 자신감'을 가지는 이유다. 하찮은 실수를 꼬투리 잡으려는 게 아니다. 이것은 매우 중요한 문제다. 미국이 사상 최고 기온을 기록하는 일이 갈수록 빈번해지고 있다는 그릇된 생각은 당연히 이전 보고서를 인용하기 마련인 후속 평가보고서들을 더럽힐 가능성이 높다. 좀 더 넓게 보면 이는 사회적 결정에 필요한 과학 정보의 품질과 정보가 생성되는 과정의 완전무결성에 신경 쓰는 사람들에게도 중요하다. 또한 평가보고서의 절대적 권위를 선언하는 사람들에게도 문제가 될 수밖에 없다. 그리고 그러한 잘못된 '결론'에 목소리를 부여하는, 언론의 기후과학에 대한 보도에도 중대한 문제다.

CSSR이 기록적인 기온이라는 주제에 대해 올바른 결론을 내지 못하는 것은 그들의 무능함 때문일 수도 있겠지만 다른 이유 때문일 수도 있다고 생각한다. 해당 보고서가 우리가 본 것처럼 비율을 작위적으로 도출하지 않고 최고 기온과 최저 기온 일수를 그대로 제시했으면 더 자연스러웠을 것이다. 그러나 그렇게 되면 그림 5.4의 하강 곡선과 비슷한 그래프가 나왔을 것이고, 기록적인 기온의 증가를 기후 파괴의 증거로 제시하기 어려웠을 것이다. 사실을 오도하는 이러한 분석이 설득이 아닌 정보 제공에 어떤 도움이 되는지 누가 설명해주면 정말 기쁠 것 같다.

언론이 기록적 기온에 대한 CSSR의 허위 정보를 숨 가쁘게 퍼다 나르는 건 놀랄 일이 아니다. 이를테면 2019년 3월, AP통신은 "기록적 혹서, 기록적 혹한의 두 배"라는 제목의 기사를 게재해 여러 매체에 널리 판매했다.[21] 기자들은 관측소 424군데의 데이터를 사용하며 CSSR의 상대적 기록 분석법을 1920년까지 확대 적용했다. 흥미롭게도 그들이 보여주는 수치는 겨우 1958년부터 시작되는데, 이는 CSSR이 분석한 연도의 3분의 1 이상(1920~1957)을 생략한 것이다. 크리스티의 분석이 말해주듯 1930년대와 1940년대의 정보가 자신들의 논지에 거슬렸던 탓이 아닐까 싶다.

AP통신의 기사 그 어디에도(그림 제목은 제외하고) 기록적인 혹서와 기록적인 혹한의 일수가 '모두' 감소하고 있다는 언급은 없다. 놀랍게도 심지어 그들의 수치와 정면으로 배치되는 전직 '날씨 채널' 기상학자의 말을 인용하기도 한다. "날씨가 점점 극단으로 치닫고 있다. 더 위험한 극한의 날씨가 찾아올 가능성이 갈수록 높아지고 있다."

다음 진술로 극한의 기온에 대한 데이터를 간략히 요약하고자 한다. 이 장 초반에 인용했던 CSSR의 주장에 비하면 헤드라인으로 써먹기

에는 약하지만 정확하다는 장점이 있다.

　미국 전역에 걸쳐 극한의 기온에 약간의 변화가 생기고 있다. 해마다 집계되는 최고 기온 일수에는 지난 1세기 동안도, 지난 40년 동안도, 어떤 특별한 추세가 보이지 않는다. 하지만 추운 겨울밤 기온이 최저치를 기록한 연간 일수는 1895년 이후로 감소하고 있으며, 지난 30년 동안은 그 속도가 다소 빨랐다.

당연히 이런 식(혹독한 겨울과 추운 밤이 줄어드는 식)으로 기온이 점점 온화해지는 것은 무더운 여름과 햇빛이 이글거리는 오후가 갈수록 빈번해진다는 것과는 상황이 매우 다르다(그리고 덜 걱정스럽다). 그렇지만 공교롭게도 최저 기온이 상승한다는 증거는 지구가 온난해지는 현상과 완벽히 일치한다. 그저 온도계가 터져버릴 것 같은 삽화에 어울리는 '타들어가는' 수준의 기온이 아닐 뿐이다.

UNSETTLED

6

태풍은 정말 증가했을까

?

이 치명적인 허리케인의 시대가 한때로 끝날 줄 알았다.

하지만 상황이 갈수록 나빠지고 있다.

-〈포브스(Forbes)〉, 2020년 10월 7일[1]

다들 그렇듯 나도 허리케인이 미국을 강타할 때마다 언론이 저런 식으로 외치는 소리를 듣는다. 메시지는 분명하다. 폭풍의 강도가 세지고 빈도도 높아졌으며 온실가스 배출 증가가 이를 훨씬 악화시킬 것이라는 점이다. 하지만 관측 데이터와 연구 문헌은 이런 메시지와 극명하게 상충한다. 이런 갈등의 중심에는 실제로 알아낸 결과와 일치하지 않는, '입맛대로 해석한' 요약본을 제시하는 평가보고서가 있다. 이 장에서는 이런 폭풍의 진실을 파헤치고 인간이 허리케인(태풍)과 토네이도(회오리바람)에 끼친 영향이 없음을 입증하면서 기후와 폭풍에 대한 사실을 추적하려고 한다.

우선 약간의 배경 지식이 필요하다. 엄밀히 말해 '허리케인'은 대서양이나 동태평양의 열대성 사이클론(Tropical Cyclones)을 일컫는 용어다. 서태평양에서는 '태풍(typhoons)'으로, 벵골만과 인도양 북부에서는 '사이클론'으로 불린다. 나는 이 둘을 칭할 때 미국식 용어인 '허리케인(hurricanes)'을 쓸 것이다. 크기가 최대 수백 킬로미터에 달하는 이 폭풍은 폭우를 일으키는 토네이도와 뇌우가 저기압 중심(눈)을 나선형(북반구에서는 반시계 방향, 남반구에서는 시계 방향이다)으로 둘러싸고 있다는 것이 특징이다. 눈의 기압이 낮을수록 주변의 바람은 더욱 강해진다. 허리케인은 시속 119km 이상의 바람을 동반하는데, 그보다 약하면 '열대성 폭풍', 좀 더 약하면 '열대성 저기압'이라 불린다. 허리케인의 강도는 사피어-심프슨(Saffir-Simpson) 등급에 따라 1~5 등급으로 분류하며,[2] 초강력 폭풍(3~5등급에 해당하는 태풍)은 시간당 179km가 넘는 바람을 동반한다.

허리케인은 적도 부근의 바다 위에서 발생하는 열대저압부(저기압 지역)에서 생성된다. 그런 다음 극지방으로 이동하는데, 정확한 경로는 해당 지역의 바람에 따라 달라진다. 하지만 대부분은 육지에 도달하지 못한다. 전 세계적으로 매년 약 48건의 허리케인이 발생하는데, 그중 3분의 2는 북반구(허리케인 시즌은 6월~11월이다)에서, 3분의 1은 남반구(허리케인 시즌은 11월~5월이다)에서 생겨난다. 어림잡아 약 60% 는 태평양, 30%는 인도양, 10%는 북대서양에서 발생한다. 남대서양 에서는 극히 드물다.

과학자들은 매년 각 범주와 위치에 속하는 허리케인의 횟수를 추 적하는 한편, 폭풍의 활동을 측정하는 다양한 방식을 개발해왔다. 그 중 하나가 폭풍누적에너지(Accumulated Cyclone Energy, ACE)로, 폭풍 의 수와 강도를 결합한 뒤 각각을 강도에 따라 비교하는 것이다(풍속 에 제곱을 해서 폭풍의 크기를 측정한다).[3] 또 다른 측정 단위는 세력소산 지수(PDI, Power Dissipation Index)로, ACE와 유사하지만 강도가 가장 높은 폭풍에 훨씬 큰 가중치를 부여한다는 차이가 있다(풍속에 세제곱 을 해서 각 태풍의 크기를 잰다).[4]

허리케인을 제대로 기록하기 시작한 것은 1966년 위성 관측 방식 이 도입되면서부터다. 구름이 원형을 그리며 태풍의 눈을 둘러싸고 있는 경이로운 사진을 본 적이 있을 것이다. 완전하지는 않지만 항공 기를 이용한 관측 시도는 약 1944년으로 거슬러 올라간다. 그 이전 은 폭풍이 육지에 상륙한 기록이나 이따금 운 없게도 폭풍우와 맞닥 뜨린 배들이 보고한 기록만 있다. 그보다 훨씬 과거로 거슬러 올라가 면 역사 기록물과 다양한 대리지표(고태풍학[paleotempestology]은 그러 한 연구 분야에 딱 맞는 이름이다)에 의존해야 한다. 따라서 (인간의 영향이 심각해지기 이전인) 70년도 더 넘은 과거의 동향을 파악하려면 안타깝 게도 기후과학 전반에 흔하디흔한 부정확하고 불완전한 관측 기록을 바로잡아야 한다.

허리케인을 생성하는 저기압 구역은 따뜻한 바다 표면에서 물이 증발하며 생겨난다. 이 물이 높은 고도에서 응축되며 열을 방출하는데, 허리케인이 생겨난 뒤 세력을 키우고 유지할 때도 동일한 과정을 거친다. 따라서 해수면이 따뜻해지면 허리케인의 활동이 꾸준히 증가할 거라는 짐작이 가능하지만, 그리 간단한 문제는 아니다. 북대서양 허리케인의 연간 발생 횟수와 폭풍누적에너지를 장기적으로 기록한 그림 6.1을 봐도 알 수 있다. 게다가 대서양 수십년 진동(AMO, 4장에서 살펴봤다)의 장기적 변화가 허리케인이 발생하는 지역의 해수면 온도에 영향을 미쳐 허리케인 활동을 강화하거나 억제할 수도 있다.

운이 좋아 해양 온도가 따뜻하다 해도 허리케인이 형성되려면 대기 조건이 알맞게 갖춰져야 한다. 그림 6.2는 해수면 온도에 따른 세력소산지수의 변화를 보여준다. 보다시피 강력한 허리케인 활동이 2008년경까지 해수면 온도와 거의 비슷한 추이를 보이다가 이후부터 추이를 달리한다. 급변풍(Wind Shear, 갑작스럽게 바람의 방향이나 세기가 바뀌는 현상으로, 짧은 거리에서 풍향과 풍속의 차이가 남[5])의 양과 사하라 사막에서 불어오는 먼지 여부(둘 다 기후모델에서 제대로 설명하고 있지 않다) 등 수많은 다른 환경적 요소들[6]이 작용한 탓이다.[7,8]

물론 기온이 허리케인을 형성하는 유일한 요소가 아니라고 해서 자연적이든 인위적이든 간에 온난화가 영향을 미치지 않았다는 건 아니다.

지구를 구한다는 거짓말

연간 허리케인 발생 횟수(1851~2020)

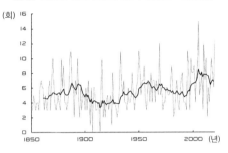

폭풍누적에너지(1851~2020)

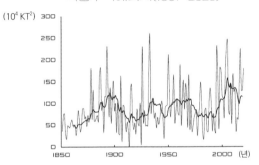

대서양 수십년 진동 지표(1856~2020)

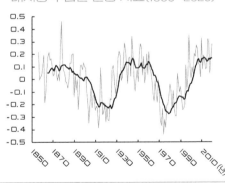

그림 6.1 **1851년부터 2020년까지 매년 북대서양에서 발생한 연간 허리케인의 횟수(위)와 폭
풍누적에너지(중간)**

가장 아래는 그림 4.4의 AMO 지수를 나타낸다. 각 그래프에서 옅은 선은 연도별 변동을 나타내
고 검은색 선은 10년 후행 평균을 나타낸다.[9]

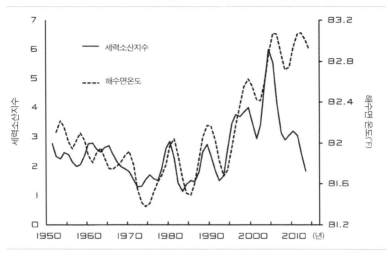

그림 6.2 **1949~2015년 북대서양 연간 해수면 온도 및 세력소산지수의 변화**
데이터는 5년 간격으로 완만하게 평활화했다.[10]

2016년 여름, 나는 미국 정부 기관에 대한 자문을 구실로 인간의 영향이 최근 수십 년 동안 허리케인을 더욱 악화시켰는지를 살펴봤다. 나는 미국 정부가 발표한 (당시 가장 최근 자료였던) 국가기후평가 (NCA2014)로 눈을 돌렸다. 이 평가서의 '주요 메시지 8(Key Message 8)'에는 다음 내용이 나와 있다.

북대서양 허리케인의 강도, 빈도, 지속 시간뿐 아니라 가장 강한(4~5등급) 허리케인의 빈도가 1980년대 초반 이후 모두 증가했다. 이러한 증가에 인간과 자연이 각각 얼마나 기여했는지는 여전히 불확실하다.

허리케인으로 인한 폭풍의 강도와 강우율은 기후가 계속 온난해지면서 증가할 것으로 예상된다.[11]

보고서는 이 진술을 뒷받침하기 위해 그림 6.3의 그래프를 제시하는데, 여기서 1981년에 시작된 북대서양 세력소산지수가 놀랍도록 증가(즉, 가장 강력한 허리케인이 증가)하는 것을 확인할 수 있다. 그림 6.2에서 뚜렷했던 2005년 이후의 감소세가 여기서도 나타나긴 하지만, 전반적으로 상승 추세가 강조되고 있어 비전문가의 눈에는 우리가 곤경에 처한 것처럼, 즉 더 많은 허리케인이 올 것처럼 보인다.

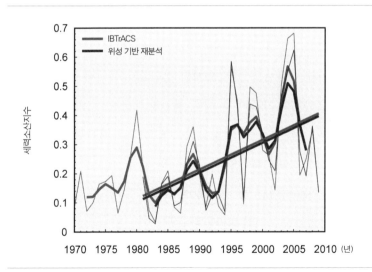

그림 6.3 **북대서양의 세력소산지수**
하나의 데이터에 대한 두 가지 분석이다. 직선은 각각의 추이를 나타낸다(NCA2014, 그림 2.23에서 인용).

하지만 이 그래프가 기껏해야 1970년 이후의 수치라는 점에 나는 과학자로서 호기심을 느꼈고 자연스레 이런 의문이 들었다. 이 추세가 얼마나 이례적이라는 걸까? 이전에는 어떤 일이 벌어진 걸까? 그보다 훨씬 이전에도 허리케인이 발생했다는 기록이 있다. 과거로 갈수록 데이터가 불확실하다 하더라도 현재의 추세를 밝히는 데는 도움이 된다. 인간의 영향이 훨씬 적었을 때는 최근 수십 년과 같은 상승이 전혀 없었을까? 저 직선들이 정말로 미래에 무슨 일이 일어날지 예고하는 걸까? 기후 데이터가 일반적으로 엄청나게 큰 기복을 보인다는 것만큼은 확실하다.

나는 평가보고서가 인용한 주요 연구 논문을 파헤쳤다. 그리고 놀랍게도 해당 논문에서 허리케인의 빈도, 강도, 강우량, 또는 해일로 인한 범람은 자연적 변화에 불과하고 그 이상의 중요한 추세는 없다고 분명히 밝히고 있음을 알아냈다.[12]

경종을 울리는 NCA2014의 수치와 정면으로 배치되는 것 같아 나는 NCA보고서로 다시 돌아가 더욱 철저히 내용을 살펴보았다. 그리고 부록 3의 769쪽 본문에 묻혀 있던 다음 문구를 발견했다.

전 세계적으로 열대성 사이클론의 횟수에는 유의미한 추세가 없으며 미국 땅에 상륙하는 허리케인의 횟수에도 아무런 추세가 확인되지 않았다.[13]

이럴 수가! 나는 속으로 생각했다. 이렇게 놀랍고 중요한 사실을 왜

지구를 구한다는 거짓말

주요 메시지로 제시하지 않은 거지?

허리케인 데이터에 별다른 동향이 없다는 것은 2014년 NCA가 작성되던 당시 전문가들 사이에서 공공연히 알려진 사실이었다. 2013년 말에 공개된 IPCC의 AR5는 허리케인이 장기적으로 활발해지고 있다는 대목이 신뢰도가 낮다고 분명하게 명시하고 있다. 그리고 2012년에 재구성된 1880년까지의 세력소산지수는 최근 수십 년의 경향이 과거와 다르지 않다는 결론을 다음과 같이 뒷받침한다. "1995년 이후에 활동량이 증가한 시기와 비교해 1949년 이전에도 비교적 활동이 활발하던 시기가 있었다."[14] 다시 말해 인간의 영향이 두드러지기 이전에도 적어도 오늘날만큼 활동이 활발하던 시기가 있었다는 것이다.

대서양 수십년 진동 주기가 현재 '고점' 상태라는 이유 때문이든(그림 6.1에서 본 것처럼) 다른 이유 때문이든 허리케인의 활동성은 1970년대 중반보다 90년대 중반 이후에 더 높다. 하지만 과거의 연장선상에서 최근 수십 년의 기록을 살펴보면 NCA2014에서 강조하는 세력소산지수 추세는 특별히 놀라운 게 아니다. 그림 6.4는 1949년부터 2019년에 이르는 연간 북대서양 세력소산지수를 보여준다. 두꺼운 직선이 NCA2014가 노골적으로 강조하던 추세다. 연도별로 데이터의 변화가 크다는 점을 감안하면 누군가는 하락 추세가 비교적 가파른 1960년부터 1985년까지를 선으로 이으며 강조할 수도 있다. 다시 말해, NCA2014의 작성자들은 자신들이 강조한 추세가 훨씬 덜 중요해 보일까 봐 그 이전의 데이터를 포함하지 않은 것이다.

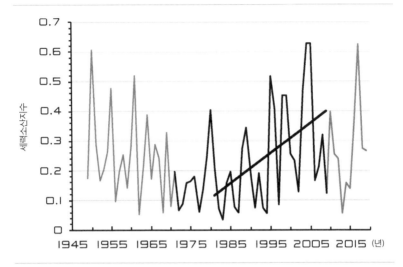

그림 6.4 **1949년부터 2019년까지 북대서양 세력소산지수**
짙은 검은색 데이터 및 추세가 NCA2014가 강조한 부분이다(그림 6.3). 반면 회색 선은 1971년 이전과 2009년 이후를 나타낸다.[15]

2017년에 발행된 후속 국가기후평가보고서인 CSSR에서도 허리케인에 대한 '중요 정보를 묻어버리는' 관행을 이어나갔다. CSSR 9장의 주요 발견 1(Key Finding 1)은 다음과 같다.

인간의 활동은 대서양에서 관측된 대기 변동성에 상당한 기여를 했으며(신뢰도 중간) 이런 변화는 1970년대 이후 관측된 북대서양 허리케인 활동의 상승 추세에 기여했다(신뢰도 중간).[16]

인간의 활동이 대기 변동성에 기여했고(어느 정도라는 언급은 없음), 그 기여가 '상승 추세'를 유발했다는(어느 정도라는 언급은 없음) 이 문장은 주요 발견치고는 매우 약한, 신뢰도 중간에 해당한다. 그렇지만 CSSR 의 9.2절에 제시된, 이 주제를 뒷받침하는 다음 글을 보면 오히려 신뢰도가 강하다고 해야 할 것이다.

> …… 관측 능력이 지금껏 향상됐음에도 열대성 사이클론 활동이 장기적으로(수십 년에서 100년 간) 활발히 증가했다는 보고는 여전히 신뢰도가 낮다. 이는 그러한 증가가 없었다는 의미가 아니라 이에 대해 큰 신뢰도를 부여할 만큼 데이터의 품질이 충분히 높지 않다는 뜻이다. 게다가 (1980년경 이후로) 데이터 품질이 가장 높았던 기간에 전 세계에서 관측된 환경의 변화가 열대성 사이클론의 강도에 감지할 만한 추세가 있음을 뒷받침하는 건 아니라는 주장이 제기되어왔다. 즉, 아직 그 배경이 되는 자연 현상의 변동성 외에 어떤 추세가 있다는 신호는 보이지 않는다.

이럴 수가! 잠시 돌아가서 마지막 부분을 제대로 읽어보자. "전 세계에서 관측된 환경의 변화가 (…) 감지할 만한 추세가 있음을 뒷받침하는 건 아니라는 (…) 아직 그 배경이 되는 자연 현상의 변동성 외에 어떤 추세가 있다는 신호는 보이지 않는다." 지속적인 추세가 존재한다고 확신할 수 없다면 이를 인간의 탓으로 돌리는 것도 당연히 불가능하다.

국립아카데미의 CSSR 검토 보고서는 중요한 정보를 숨기는 데 온

힘을 쏟고 있다.[17] 검토서 38쪽에는 그 원인도 모르면서 CSSR이 PDI의 최근 상승 추세를 강조해야 한다고 권고하고 있다(그림 6.4에서 본 것만 이례적인 게 아니다).

2017년 CSSR의 허리케인에 대한 논의는 파인만 교수가 웨슨 식용유를 사례로 들어 전한 경고, 즉 과학자라면 "가치 판단을 할 수 있도록 사람들에게 모든 정보를 제공하십시오. 이쪽이나 저쪽으로 판단을 유도하는 정보만 제공할 게 아니라요"라는 경고를 심각하게 위반한 행위다.

최근 연구는 열대성 사이클론에 대한 '뉴스'가 부족하다는 사실만 강조할 뿐이다. 2019년 11명의 열대성 사이클론 연구자들이 공동 집필한 한 획기적인 논문은 다양한 전문가들의 의견을 제시했다는 점에서 이례적이었다.[18] 저자들은 감지 가능한 모든 열대성 사이클론의 활동 변화 중 가장 강력한 사례가 북서 태평양에서 발생한 폭풍이 평균 궤도에서 매우 느리게 북상한 경우임을 알아냈다(지난 70년 동안 10년에 위도 $0.19° \pm 0.125°$, $1\frac{1}{2}\sigma$만한 결과값). 게다가 11명의 저자 중 8명이 그토록 느리고 작은 변화(10년에 21km)에조차 낮음~중간 수준의 신뢰도만 부여했다. 가장 중요한 것은 대부분의 저자가 지금껏 관찰된 모든 열대성 사이클론 중 자연 변동성 외에 다른 원인에서 기인한 경우가 있다는 부분에 낮은 신뢰도만 부여했다는 점이다.[19]

하지만 이 논문을 보도한 매체(또는 언론)는 단 한 곳도 찾을 수 없다. 오히려 근거 없는 경고만 계속해서 퍼트리고 있다. 이를테면 〈USA투데이〉는 "지구온난화, 허리케인 강화한다고 밝혀져"라는 헤드라인을 단 기사에 다른 연구 결과를 실었다.[20] 이 연구에서는 폭풍의 강도를 알아내기 위해 열대성 사이클론의 위성 사진을 분석하는 새로운 방법을 사용했다.[21] 그들은 북대서양 분지에서 더욱 강력한 태풍으로 발전할 가능성이 있는 단기적 추세를 발견하고 그것을 "어떤 기후적 원인이 작용한 탓인지 완전히 파악되지 않아서 몹시 감지하기 어려운" 수십 년의 변동성과 관련지었다. 그들이 내놓은 최종 결론은 다음과 같다.

> 궁극적으로 열대성 사이클론의 강도에서 관측된 변화와 특징에는 많은 요인이 관여하고 있지만, 이 연구는 이러한 모든 요인을 공식적으로 구분하려고 하지 않는다. 특히 이 실증적 연구에서 확인한 유의미한 추이는 전통적인 공식 조사법으로는 탐지하기 힘들고, 인위적 요인이 얼마나 기여했는지 정확히 정량화할 수도 없다.

하지만 〈USA투데이〉 기사의 두 번째 문장은 다음과 같이 분명히 말한다. "인간이 초래한 지구온난화가 전 세계적으로 허리케인·태풍·사이클론의 풍속을 더욱 강하게 만들고 있다."

이는 기후 보도의 전형적인 특징인 '부정확함'을 넘어서는 문제다. 온난화가 실제로 어느 시점에서 허리케인의 활동에 모종의 변화를 일으킬 수 있다는 것이 터무니없는 생각은 아니지만, 지금 당장 그런 일이 벌어지고 있다는 증거는 없다. 허리케인으로 인해 경제적 피해가 늘어나는 건 맞다. 하지만 이는 해안가에 사람들이 더 많이 살고 중요 기반시설이 많아서이지 폭풍의 성격이 장기적으로 변하고 있어서가 아니다.[22] 그리고 폭풍이 미래에 더 강해질 수도 있지만, 인간이 기온을 2℃ 상승시킨다는 가정 하에 모델링을 통해 태풍을 예측한 평가서를 보면 대재앙이라고 특징지을 만한 변화는 일어나지 않는다. 대다수(전부라는 건 아니다) 결과는 10~20% 정도 증가할 거라는 예측에 중간~높은 수준의 신뢰도를 부여한다.[23, 24]

미래에 어떤 상황이 벌어지든 평가보고서는 허리케인 데이터에 대한 설명을 누락시켜 대중을 속이고 있다. 이는 워싱턴 DC의 국립아카데미 건물 앞에 우뚝 서 있는 아인슈타인의 다음과 같은 유명한 격언에 반하는 것이다. "진리를 탐구할 권리에는 의무가 함께 수반된다. 사실이라고 인식한 것은 티끌만큼도 숨겨서는 안 된다." 언론이 허리케인을 인간이 초래한 기후변화가 낳은 참혹한 사례로 지목하는 것은 좋게 봐도 설득력 없는 소리고, 나쁘게 보면 명백히 부정직한 짓이다.

━━━━━

물론 허리케인이 대혼란을 일으키고 헤드라인을 장식하는 유일한 폭풍은 아니다. 토네이도는 전 세계적으로 발생하지만 가장 많은 곳은 미국이다. 미국에서는 텍사스 북부에서 사우스다코타까지 뻗어 있는 '토네이도 길(Tornado Alley)'이라 불리는 긴 지역을 따라 봄철에 가장 자주 발생한다. 토네이도는 난데없이 나타나서 무작위로 평균 8km를 이동한다. 매우 국지적인 현상(보통 폭은 160m이지만 몇 배 더 넓은 것도 있다)이지만, 이 좁은 경로를 거치며 야기하는 피해는 어마어마하다. 아마 기상이변 현상 중 번개 다음으로 가장 '사적 피해가 큰' 재난일 것이다.

기후변화로 토네이도가 변한 것인지, 인간이 기후에 미치는 영향력이 커짐에 따라 향후 어떻게 변할지 자연스레 의문이 떠오를 수밖에 없다. 과학자로서 이런 질문에 답하려면 먼저 데이터부터 살펴보는 게 옳다.

그림 6.5는 미국의 연간 토네이도 발생 횟수를 보여준다. 확실히 희소식처럼 보이진 않는다. 지난 20년 동안 토네이도는 1950년부터 20년간 발생한 횟수에 비하면 두 배로 늘어났는데, 이는 지구가 눈에 띄게 따뜻해진 기간과 겹친다.

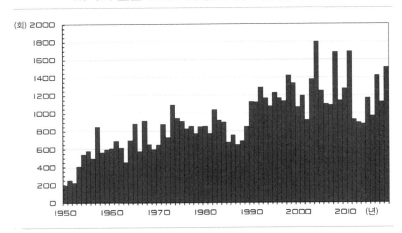

미국의 연간 토네이도 발생 횟수(1950~2019)

그림 6.5 **미국 국립해양대기청이 인접한 48개 주에서 1950년부터 2019년까지 매년 기록한 토네이도 발생 횟수**[25]

하지만 이는 상관관계의 위험을 보여주는 완벽한 사례다. 당장 구글을 검색해보라. 1950년대 이후 2배로 증가한 것 중에는 어선의 수와 폭력적인 영화의 수도 있지만 둘 다 기후변화 때문은 아니다. 토네이도의 경우, 이런 '추세'를 살피는 핵심은 데이터가 어떻게 수집되었는지 파악하는 데 있다. 때로는 이것이 데이터 자체만큼이나 중요하다. 그렇다면 토네이도 수는 어떻게 집계될까?

오늘날 기상 레이더는 160km 이상 떨어진 아주 약한 토네이도까지 감지할 수 있다. 하지만 레이더가 널리 사용되기 전만 해도 약한 토네이도는 기록되지 못한 경우가 많았다. 강력한 토네이도는 뚜렷하게 파괴의 흔적을 남기지만 약한 토네이도는 흔적도 없이 지나갈 수 있다. 인구가 적은 지역은 더 심하다. 지난 70년 동안 토네이도의 횟수에 실제로 변화가 있었는지 알아보려면 주로 강력한 태풍만 기록한 초반의 관측 편향을 바로잡아야 한다.

토네이도의 강도는 개량 후지타 등급(Enhanced Fujita Scale)으로 결정하는데, 1971년에 처음 고안됐고 2007년에 개량 버전이 채택됐다. 강도는 가장 약한 바람을 의미하는 EF0부터 시속 322km 이상의 강풍을 동반하는 EF5까지 나뉘어져 있다. 오늘날 미국에서 집계된 토네이도의 60%가 EF0 등급인데, 1950년대에는 이 등급이 집계된 전체 토네이도의 약 20%를 차지했다. 이는 기록된 토네이도의 횟수가 증가한 원인이 최근 수십 년 동안 발생한 약한 폭풍을 포함시켰기 때문임을 시사하는데, 미국 국립해양대기청에 따르면 실제로 그렇다.[26]

따라서 약한 토네이도를 집계에서 누락시켰던 과거의 관측 편향을 바로잡으려면 EF1 이상의 (피해를 입힐 가능성이 있는) 강풍만 살펴보면 된다. 그러면 그림 6.6의 두 그래프가 도출된다. 상단 그래프는 미국에서 발생한 EF1 이상의 토네이도를 연도별로 집계한 것으로, 40년 주기의 징후가 다소 보이지만 지난 60년 동안 어떠한 추세도 보이지 않았다. 하단 그래프는 가장 강한 토네이도(EF3 등급 이상)만 보여주는데, 1954년부터 60년 동안 발생 횟수가 약 40% 감소한 것을 알 수 있다. 다시 말해 20세기 중반 이후 인간의 영향이 커졌음에도 유의미한 토네이도의 횟수는 별로 변하지 않았고 강한 토네이도의 빈도는 오히려 줄어든 것이다.

전체 발생 횟수가 감소했을 때조차 토네이도는 중남부 평원에서 중서부와 남동부로 이동했다.[27] 토네이도의 기타 특징에서는 추세가 확인되지 않는다. CSSR이 지적하는 것처럼 최근 수십 년 동안 토네이도 발생에 변동성이 커졌다. 토네이도의 연간 발생 일수는 줄었지만 여러 개의 폭풍이 동시에 길게 발생하는 듯하다.[28] 이는 1955년부터 2013년까지 미국의 연간 토네이도 활동을 나타낸 그림 6.7을 보면 알 수 있다.

지난 수십 년 동안 일어난 이런 변화가 자연에 의한 것인지 인간에 의한 것인지는 여전히 수수께끼다. 토네이도 자체가 예측이 어렵다. 뇌우로 인해 형성되는 건 맞지만 뇌우가 무조건 토네이도를 일으키는 건 아니다. 폭풍의 온도와 습도, 급변풍, '회오리'라는 조건이 갖춰졌을 때라도 반드시 일어나는 것은 아니다. 하지만 토네이도와 연관된 한 가지 대단한 변화가 (곧장 떠오르는 건 아니지만) 주로 인간의 행

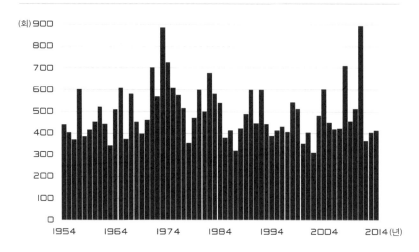

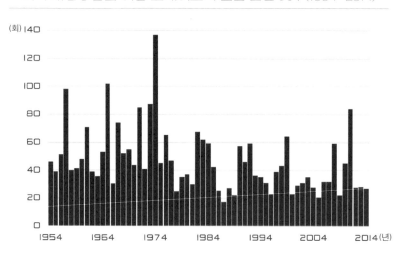

그림 6.6 **미국 국립해양대기청이 인접한 48개 주에서 1954년부터 2014년까지 매년 기록한 토네이도의 발생 횟수**

상단 그래프는 EF1 등급 이상의 토네이도를, 하단 그래프는 EF3 등급 이상인 가장 강력한 토네이도를 나타낸다.[29]

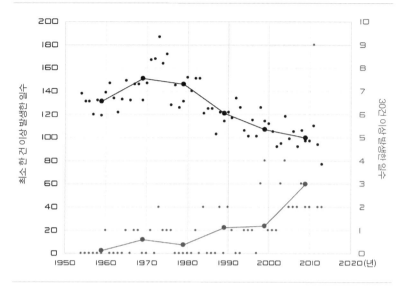

그림 6.7 **미국 내 연간 토네이도 발생**
작은 검은색 점은 EF1 등급 이상의 토네이도가 최소 1건 발생한 연간 일수를, 그보다 큰 둥근 점은 일수의 10년 단위 평균을 나타낸다. 작은 회색 점은 EF1 등급 이상의 토네이도가 30건 이상인 연간 일수를, 그보다 큰 회색 둥근 점은 이 일수의 10년 단위 평균을 나타낸다(CSSR 그림 9.3에서 인용).

동에 의한 것이라고는 자신 있게 말할 수 있다. 토네이도로 인한 미국 내 연간 사망자 수가 1875년 이후로 10배 이상 줄었으며(현재 인구 10만 명 당 약 0.02 명이다) 주로 레이더 경고 체계가 개선된 덕분이라는 것이다.[30]

미래에 토네이도가 어떻게 변할지를 놓고 이렇게 기후모델 및 토네이도 생성과 연관된 요인들에 대해 논의해보면 이를 예측하는 일이 실로 불확실하다는 게 명확해진다. 하지만 언론은 으레 그러듯 상황이 악화될 거라고 최소한 암시라도 하고 싶어 안달이다. 이를테면 〈뉴욕타임스(The New York Times)〉는 스탠퍼드대학교의 어느 기후과학자의 말을 인용해 이렇게 전한다.

크게 봤을 때 지구온난화가 심각한 뇌우를 형성시키는 대기 환경을 키운 결과 토네이도가 발생한다는 강력한 증거가 있다. (…) 우리가 그 신호와 소음(뚜렷한 경고와 노이즈)을 구분하지 못할 뿐이다.[31]

동시에 IPCC가 2018년에 발간한 〈기상이변에 대한 특별 보고서 (SREX)〉는 3장의 핵심 요약본에서 다음과 같이 기술하고 있다.

서로 경쟁하는 물리적 과정들이 향후 추세에 영향을 미칠 수도 있는데다 기후모델이 이러한 현상을 시뮬레이션하지 못하기 때문에 토네이도와 같은 소규모 현상의 예측에 대한 신뢰도가 낮다.

토네이도의 성질이 향후 변하리라는 예측이 신뢰를 얻으려면 과거의 추세, 이를테면 가장 강한 토네이도의 횟수 감소와 같은 역사적 추세를 설명할 수 있어야 한다. 내가 알기로는 아직은 이를 해명하긴 어렵다. 그래서 확실히 말할 수 있는 건 미국에서 발생하는 토네이도가 지난 70년 동안 지구가 온난해지면서 위력이 약화됐다는 것과, 미래의 변화를 예측하는 데 신뢰할 수 있는 방법은 없다는 것이다.

안타깝게도 위에 내가 적은 마지막 문장(신뢰할 수 있는 방법이 없다)

은 기후과학에서 새삼스러운 일이 아니다. 과학자든 기상 캐스터든 정치인이든 인간이 폭풍과 기상 상황을 악화시키고 있다고 주장하는 사람을 만날 일이 생기거든 내 말을 꼭 기억하라.

UNSETTLED

7

강수량은 달라졌을까
- 홍수에서 산불까지

?

2009년 5월, 오바마 정부에 합류했을 때 우리 부부는 워싱턴 DC의 북쪽 외곽 메릴랜드주 셰비 체이스로 이사했다. 날씨 좋은 봄이 지나고, 그렇지 못한 여름을 거쳐 쾌적한 가을이 오더니, 그곳 기상 관측 이래 눈이 가장 많이 내렸다는 겨울이 찾아왔다. 현지 언론이 '스노마게돈(Snowmageddon)'이라고 부른 이 엄청난 폭설은 이틀 동안 눈을 28인치나 퍼부었다. 두 차례나 삽질을 했는데도 현관문 앞으로 길을 낼 수 없었고, 우리는 전기도, 난방도 없이 가장 오래된 에너지 자원인 장작을 벽난로에 집어넣어가며 며칠 동안 집 안에 갇혀 있었다. 연방 정부 역시 며칠 동안 문을 닫았다.

오늘날 날씨 상황에 경악을 금치 못할 때면 으레 그러듯 그 일을 이야기하는 사람들의 입에 '기후변화'라는 용어가 오르내렸다. 어떤 이들은 기후변화 때문이 틀림없다고 주장하는 반면, 일부 사람들(특히 인간이 초래한 기후변화의 모든 '증거'가 '거짓말'이라고 주장하는 사람들)은 스노마게돈이 지구가 결국 온난해지지 않았다는 '증거'라고 말했다.

컬럼비아대학교 심리학자들의 연구 결과에 따르면, 기후변화에 대한 우리의 생각은 아주 단순하게 기상 상황에 영향을 받는다. 날씨가 평소보다 따뜻하면 기후가 온난해진다고 걱정하고 추워지면 그 반대가 된다. 이 책 앞부분에서 본 것처럼 날씨와 기후는 전혀 다르다는 근본적인 사실에도 불구하고 말이다.[1] 이 둘의 관계는 복잡하다. 비나 눈과 같은 강수량과 관련된 기상 현상에는 특히 그렇다. 예를 들어 직관에 반하는 것처럼 보일 수 있지만, 기온 상승은 실제로 더 많은 눈으로 이어질 수 있다. 최저 기온이 올라가 북극해가 겨울에 얼지 않게 되면 더 많은 물이 대기 중으로 증발하기 때문이다.

기후는 수십 년에 걸친 통계적 개념이기 때문에 개별 기상 현상을 두고 인간의 탓이라고 단언할 수는 없다. 하지만 인간의 영향 때문에 스노마게돈이 더 심해지는 건 분명 가능한 일이다. 그러나 과학이 언제나 그렇듯 그런 주장은 결국 데이터를 근거로, 이 경우에는 평균 날씨의 장기적 변화와 비교해 참 또는 거짓으로 판단해야 한다.

다행히 선진국은 거의 모든 지역에서 날씨의 장기적인 추세를 확인하기 쉽다. 그림 7.1은 워싱턴 DC 지역의 연간 총 강설량을 나타내는 그래프다. 총 강설량이 감소 추세를 보이는데, 130년 동안

(1889~2018년) 약 40%가 하락했다. 하지만 15년 후행 평균은 오르락 내리락하고 연도별 차이는 기복이 그보다 훨씬 심하다.

그렇다면 스노마게돈은 얼마나 이례적인 현상일까? 워싱턴 DC에서 눈이 가장 많이 온 날부터 가장 적게 온 날까지 차례로 나열하면 이를 판단할 수 있다.[2] 그림 7.1에도 분명히 나타나 있듯 2009~2010년의 스노마게돈은 사실 1888년 이후 가장 큰 폭설이었다. 하지만 (거의) 두 번째로 눈이 많이 내린 겨울은 그보다 한 세기 전인 1898~1899년으로, 인간이 기후에 상당한 영향을 미치기 훨씬 이전이다. 눈이 가장 많이 내린 15년 중 약 절반인 7년이 1950년 이후에 포진해 있는데, 유의미한 추세가 없다면 예상한 결과일 테다(1950년부터 2017년까지 67년이면 130년 역사의 약 절반에 해당한다). 반면 눈이 가장 적게 내린 15년 중 5년이 2000년 이후 18년 사이에 있지만 아무런 추세가 없으면 당연히 18×15/130, 즉 약 2년이 되어야 한다고 예상할 것이다(18년 동안 눈이 적게 온 해는 5년이 아니라 2년이 되어야 정상이다). 또 그 시기 동안 아무 추세도 없을 경우 눈이 가장 적게 내린 15번의 겨울 중에 5번 이상을 만날 확률은 3% 미만이다(18/(5×130) = 0.0277). 따라서 폭설 기록은 전체적인 연간 추세가 시사하는 바와 일치한다. 즉, 인간의 영향력이 워싱턴 DC에 눈이 더 오기는커녕 덜 오도록 만드는 것이다.

물론 18년은 변화는 물론이고 기후에 대해 어떤 것도 말하기 부족한 기간이다. 그리고 워싱턴 DC는 이 넓은 지구상에서 오직 한 곳에 불과하다. 강설과 강우, 가뭄과 홍수, 산불과 같이 강수량과 관련된

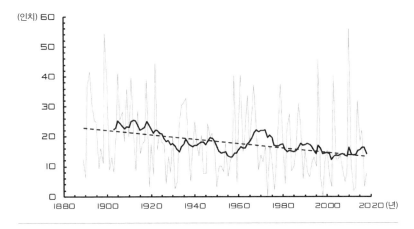

그림 7.1 **1889년부터 2018년까지 겨울에 측정한 워싱턴 DC의 연간 총 강설량**
점선은 추세를 나타내고, 실선은 15년 후행 평균을 나타낸다. 매해 1월을 기준으로 데이터를 설정했다.[3]

현상에 그럴싸한 변화가 생겼는지를 보다 잘 판단하려면 지난 세기 동안 지구가 온난해지면서 강수량이 어떻게 변했는지를 두고 더 큰 그림을 살펴볼 필요가 있다. 가뭄이 더 심해지고 있는가, 아니면 덜 심해지고 있는가? 홍수가 더 빈번해지고 있는가, 아니면 덜 빈번해지고 있는가? 산불이 갈수록 흔해지고 있는가, 아니면 갈수록 줄어들고 있는가? 이런 질문들에 답하기 위해 데이터로 눈을 돌리고 그 대답들이 다음과 같은 더욱 까다로운 질문에 뭐라고 말하는지 알아볼 것이다. "인간의 영향력이 커지면 미래에 어떤 일이 벌어질까?"

지구상에 있는 물의 양은 기본적으로 고정돼 있다. 그중 대부분(약 97%)이 바다에 있고 나머지는 대개 육지, 즉 얼음과 눈(특히 그린란드와 남극의 빙상), 호수와 강, 지하수에 있다. 하지만 2장에서 봤듯 지구상 물의 10만 분의 1에 해당하는 대기 중 물, 즉 수증기가 기후에 핵심적 역할을 한다. 수증기는 중요한 온실가스이고, 구름은 지구 알베도의 대부분을 차지한다.

태양의 에너지는 물을 다양한 저장소 사이로 이동시키며 '물순환(hydrological cycle)' 현상을 만들어낸다. 이 순환에서 가장 크고 역동적인 것이 지구 표면에서 대기로 이동하는 흐름이다(이 흐름의 85%는 바닷물이 증발하면서, 나머지 15%는 육지에서 발생하는데, 그중 대다수가 식물이 수분을 발산할 때 생긴다). 이 물은 평균 10일 동안 공중에 머물다가 비나 눈으로 응축돼 다시 표면으로 떨어진다(77%는 바다로, 23%는 육지로 떨어진다).

강수량은 공기 중에 있는 수증기의 양과 기온에 따라 달라진다. 기온이 내려가면 수증기가 액체나 얼음으로 응축돼 공기 밖으로 빠져나간다. 그래서 추운 날 따뜻하고 촉촉한 입김이 생기는 것이다. 이 때문에 지구상의 연평균 강수량은 980mm이지만(즉, 지구상의 모든 지역이 매년 똑같은 강수량을 기록했을 때 우리가 얻게 되는 양), 실제 강수량은 날씨, 계절, 무엇보다 지역에 따라 크게 달라진다.[4] 전 세계적으로 강우량은 적도 부근에서는 많지만(따뜻하고 습한 공기가 상승했다가 식으면서 증발된 물이 대부분 다시 내려온다), 건조한 공기가 하강하는 지역(적도 측면을 따라 사막이 띠를 형성하고 있다)에서는 적다. 지구에서 가장 건조한 곳은 남아메리카에서도 칠레 아타카마(Atacama) 사막의 북쪽 가장자리 아리카(Arica)다. 아리카에는 매년 평균 0.6mm의 비가 내린다. 가장 습한 곳은 인도 모신람(Mawsynram)으로 평균 강우량이 11,871mm다.

다른 조건이 전부 똑같다면 지구가 따뜻해짐에 따라 물순환은 심해질 것으로 예상된다. 즉, 증발이 더 많이 일어날 것이고 더 따뜻해진 공기가 더 많은 물을 운반해 강수량이 늘어날 것이다. 또한 건조한 지역은 더 건조해지고 습한 지역은 호우 기간이 늘어나면서 더 습해져 강우량에 '양극화'가 심해질 것으로 예상된다. 이렇게 되면 일부 지역에서 홍수가 늘어날 수도 있지만, 높아진 기온이 육지에서 증발 현상을 촉진시켜 가뭄 역시 늘어날 수 있다. 기후모델들은 이런 변화가 정확히 어떻게, 어디에서, 언제 일어날지에 대해 다른 예측을 내놓는다.

안타깝게도 이러한 예측이 불확실할 뿐 아니라 '평균 강수량이 어떻게 변해왔는가?'와 같은 기본적인 질문에 답하기 위해 사용할 데이터를 입수하고 분석하는 것조차 어렵다. 기온 편차와 달리 강우량은 짧은 시간과 거리 차이에도 크게 달라질 수 있다. 이곳은 비가 내리지만 30km(심지어 3km) 떨어진 저곳은 한 방울도 안 내릴 수 있는 것이다. 이는 앞서 말했듯 기온과 수증기의 양에 따라 물이 응축돼 떨어지기도 하고 아니기도 하는 등 물의 성질이 갑작스럽게 변하기 때문에 생기는 현상이다. 따라서 기온과 달리, 더 큰 그림을 얻기 위해 여기

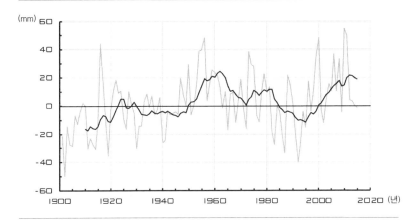

그림 7.2 1901년부터 2015년까지 육지 강수량 편차

회색 선은 연평균 강수량의 편차값을 나타내고, 검은색 선은 10년 후행 평균을 나타낸다. 육지의 연평균 강수량은 818mm다.[5]

저기 산재해 있는 기상 관측소의 강수량 데이터를 결합하기는 쉽지 않다.

그렇지만 지상과 위성의 관측치를 합하면 지구에 대한 장기적인 그림을 얻을 수 있다. 가장 정확한 곳은 기상 관측소가 가장 많은 육지다. 그림 7.2는 1901년 이후 전 세계 육지의 강수량 편차(평균값으로부터의 차이를 말함)가 10년마다 평균 0.2% 증가했음을 보여준다. 하지만 강수량의 변동성이 높고 데이터가 부족하며 변화도 적기 때문에 그다지 믿을 만한 진술은 아니다. 그리고 사실 보다시피 이 꾸준한 추세는 데이터를 제대로 설명하지 못한다. IPCC의 2013년 AR5는 다음과 같이 기술하고 있다.

1901년 이후 전 세계 육지의 평균 강수량 변화에 대한 신뢰도는 1951년 이전은 낮고, 그 이후는 중간이다. 북반구 중위도 육지의 평균 강수량은 1901년 이후 증가했다(1951년 이전에는 중간 신뢰도, 이후에는 높은 신뢰도). 다른 위도에는 장기간 평균 자료에서 상승 또는 감소 추세가 있는지는 낮은 신뢰도를 보인다.[6]

이 인용문은 특히 1951년 이후 미국·유럽·온대 아시아를 비롯해 북반구의 육지에서 강수량이 국지적으로 증가했다는 것에 대해서는 타당한 증거가 있지만 보다 세계적인 패턴은 존재하지 않음을 분명히 보여준다. 2018년에 발표된 논문은 남위 60°와 북위 60° 사이(북극을 제외한 모든 지역)의 전 세계를 대상으로 33년 넘게 위성으로 관찰한 고품질 관측 결과를 분석해 마지막 결론을 보강하고 있다.

…… 현재 지구 기온의 확고부동한 상승으로 인해 지구 강수량이 감지 가능하고 유의미한 상승 추세를 보이는 것 같지는 않다. 지역적 추세는 있지만 관측된 지구온난화로 인해 지구적 규모에서 강수량이 증가하고 있다는 증거는 없다.[7]

이는 지구가 따뜻해지면 물순환이 가속화될 것이라는 생각(비가 더 많이 오고 홍수가 늘어날 거라는 생각)과는 들어맞지 않는다. 물론 누구나 극지역을 포함해 33년 이상에 걸친 데이터가 있었으면 싶을 것이다.[8]

하지만 지역적 증가는 어떨까? 미국의 연간 강수량은 그림 7.3에서 보는 것처럼 20세기 초부터 10년마다 0.6%씩 증가했다(미국의 연평균 강수량은 767mm다. 그러나 보다시피 단순한 추세로는 이 데이터를 제대로 설명할 수 없다. 해마다 일어나는 급격한 변화에 비해 전반적인 변화가 작기 때문이다).

게다가 2017년 CSSR이 지적하는 것처럼 전국적으로 강수량 변화를 살펴보면 지역과 계절에 따라 차이가 크다.[9] 1901년 이래로 북동부, 중서부, 대평원의 강수량은 증가한 반면 남서부와 남동부 일부 지역의 강수량은 감소했다. 다시 말해, 미국의 강수량이 전반적으로 약간 증가하긴 했지만 연도별, 지역별 차이가 전반적 추세보다 훨씬 크다는 사실은 인간의 영향력과 자연적 변동성이 각자 어떤 역할을 하는지에 대해서는 확실한 결론을 도출하기 어렵게 만든다.

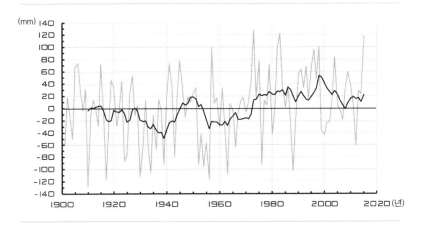

인접한 48개 주의 강수량 편차(1901~2015)

그림 7.3 **1901년부터 2015년까지 미국 인접 주들의 강수량 편차**
회색 선은 연평균 강수량을, 검은색 선은 10년 후행 평균을 나타낸다. 연평균 강수량은 767mm다.[10]

미국의 강수량에서 실제로 일어난 감지 가능한 한 가지 변화는 지난 40년 동안 폭우 현상이 증가했다는 것이다. 그림 7.4에서 보는 것처럼 강력한 호우, 즉 한 번의 비가 연간 총 강수량의 상당 부분을 차지하는 경우가 빈번해졌다. 가장 많이 증가한 곳은 북동부와 중서부 북부(Upper Midwest)인 반면, 서부에서는 훨씬 적게 늘었다. AR5는 비슷한 현상이 지구 전체에도 적용된다고 다소 약하게 지적한다.

…… 1951년 이후 폭우의 횟수가 통계적으로 유의미하게 증가한 지역이 통계적으로 유의미하게 감소한 지역보다 더 많을 가능성이 높다(예: 백분위 95 이상). 하지만 지역 및 소지역마다 추세에 큰 차이가 있다.[11]

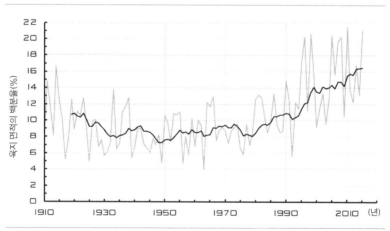

그림 7.4 하루 동안의 폭우가 연간 강수량의 상당 부분을 차지하는, 인접 48개 주의 육지 면적 백분율.
회색 선은 개별 연도를 나타내고 검은색 선은 10년 후행 평균을 나타낸다.[12]

지구를 구한다는 거짓말

기후 시스템에 특히 중요한 또 다른 강수의 요소는 육지의 알베도를 증가시키는 적설량이다. 적설량은 당연히 강설량에 따라 달라지지만 온도에도 영향을 받는다. 지구 대부분(98%)의 적설 지역이 북반구의 육지에 있다. 겨울에는 양이 많고 여름에는 적은 식으로 계절적 주기를 보인다. CSSR 7장의 주요 조사 결과에서는 이렇게 말한다.

> 북반구의 봄철 적설량의 정도, 북미의 최심적설(눈이 가장 많이 쌓였을 때의 두께-옮긴이) 미국 서부의 설수(눈이 녹은 물) 등가물, 미국 남부와 서부에 폭설이 내린 햇수는 모두 감소한 반면, 미국 북부의 일부 지역에서 폭설이 내린 햇수는 증가했다.(신뢰도 중간)

1967년부터 위성으로 북반구의 적설량을 관측해오고 있는데, 그림 7.5는 40년 동안 위성으로부터 얻은 데이터다. CSSR이 지적한 바와 같이, 지구가 온난해진다는 점에서도(5장에서 논의한 것처럼 특히 최저 기온이 상승한다는 점에서) 예측할 수 있듯 실제 봄철(그리고 여름 일부)의 적설량 감소가 두드러진다. 반면 가을과 겨울의 적설량은 약간 증가했다.

이런 대조적인 계절적 추세를 모두 합치면 그림 7.6에 자세히 나와 있듯 연간 적설량이 서서히 변하는 모습을 볼 수 있다. 1989년 전후의 비교적 일정한 수치 사이에 약 80만km^2(연평균인 2,500만km^2의 3%)의 뚜렷한 하향세가 보인다. 적설량이 줄어드는 것 역시 지구가 온난해지는 현상과 일치하지만, 다른 한편으로 눈 위에 떨어진 먼지와 검

북반구의 평균 적설량(1967~2020)

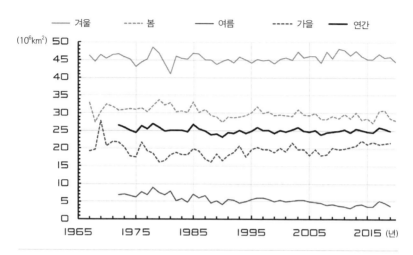

그림 7.5 **1967년부터 2020년까지 위성으로 측정한 북반구 육지의 계절별 적설량**[13, 14]

북반구의 적설량 편차(1967~2020)

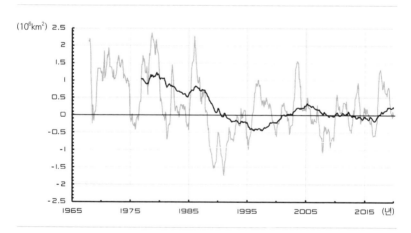

그림 7.6 **1967년에서 2020년까지 북반구 적설량 편차**

들쭉날쭉한 회색 선은 월별 수치의 12개월 후행 평균이며, 검은색 곡선은 10년 후행 평균이다. 편차는 1981~2010년의 기준선에 대한 상대적 수치다.[15]

지구를 구한다는 거짓말

댕(Soot)이 햇빛을 더 많이 흡수해 눈을 더 빨리 녹게 했을 수도 있다. 하지만 1990년 이후 30년 동안 지구의 온도가 0.5℃ 상승했음에도 10년 평균에 아무 변화가 없으므로 짙은 선의 추세는 데이터를 제대로 설명하지 못한다. 나는 CSSR의 주요 조사 결과에(실제로 보고서의 어디에도) 이런 내용이 없다는 사실에 깜짝 놀랐다.

물론 뉴스에 등장하는 강수와 관련된 '기후 이슈'는 극단적 사례들(가뭄과 홍수)이다. 지난 한 세기 동안 미국의 강수량이 약간 변했다고 해서 홍수의 평균 발생 정도가 바뀐 건 아니다. 하지만 홍수의 추세는 지역마다 달라 어떤 곳은 홍수가 증가한 반면 어떤 곳은 감소했다. 이는 강과 하천의 범람 규모가 지역별로 어떻게 변했는지를 보여주는 그림 7.7에 잘 나타나 있다.

세계 전반에 걸친 홍수의 변화에 대해 AR5는 "지구적 규모에서 홍수의 강도와 빈도 모두 어떤 추세를 보인다는 징후에 대해서는 신뢰도가 낮다"라고 기술하고 있다. 다시 말해, 우리는 세계적으로 홍수가 늘어나고 있는지, 줄어들고 있는지, 아니면 그대론지 전혀 알지 못한다. 이 보고서는 5장에서 보다 장기적인 관점에서 결론을 다음과 같이 제시하고 있다(5.5절).

요약하자면 20세기 이후에 기록된 것보다 큰 홍수가 지난 500년 동안 북유럽과 중부 유럽, 지중해 서부, 동아시아에서 발생했다는 사실에

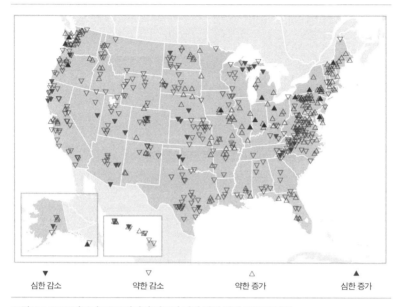

▼   ▽   △   ▲
심한 감소   약한 감소   약한 증가   심한 증가

그림 7.7 1965년부터 2015년까지 미국의 강과 하천 범람 규모의 변화
위를 가리키는 기호는 홍수가 증가한 지역을, 아래를 가리키는 기호는 홍수가 감소한 지역을 나타낸다. 검게 칠해진 기호는 변화가 통계적으로 유의미한 관측소를 나타낸다.[16]

대해서는 신뢰도가 높다. 하지만 서남아시아, 인도, 북미 중부에서 현대에 발생한 대형 홍수가 강도와 빈도 모두 과거의 홍수에 필적하거나 능가하는지에 대해선 신뢰도가 중간이다.

가뭄은 단지 강수량(또는 강수 부족량)으로만 결정되는 것이 아니라서 홍수보다 평가하기가 훨씬 힘들다. 가뭄은 오히려 기온, 강수량, 지면 유출수, 토양 수분 함량의 조합과 관련이 있다. 1930년 미국 대평원에서 일어났던 더스트볼 때처럼 지하수 고갈을 가져온 관개 사업이나 과도한 경작과 같은 인간 활동도 영향을 미칠 수 있다.

가뭄을 측정하는 일반적 척도로 파머가뭄지수(Palmer Drought Severity Index, PDSI)를 꼽을 수 있는데, 이미 존재하는 기온 및 강수량 데이터를 결합해 건조한 정도를 추정한다.[17] 한 지역의 파머가뭄지수는 −10(매우 건조)부터 +10(매우 습함) 사이이며 대부분은 −4에서 +4 사이에 해당한다. 완벽하지는 않지만 파머가뭄지수는 장기적 가뭄을 수치화하는 데는 꽤 훌륭한 방법이다.

그림 7.8은 1895년부터 2015년까지, 미국에서 하와이와 알래스카를 제외한 인접 48개 주의 연간 파머가뭄지수 수치를 평균화한 것이다. 지역 간에 약간 차이가 있고 지난 50년이 평균보다 다소 습하긴

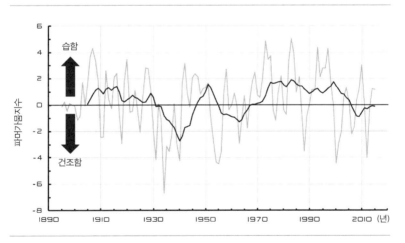

그림 7.8 **1895년에서 2015년까지 인접한 48개 주에 걸친 파머가뭄지수의 연간 평균** 굵은 선은 10년 후행 평균이다.[18]

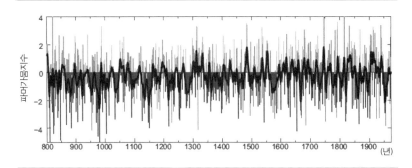

그림 7.9 **미국 남서부의 파머가뭄지수의 연간 수치**
짙은 검은색 선은 9년 간격으로 수치를 완만하게 평활화한 것이다(AR5 WG1 그림 5.13 인용).[19]

하지만 이 기간 동안 장기적인 큰 변화는 찾아보기 어렵다. AR5는 지구 전체에 대해서도 거의 비슷하게 말하고 있다(많은 사람들이 놀라겠지만). "20세기 중반 이후 가뭄이나 건조함에 세계적인 추세가 있다는 주장은 신뢰도가 낮다."

그러나 가뭄은 수천 년 동안 그래왔듯 미국 내 여러 지역에서 심각한 문제가 되고 있다. 그림 7.9에서도 확인할 수 있는데, 이것은 약 1,200년 동안 미국 남서부의 가뭄을 도표로 나타낸 것이다. 이 기록은 주로 나무의 나이테에서 추적한 것으로 수많은 가뭄이 수십 년간 지속되었음을 보여준다. 1900년 이전의 가뭄은 인간의 영향에서 기인했을 리 없으며, 서기 900년부터 1300년까지 일어난 이른바 대가뭄(megadroughts)은 당시 지구가 자연적으로 따뜻해진 현상과 관련이 있는 것으로 보인다.[20]

기후모델들은 지구가 따뜻해짐에 따라 남서부가 꾸준히 건조해

지구를 구한다는 거짓말

질 거라고 예측하지만 20세기 데이터를 보면 역사적 맥락에서 전혀 벗어나지 않는 데다 AR5가 지적하는 것처럼 현재 인간이 미치는 영향력은 자연적 변동성에 비하면 약해 보인다.[21] 2020년에 발표된 한 연구는 지난 1,000년 동안 미국에서 발생한 다년간에 걸친 가뭄의 주요 원인이 대기의 내부 변동성 때문이라는 의견을 공식화한 바 있다.[22]

2009년 국가기후평가(NCA)는 1,200년에 걸친 콜로라도 강의 흐름을 재구성한 그래프를 포함시켜 남서부 가뭄의 거대한 자연적 변동성을 명시했다. 그리고 그 옆에 다음과 같이 적었다.[23] "이 데이터는 과거의 몇몇 가뭄이 지난 100년 동안 경험한 그 어떤 가뭄보다 더 심각하고 오래 지속되었다는 사실을 보여준다." 2014년에 IPCC의 AR5도 5장에 대한 요약문 일부에 다음과 같이 솔직하게 밝힌 바 있다.

수많은 지역에서 지난 천 년 동안에 20세기 초반 이후 관측된 것보다 강도도 훨씬 세고 기간도 훨씬 긴 가뭄이 있었다는 사실은 신뢰도가 높다.

과거의 몇몇 가뭄은 지난 20세기 동안 발생한 그 어떤 가뭄보다 훨씬 심각하고 기간도 길었다.

이렇게 뒤로 멀리 떨어져 장기적으로 바라보면 최근의 가뭄을 오직 인간의 영향력 탓으로 돌리기 어려워진다. 그런데 이상하게도 2014년 NCA에는 이 내용이 쏙 빠져 있다. 2017년의 후속 CSSR은

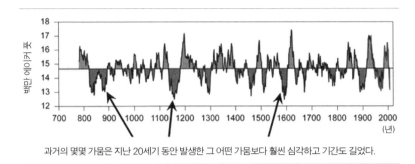

과거의 몇몇 가뭄은 지난 20세기 동안 발생한 그 어떤 가뭄보다 훨씬 심각하고 기간도 길었다.

그림 7.10 **주로 나이테 분석을 통해 재구성한 1200년에 걸친 콜로라도 강의 흐름**(NCA 2009 에서 인용).[24]

그림 7.9와 7.10과 같은 그래프는 빼버리고 지난 1,000년을 설명하는 데 반 페이지나 할애한다.[25] 그런 다음 당시에는 가장 최근 일어난 현상이었던 6년간의 캘리포니아 가뭄에 대해 논하는 데 약 2배의 지면을 사용한다(CSSR이 발표하기 6개월 전에 이미 주지사가 선언한 내용이다).[26] 1901년 이래로 캘리포니아의 파머가뭄지수를 보여주는 그림 7.11에서도 볼 수 있듯이 이 6년간의 가뭄은 2014년에 최악으로 치달았으나 2019년에는 겨울이 '습하다'는 기사가 등장했다. 10년도 채 못 되는 기간으로 '기후'를 추세 분석하는 것은 제아무리 뉴스 가치가 있다 하더라도 정당화하기 어렵다. 좀 더 길게 보면 캘리포니아는 2000년 이후로 가물어지는 추세다. 향후 수십 년 동안 이 추세가 지속될지는 두고 볼 일이다.

지구를 구한다는 거짓말

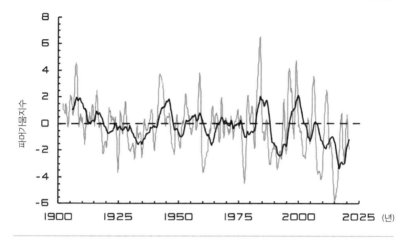

그림 7.11 1901년 1월부터 2020년 10월까지 캘리포니아의 파머가뭄지수
회색 선은 월별 수치의 12개월 후행 평균이며, 검은색 선은 5년 후행 평균이다.[27]

가뭄은 산불을 악화시키고 산불은 강수량과 관련된 그 어떤 현상보다 더 끔찍한 헤드라인을 낳는다. 언론은 최근 브라질, 호주, 캘리포니아 등 세계 각지에서 일어난 대규모 산불에 대해 보도하며 기온 상승으로 인한 참혹한 결과라고 지적한다. 산불은 실제 끔찍한 재앙이 될 수 있다. 2020년, 미국 서부 해안에 기록적인 산불이 발생해 수백만 에이커를 파괴하고, 보금자리와 지역공동체를 불태우고 수많은 사람들을 비극적인 죽음으로 몰아넣었다. 그 사이 나쁜 대기질로 인해 수천 명이 넘는 사람들이 집 안에 갇혀 있어야 했다. 이러한 화재로 인해 "전문가, 서부 지역 산불은 '전례 없는' 기후변화의 결과"와 같은 제목의 기사들이 쏟아졌다.[28] 사실 기후변화가 산불의 빈도, 위치, 특징에서 중요한 역할을 하는 건 맞다. 하지만 그 역할과 인간에 의한 영향(그리고 미래에 미칠 수 있는 영향)에 대해 파악하려면 기사 제목과는 비교가 안 될 정도로 깊이 연구해야 한다.

정교한 위성 장비를 처음 도입하기 시작한 것은 1998년에 세계적으로 산불을 감시하면서부터다. 뜻밖에도 위성 이미지를 분석해보면 산불이 발생한 지역이 1998년부터 2015년까지 해마다 약 25%씩 감소했다는 것을 알 수 있다.[29] 이는 미국 항공우주국(NASA)에서 제공한 그림 7.12에도 뚜렷이 나타난다. 이 그래프는 2003년부터 2015년까지 매년 전 세계에서 화재로 불탄 지역을 나타내며, 직선은 추세를 가리킨다. 2020년에 매우 참혹한 산불이 일어났음에도 그해는 2003년 이후 전 세계적으로 산불이 가장 적게 발생한 해 중 하나다.[30]

연구자들은 이러한 감소가 인간의 활동, 특히 농경지의 확장과 집약화 때문이라고 말한다.

아프리카, 남미, 중앙아시아처럼 산불이 발생하기 쉬운 지역에서 인구가 증가함에 따라 초원 및 사바나가 더 많이 개발되고 농지로 전환됐다. 그 결과, (소를 키우는 등 다양한 이유로 풀숲을 없애고 땅을 개간하려고) 초원을 태우는 오랜 관습이 줄어들었다. (…) 그리고 땅을 개간하기 위해 불을 놓는 대신 기계를 사용하는 사람들이 늘고 있다.[31]

다시 말해, 최근 수십 년 동안 변화하는 기후가 전 세계의 산불에 어

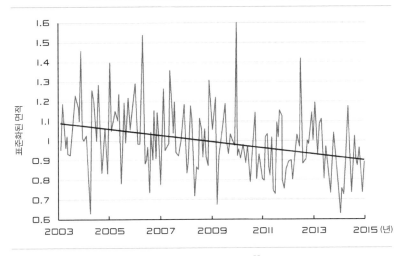

그림 7.12 **불에 탄 대지 면적의 월별 표준값(회색 선)과 추세**[32]

떤 영향을 주었든 간에 기후와 무관한 인적 요소가 지배적 원인이었다. 그러나 위성 데이터를 보면 미국 서부에서 발생한 화재의 강도 및 범위가 현저히 증가했다는 사실도 알 수 있다. 실제로 CSSR 8장의 주요 주요 발견 6(Key Finding 6)에서는 이렇게 말하고 있다.

> 미국 서부와 알래스카의 대형 산불은 1980년대 이후 증가했으며(신뢰도 높음), 기후가 따뜻해짐에 따라 해당 지역에서 더욱 빈번하게 발생하고 특정 생태계에 심각한 변화를 일으킬 것으로 예상된다(신뢰도 중간).

보고서의 3절(8.3)에서는 좀 더 자세히 설명한다.

주 정부 차원의 20세기 화재 데이터는 미국 서부의 화재 지역이 1916년부터 1940년까지 감소해 1970대 이전까지 저점을 유지하다가 그 뒤로 최근까지 증가했음을 보여준다.

기후변화가 여기에 한몫을 하는 건 확실하다. 강수량이 적어지고 기온이 올라가면 '연료'가 건조해져 발화하기 쉽고 산불이 빠르게 확산해 규모가 커지도록 촉진시킨다. IPCC의 2018년 SR15 보고서는 3장에서 이렇게 밝히고 있다.

> 1984년에서 2015년까지 인류가 초래한 기후변화가 미 서부 지역의 산불 증가에 기여했음을 보여주는 추가 증거가 있다. 연료를 더욱 건조하게 만든 결과, 기후변화가 없다고 가정했을 때보다 거의 두 배에 가까운 면적을 태웠다.

이 주장을 뒷받침하기 위해 인용된 2016년의 한 연구는 CMIP5 모델 27개로 시뮬레이션을 실시해 기후에 인간의 영향력을 반영한 경우와 반영하지 않은 경우의 연료 건조도를 비교했다.[33] 이 건조도의 차이는 화재의 성격을 다르게 만든다. 물론 화재 지역의 증가를 전부 인간 탓으로 돌리는 것은 해당 모델들이 자체 변동성을 정확히 재현한다는 전제를 바탕으로 하는 것인데, 실은 그렇지 못하다. 그림 7.9에서 보듯 특히 남서부 지역에서 발생하는 가뭄의 큰 장기적 변동성 때문에 더 그렇다.

하지만 그림 7.11에서 보듯 캘리포니아의 가뭄 현상에 특별한 추세가 없는데도 20세기 초반에 화재가 감소한 것으로 보아 기후 이외의 다른 요소들 역시 지배적이지는 않더라도 중요한 역할을 하는 게 틀림없다. '인간의 영향력'은 다양한 형태를 취할 수 있다. 산림 관리(연료가 얼마나 많이 쌓이는가? 화재는 진압되는가, 아니면 발생하도록 놔두는가? 숲이나 숲 근처에서 개발이 얼마나 허용되는가?)와 인간으로 인한 발화(미국에서 발생하는 미경지 산불의 약 85%가 인간으로 인한 것이다)도 산불의 원인이다.[34]

산불에 영향을 미치는 기후와 관련된 수많은 요소들을 완전히 계량화할 수는 없겠지만(하물며 통제는 말할 것도 없다) 우리에겐 이런 인간적인 요소들을 해결할 수 있는 상당한 힘이 있다. 그런데도 우리는 산불에 대한 논의를 '기후변화'로 인한 피할 수 없는 불운으로만 취급함으로써 이런 재앙을 보다 직접적으로 줄일 수 있는 기회를 놓치고 있다.[35]

———

물론 향후 수십 년 안에 상황이 변할 수도 있다(그리고 분명 변할 것이다). 하지만 어떻게 변할지는 확실하지 않다. 기후모델을 이용해 향후 강수량 변화를 예측하는 데 너무 큰 신뢰를 부여해서는 안 된다. 결국엔 4장에서 논의한 모델에서 나온 예측이기 때문이다. 게다가 AR5는 이렇게 기술하고 있다.

지구의 지표면 온도보다 강수량을 예측할 때 모델의 성능이 여전히 떨어지긴 하지만, 강수량의 대규모 패턴에 대한 시뮬레이션은 AR4 이후에 다소 개선되었다.[36]

실상은 이보다 훨씬 심각하다. 이 보고서는 전반적으로 모든 측면에서 CMIP5 모델 앙상블의 "지역 일기예보가 믿을 만하다고 볼 수 없다"[37]고 분명히 밝히고 있다. 다시 말해, 이 모델들이 지구 차원의 기후변화를 설명하는 것보다 지역 차원의 기후변화를 설명하는 데 훨씬 서툴다는 뜻이다.

하지만 가뭄과 홍수가 워낙 극적인 영향을 미치므로 정치인 및 기타 관료들은 모델의 예측 결과를 인용해 재앙을 예언하고 싶은 유혹을 뿌리치지 못한다. 전직 캐나다 중앙은행 총재이자 잉글랜드은행(Bank of England) 총재를 역임한 마크 카니(Mark Carney)는 전 세계 투자자들과 금융기관들이 기후변화와 인간의 영향력에 관심을 기울이도록 압박하는 데 가장 큰 영향력을 행사하는 인사일 것이다. 그는 옥스퍼드대학교에서 경제학 박사학위를 받은 지식인으로, 한때는 뛰어난 중앙은행 간부였고, 현재는 유엔 기후행동 및 재정 특사를 맡고 있다. 또한 2021년 11월 스코틀랜드 글래스고에서 열린, 2015 파리 기후 회의를 잇는 제26차 유엔기후변화협약 당사국 총회(COP26)의 영국 고문이다. 그래서 그의 말에 세심한 주의를 기울이는 것이 중요하다.

2015년 파리 회의 직전 카니는 잉글랜드은행 총재 자격으로 연설하며 '기후변화에 대한 보험업계의 대응'[38]을 다양한 측면에서 제시했다. 기상이변이 보험 회사들에 엄청난 비용을 발생시킨다는 점에서 그의 호소에 홍수에 대한 경고 발언이 포함된 건 이상한 일이 아니다.

> 2014년 영국은 조지 3세 이후 가장 습한 겨울을 맞았습니다. 그런데도 예측에 따르면, 미래의 겨울에는 강수량이 적어도 10% 더 증가할 거라고 합니다.

그는 이런 주장을 뒷받침하기 위해 영국 기상청의 '기후 관측·예측·영향에 대한 연구'를 인용했다. 기후모델을 이용해 향후 5년을 예측한 연구이니 아마 다들 50년 후 기후에 대한 예측보다 더 정확할 거라고 기대할 것이다. 그러면 한번 해당 데이터를 살펴보자.

그림 7.13은 2020년까지 잉글랜드와 웨일즈에서 관측한 겨울(12월부터 2월까지) 강수량을 보여준다. 기구를 이용해 날씨를 관측한 가장 긴 연속 기록(이용 가능한) 중 하나로, 관측은 1766년부터 시작되었다. 평균 강수량은 1780년부터 1870년까지, 그리고 다시 1920년부터 현재까지 수십 년 동안은 꽤 일정한 것으로 보인다. 인간이 지구의 기후에 미친 영향이 미미했던 그 두 기간 사이의 50년 동안에는 변동이 있다.

2014년 겨울이 기록적으로 습했다(455.5mm)는 카니의 말은 옳았다. 조지 3세가 1820년까지 통치했으므로 실제로 '조지왕 시대 이후

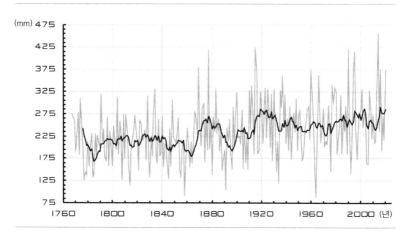

잉글랜드와 웨일즈의 겨울 강수량(1767~2020)

그림 7.13 **1767년부터 2020년까지 관측된 잉글랜드와 웨일즈의 12월부터 2월까지 강수량**
들쭉날쭉한 회색 선은 연도별 수치이고 검은색 선은 10년 후행 평균이다.[39]

로 가장 습한 겨울'이었다. 하지만 2014년에 카니가 인용한 기상청의
모델은 모두 완전히 잘못된 것으로 드러났다. 2014년 이후 여섯 번의
겨울 동안 관측된 강수량은 이전 세기와 별로 다르지도 않고, 2014년
의 기록보다 오히려 39%나 적은 평균 278mm였다. 강수량이 증가할
거라는 예측에서 암시했던 '최소' 500mm에는 근처에도 가지 못했
다. 게다가 2018년에 발표된 영국 기상청의 분석 결과, 영국의 겨울
철 강수량에 영향을 미치는 가장 큰 원인은 기후가 변하는 탓이 아닌
자연의 자체 변동에 해당하는 북대서양진동(North Atlantic Oscillation,
NAO) 현상 때문인 것으로 밝혀졌다.[40]

물론 카니는 자신의 연설에 "예측에 따르면"이라는 조건과 "미래

의 겨울"이라는 막연한 표현을 써서 발뺌할 여지를 남겼다. 그렇지만 경제학 박사 학위와 금융 시장 및 경제 전반의 예측 불가능성을 직접 경험한 권위자가 예측의 위험을 좀 더 중시하지 않은 것은, 그리고 모델을 근거로 사용하면서 좀 더 주의하지 않은 것은 놀라운 일이다.

———

홍수, 가뭄, 화재는 엄청난 비극과 슬픔을 가져오고 매우 끔찍한 결과를 안겨줄 수도 있다. 통신 수단을 통해 세계가 점차 하나로 연결됨에 따라 우리는 이런 사건이 발생하는 족족 알게 된다. 하지만 그렇다고 그런 사건들이 기후변화의 '추가적인 증거'가 되는 것도 아니다. 결국 데이터는 미국에서나 전 세계적으로나 강수량이 짧은 시간에 크게 변하지 않았음을 말해주고 있다. 그리고 불확실한 모델들은 강수량의 예측 불가능성에 대한 인류의 오랜 좌절감이 가까운 시일 내에 해결되진 않을 것임을 시사하고 있다.

UNSETTLED

8

해수면은 무섭게 상승하고 있을까

?

2013년 〈내셔널지오그래픽(National Geographic)〉 9월호는 표지에 자유의 여신상이 물에 반쯤 잠겨 있는 충격적인 이미지와 함께 "해수면 상승이 해안을 바꾸고 있다"라는 제목의 머리기사를 대대적으로 선전했다. 호기심 많은 독자라면 뉴욕 맨해튼 남쪽 끝에 위치한 배터리파크(Battery Park, 자유의 여신상에서 3km가량 떨어져 있다)에서 조위측정기 기록을 참고한 뒤 1855년 이후로 해수면이 1세기당 평균 약 30cm의 속도로 상승하고 있음을 확인할 수도 있었을 테다.[1] 그리고 재빨리 계산해보면 이 속도로 해수면이 상승해 가여운 자유의 여신을 위협할 수준에 다다르려면 2만 년이 넘게 걸린다는 것도 알아챘을 것이다. 하지만 이 표지는 '사람들은 해수면 상승에 대해 매우 우려하고 있다'는 사실을 분명히 보여줬다. 또 잡지 표지를 디자인하는 사람들은 포토샵과 예술가들의 상상력(가장 오래 살아남은 건축물의 나이는 6천 살이 되지 않는다)을 건전하게 사용해 사람들의 관심을 끄는 방법을 알고 있다는 사실도 증명했다.

그런데 정말 걱정해야 하는 상황일까? 지구온난화로 해수면이 변하고 있는 것일까? 그리고 (미국의 기념물이 앞으로 천 세대 동안 안전하다 하더라도) 그로 인해 인류의 미래가 위험에 처한 것일까?

앞 장에서 다룬 강수량과 마찬가지로 해수면도 물이 어디에 있느냐가 중요하다. 바다 다음으로 지구에서 물을 가장 많이 저장하고 있는 곳은 그린란드와 남극 대륙의 빙상이다. 수십 년간 관측되는 해수면의 사소한 변화에는 수많은 요소가 영향을 미치지만, 지질 연대에 걸친 오랜 시간의 해수면 변화는 얼마나 많은 얼음이 육지에 존재하느냐에 따라 가장 크게 달라진다.

수만 년에 걸친 지구 공전 궤도의 변화 및 자전축의 기울기 변화는 북반구와 남반구에 흡수되는 햇빛의 양을 변화시킨다. 1장에서 본 것처럼 이러한 변화는 지난 백만 년 동안 지구의 기온을 크게 뒤흔들었다. 하지만 동시에 대륙을 뒤덮은 빙하가 커지거나 녹아서 작아지도록 만들어(학술 용어로 각각 '빙기(Glaciation)'와 '간빙기(Interglacial)'라고 부른다) 바다에 물을 더 많이, 또는 더 적게 유입시키고, 따라서 해수면이 상승하거나 하강하게 만든다. 그림 8.1은 40만 년 전 이래 지구 해수면의 지질학적 추정치다.

해수면의 상대적 높이

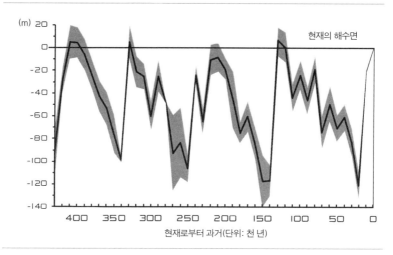

현재의 해수면

현재로부터 과거(단위: 천 년)

그림 8.1 **지질학적 대리지표를 이용해 추정한, 지난 40만 년에 걸친 지구의 해수면**
이러한 추정치가 갖는 불확실성은 보통 10m다.[2]

　그림에서 보듯 지난 50만 년 동안 대륙 크기의 엄청난 빙하가 쌓이면서 해수면이 10만 년마다 120m씩 천천히 하락했다가 빙하가 다시 녹으면서 해수면이 약 2만 년에 걸쳐 급격히 상승하는 과정을 반복하는 패턴을 보인다. '이미안 간빙기(Eemian interglacial)'라고 알려진, 12만 5천 년 전의 마지막 간빙기(빙하가 적은 기간) 동안의 해수면은 현재보다 6m나 더 높다!

　마지막 빙하 극대기(Last Glacial Maximum)는 대륙 빙하가 다시 녹기 시작한 약 2만 2천 년 전에 시작됐다. 오늘날 지구는 홀로세(Holocene) 간빙기에 있는데, 지질학자들은 이 시기가 약 1만 2천 년 전에 시작된 것으로 추정한다. 지질학적 기록에 따르면 해수면은 마지막 빙하 극대기 이후 약 120m 상승했는데, 약 7천 년 전까지 10년에 120mm씩 빠르게 상승하다가 속도가 급격히 떨어졌다. 이는 그림 8.2에서 확인할 수 있다.

그래서 지금 문제는 해수면이 상승하느냐가 아니다(지난 2만 년 동안 상승해 왔기 때문에). 그보다 우리가 알고 싶은 것은 인간의 영향이 상승률을 가속화시키느냐이다. 1950년경부터 인간의 영향력이 급격히 커졌으므로 해수면이 인간에 의해 빠르게 상승하고 있는지 평가하는 가장 좋은 방법은 그 이후의 측정치를 더 먼 과거의 측정치와 비교하는 것이다. 앞에서 논한 지질학적 추정치는 큰 그림을 보여주고 짧은 시간 간격으로 보면 상승의 크기가 작아지므로 우리는 좀 더 긴 시간에 걸친 정확한 값이 필요하다. 다행히 유럽과 북미 항구의 조위 측

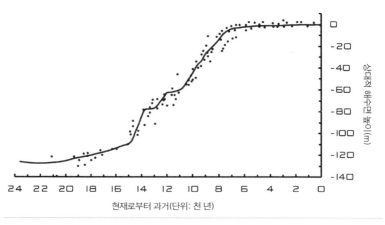

마지막 빙하 극대기 이후 지구 해수면 높이

그림 8.2 **2만 2천 년 전 마지막 빙하 극대기 이후 해수면 변화의 지질학적 추정치**
개별 점들은 전 세계 여러 지역에서 구한 추정치이며 곡선은 추정치 평균이다.[3]

지구를 구한다는 거짓말

정기에서 얻은 해수면 기록을 18세기 자료부터 일부 이용할 수 있다. 현재 전 세계에는 2천 개 이상의 조위 측정기가 있고 1992년부터 해수면 높이를 측정하기 위해 레이더를 장착한 위성 관측기에서 얻은 측정값이 있다.

　기후과학자들은 지구 전체의 해수면 측정값으로부터 바다의 수위를 추론하는 지구 평균 해수면(Global Mean Sea Level, GMSL)이라는 개념을 사용한다. "물은 비슷한 수위를 찾아 흘러간다(water seeks its own level, 원래 '유유상종'을 의미하는 말이지만, 여기서는 해양의 유동 현상을 설명하는 지구유체역학 차원의 표현이다–옮긴이)"고 하지만 여기서 요구되는 밀리미터(mm) 단위의 정밀도를 고려할 때 중요한 변수가 있다. 오늘날 지구 평균 해수면은 연간 수 mm의 속도로 상승하고 있으니 말이다. 해수면의 높이는 위치에 따라 생기는 지구 중력의 사소한 차이에 의해, 해류(욕조 배수구 주변에 소용돌이가 생길 때 수면이 낮아지는 것을 생각해보라)에 의해, 바다의 수온과 염도에 의해, 심지어 날씨에 따라 달라지는 기압에 의해 영향을 받는다.

　짐작할 수 있듯 지난 세기의 지구 해수면을 정확히 파악하는 것도 쉽지 않지만 특정 해안 지역의 평균 해수면을 조위 측정기로 관측하는 것 또한 그리 간단하지 않다. 몇 초마다 파도를, 6시간마다 조수를, 계절마다 생기는 변화를 평균화해야 하기 때문이다. 게다가 시간이 흐르면서 자연 또는 인간에 의한 지하수면의 변화가 해안에 국지적 침하를 발생시켜 보통 지진이나 지각 운동처럼 조위 측정기의 높낮이에 영향을 미칠 수도 있다. 이를테면 휴스턴–갤베스턴(Houston–

Galveston) 지역에서는 지난 20세기 동안 지하수 유출로 인해 지반이 압축되어 지표면이 3m나 낮아졌다. 그리고 물론 장치나 관측 규칙의 변화로 인해 발생하는 일반적인 문제도 있다. 하지만 좋든 싫든 조위 측정기 데이터가 우리가 가진 자료이며 국립해양대기청(NOAA) 같은 곳으로부터 일부 오래되고 정확한 기록들을 이용할 수 있다.[4]

지구의 평균 해수면을 결정하기 위해선 여러 해안 지역에서 관측된 수많은 조위 측정기 데이터를 정교하게 분석해야 한다. 바다가 지구를 가로질러 '수평'으로 되어 있는 것이 아니라서 해수면 상승률이 위치에 따라 다르기 때문이다. 미국 해안만 봐도 지역적 여건으로 인

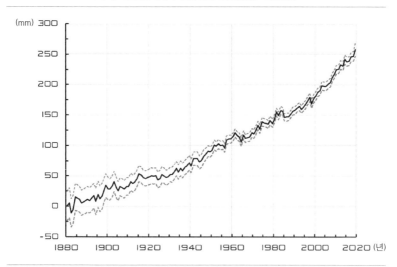

지구 평균 해수면 변화(1880~2019)

그림 8.3 조위 측정기 데이터로 추정한 지구 평균 해수면 변화(1880년 기준)
검은색 실선은 평균값을, 점선은 불확실 범위를 나타낸다.[5]

지구를 구한다는 거짓말

해 국지적 해수면 상승률이 저마다 매우 다르다. 걸프 해안의 유진섬(Eugene Island)은 해마다 9.65mm씩 상승하는 반면, 알래스카 스카그웨이(Skagway) 바다는 해마다 17.91mm씩 하강하고 있다.

적어도 4개의 독립 연구기관이 지구 평균 해수면을 알아내기 위해 100년 이상 관측한 조위 측정기 데이터를 분석해왔다. 그 분석 결과 중 하나가 그림 8.3이다. 이 그래프는 GMSL이 인간이 기후에 유의미한 영향을 미치기 한참 전인 19세기 말에도 상승하고 있었으며 1880년 이후에는 연평균 1.8mm의 속도로 약 250mm 상승했음을 보여준다. 좀 더 짧은 기간의 평균 상승률은 오르내림이 있었지만 지난 30년 동안은 매년 약 3mm씩 상승했다. 지구의 물순환으로 보면 작은 수치이므로(연간 해수면 상승폭이 3mm이면 지구 연간 강수량의 약 0.3%에 해당한다) 10년마다 변화가 생긴다는 것이 대수로운 일은 아니다.

앞서 언급했듯 지구의 해수면도 지난 1992년부터 위성으로 측정해왔다.[6] 위성 고도측정법은 위성이 레이더를 사용해 넓은 바다 위의 높이를 측정하는 것이다. 위성의 위치를 정확히 알 수 있으면 해수면의 높이를 파악할 수 있다. 오늘날 레이더 고도계는 기본적으로 전 지구 해역의 지속적인 데이터를 제공하며, 이는 조위 측정기의 해안 측정치를 보완한다.

4개의 독립 연구기관은 지금까지 발사된 11개의 위성 고도계로부터 데이터를 수집해 분석하고 있다. 600km 상공의 위성에서 평균 해수면 높이를 1mm 단위까지 측정하는 일을 수십 년 동안 일관되게 해오고 있는 것은 대단한 일이다. 이 위성들을 이용해 27년에 걸쳐

지구 평균 해수면 변화(1993~2020)

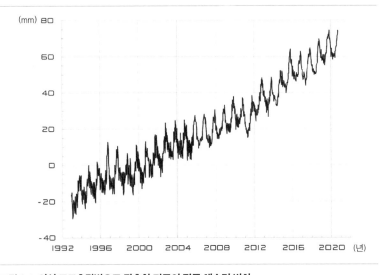

그림 8.4 위성 고도측정법으로 관측한 지구의 평균 해수면 변화
약 7mm의 계절적 순환을 거듭하며 연평균 3.0 ± 0.4mm 상승률 추이를 보인다.[7]

측정한 결과, 지구 평균 해수면이 계절적 주기(약 7mm 등락을 거듭하며)를 확실하게 보이며 연 평균 3.0 ± 0.4mm씩 상승한다는 사실을 알 수 있다.

따라서 지난 30년 동안 해수면은 매년 약 3mm씩 상승해왔다. 이는 1880년 이후 전체 평균 속도(연간 1.8mm)보다 높은 수치다. 인간의 영향력이 커지는 상황에서 해수면 상승률이 얼마나 높아졌을지 판단하기 위해 IPCC의 AR5는 18년간의 연도별 추세(상승률)와 3개의 조위 측정기 분석 결과에서 얻은 해당 추세의 불확실성, 그리고 18년에 걸친 위성 데이터의 추세를 나타내는 그래프를 제시하고 있다(그림 8.5

　　　　　　　　　　　　　　　　　지구를 구한다는 거짓말

에 인용. 각 연도에 표시된 점은 이후 18년에 걸친 상승률이다. 즉, 1994년에 찍힌 위성 데이터 점은 1994년부터 2011년까지의 평균 상승률을 반영한다).

최근 수십 년간의 상승률이 20세기 평균보다 높긴 하지만 이는 지난 수십 년 동안에 있었던 큰 변동성(그림 8.5에서 얼른 봐도 확실히 알 수 있다)과 같은 맥락에서 봐야 한다. IPCC는 다음과 같이 표현하고 있다.

지구 평균 해수면 상승률은 1901년부터 2010년 사이에는 1.7[범위: 1.5~1.9]mm (…) 그리고 1993년부터 2010년 사이에는 3.2[범위: 2.8~3.6]mm일 가능성이 매우 높다. 1920년과 1950년 사이에도 비슷하게 높았을 가능성이 있다.

사실 1925년과 1940년 사이(18년간의 위성 기록과 거의 같은 기간)의 상승률은 연간 약 3mm로 최근의 위성 관측값과 거의 같다.

상승률이 서로 완전히 다르기 때문에 최근 몇 년 동안 인간이 초래한 것은 무엇이고 자연이 초래한 것은 무엇인지 구별하기 힘들다. 게다가 IPCC의 2019년 〈변화하는 기후에서의 해양과 지구빙하권에 관한 특별보고서(Special Report on the Ocean and Cryosphere in a Changing Climate, SROCC)〉에서 1993년부터 2015년까지 위성 데이터가 가속 현상(즉, 상승률이 높아지고 있음)을 보여준다는 데 높은 신뢰도를 부여하고 있기는 하지만, 기록 기간이 짧은 데다 인간의 영향이 유의미해지기 훨씬 이전부터 가속화했기 때문에 관련성이 불분명하다. AR5는 이렇게 말한다.

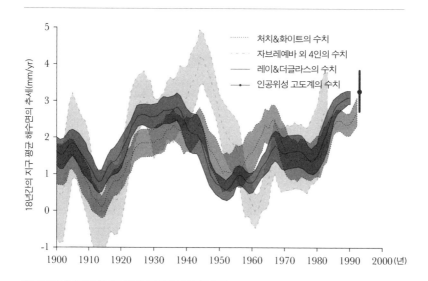

그림 8.5 1900년 이후 지구 평균 해수면의 18년간 주요 상승률 추세

3개의 조위 측정기를 분석해서 얻은 추정치와 인공위성 고도계에서 얻은 수치를 점으로 표시했다. 불확실성은 90% 신뢰도 수준으로, 실제 값이 음영 처리된 부분 바깥에 있을 확률이 10%에 불과하다(AR5 WG1 그림 3.14에서 인용).[8]

북유럽의 가장 오래된 4개의 기록에서 19세기 초중반부터 해수면 상승률이 크게 증가했다는 사실은 한동안 뚜렷이 확인할 수 있었다. 일부는 1700년대 후반부터 시작했을 거라고 주장하지만 결과를 보면 19세기 초중반부터 속도가 크게 증가했다는 점이 일관되게 나타난다.[9]

2017년 8월에 CSSR 초안이 발표되었을 때 나는 수많은 독립 과학자들과 마찬가지로 그 내용을 유심히 살펴봤다. 그리고 곧바로 여러 가

지구를 구한다는 거짓말

지 문제점과 잘못된 표현들을 확인했다. 그중 일부는 이미 앞 장에서 논의한 바 있다. 나는 이러한 문제 중 일부를 보고서 작성자에게 직접 제기하는 것을 고려했다. 또한 기후 파괴가 일어났던 아니든 그런 것은 차지하고 내 눈에 훤히 보이는 더 넓은 논점을 지적하고 싶었다. 바로 평가보고서 과정에서 분명히 나타난 그런 문제점들이었다. 나는 좀 더 엄격한 검토의 필요성을 보여주는 예를 강조하기 위해 CSSR의 터무니없는 허위 진술 하나를 소개하는 특별 논평을 발표하기로 했다. 2017년 11월 CSSR이 정식으로 발표된 직후에 이를 감행했는데, 내가 고른 사례가 해수면 상승이었다.[10]

지난 세기 동안 해수면 상승률이 10년 단위로 어떻게 변했는지가 자연 현상과 인간의 영향력을 구별하는 핵심이지만, 최근 평가보고서(CSSR 및 IPCC의 2019년 SROCC)에서는 거의 언급하지 않는다.[11] 수십 년 동안 상승률이 어떻게 (때론 극적으로) 변했는지 쉽게 확인할 수 있는 그림 8.5와 같은 그래프는 어디서도 찾을 수 없다. 오히려, 이 보고서들은 그림 8.3과 8.4처럼 해수면 자체가 상승하는 그래프로 채워져 있는데, 이 그래프들로는 해수면 상승 속도의 변동성과 중요성을 판단하는 것이 거의 불가능하다.

모든 평가보고서에 지난 20년간의 해수면 상승률이 20세기 평균보다 높다는 사실을 강조하는 문장들이 많이 기술되어 있다. CSSR의 경우 요약본 16쪽에는 이런 내용이 실려 있다.

지구 평균 해수면(GMSL)은 1900년 이후 약 16~21cm 상승했으며,

1993년 이후에는 약 7cm 상승했다(신뢰도 매우 높음).

이 문장은 내겐 경고음과 같았다. 지난 20년 동안의 상승치를 한 세기가 넘는 기간의 상승치와 비교하는 게 말이 되는가. 20세기 초반부터 16cm가 상승했는데 그중 7cm가 지난 25년 동안 상승했다고 하면 심각한 일처럼 보일 수밖에 없다. 하지만 1935년부터 1960년까지 25년 동안 그와 비슷하게(7cm와 대조되는 6cm) 상승한 것을 알면 불현듯 걱정이 사라진다. 해수면 상승에 대한 주요 참고 자료가 그림 8.5와 같은 변동성을 보여주고 있는데도 CSSR은 이에 대해서는 일언반구도 하지 않는다.[12] 최근 상승률이 얼마나 유의미한지 이해하기 위해서는 최근 25년간의 상승률을 다른 25년간의 상승률과 비교해야 마땅하다.

2014년 〈월스트리트저널〉에 기고한 논평에서 이 점을 지적하자 내게 대대적인 비판이 쏟아졌다. 다음이 그중 하나다.

그[쿠닌]는 현재의 해수면 상승률이 20세기 초반과 비슷하다고 주장하지만, 이는 염치없이 체리피킹(Cherry Picking)을 했기 때문에 내릴 수 있는 결론이다. 실제로 데이터에 따르면 해수면은 1870년부터 1924년까지 매년 0.8mm씩 상승했으며, 1925년부터 1992년까지는 매년 1.9mm씩, 1993년부터 2014년까지는 매년 3.2mm씩 상승하는 추세를 보였다. 즉, 실제로는 산업화 이전 시대 이후로 4배나 증가한 것이다.[13]

여기서 인용하고 있는 과거의 기간은 54년(1870~1924년), 67년 (1925~1992년)인 반면, 최근의 기간(1993~2014년)은 21년이라는 점에 주목하자. 이는 1925년부터 1945년까지 20년 동안 해수면이 더 많이 상승했다는 사실(그림 8.5에도 똑똑히 나와 있다)을 부정직하게 가려 버린다. 똑같이 과일에 비유하자면, 나는 체리만 쏙쏙 골라 보여준 게 아니라 사과를 사과와 비교한 것이다. 그리고 어쨌든 IPCC 자신들이 말한 것을 인용했을 뿐이다.

반면에 CSSR은 지난 한 세기 동안 해수면 상승률이 크게 오르내렸던 사실을 숨겼던 일부 저명한 기후과학자들의 선례를 따르고 있다. 아마도 그 사실을 밝히면 지난 30년의 상승률이 대수롭지 않게 여겨질 것이기 때문이리라. 이 보고서는 20세기 동안 해수면 상승이 10년 주기로 강한 변동성을 보인 것이나 그 당시 최근 상승률이 20세기 전반의 상승률과 통계적으로 별로 다르지 않다는 사실을 언급하지 않음으로써 독자들을 오도하고 있다.

이런 점을 지적하는 특별 논평을 발표하기 전에 나는 일리노이대학교의 돈 우블스(Don Wuebbles, CSSR의 수석 저자)와 럿거스 대학의 로버트 코프(Robert Kopp, 해수면 상승에 대한 장을 집필한 CSSR의 주 저자)에게 이 문제에 대해 보다 기술적인 논고를 보냈다. 두 사람 모두 내 비평이 타당하다는 데 동의했다. 다음은 2017년 10월 15일 코프가 내게 보낸 이메일의 일부다.

10년 주기 변동성에 대한 지적은 유용하다고 생각합니다. 만약 초안 공개 검토 기간에 그 사실을 알았으면 분명히 고려되었으리라 확신합니다.

코프와 우블스 모두 내가 이 점에 대해 문제를 제기한 첫 번째 사람이라고 말했다. 워낙 기초적인 문제인 데다 수많은 눈들이 그 원고를 이미 훑어본 터라 의외였다. 또한 두 사람 모두 20세기의 해수면 상승률 변동성에 대한 논의를 추가하고 싶어도 시기적으로 너무 늦었고(그 원고가 마지막 편집본이었다) 보고서가 이미 너무 길어서 힘들다고 답변했다(이 마지막 답변은 기존의 분량과 이 문제를 바로잡는 데 아주 적은 지면만 있으면 된다는 점을 생각하면 또 한 번 의외였다). 우블스 또한 NCA2018의 제2부에는 누락 부분을 바로잡는 내용을 포함하고 싶다고 말했다. 하지만 눈을 씻고 찾아봐도 발간된 보고서에서 그러한 내용은 찾을 수 없었다.

해수면은 지구가 따뜻해짐에 따라 확실히 상승한다. 지구의 표면 온도가 상승하면 육지의 얼음이 녹고, 바다가 따뜻해지면 바닷물이 팽창한다. 해수면은 계절에 의해서도, 장기적으로는 앞서 논의한 궤도 주기에 의해서도, 그리고 인간 또는 기타 자연적 영향력에 의해서도 상승하거나 하락한다. 지난 세기에 상승률이 크게 오르내리면서 실제 바다에 더 많은 물이 공급됐다. 그렇다면 미래에는 어떻게 될까? 답은 기온이 상승하면서 바닷물이 따뜻해짐과 함께 육지의 얼음이

지구를 구한다는 거짓말

얼마나 많이 녹느냐에 따라 크게 달라진다.

최근 한 논문에서는 해수면 상승에 관한 '물 수지(저수 공간 간의 이동량-옮긴이)'를 성공적으로 계산해 지난 세기 해수면 상승률이 변한 이유를 규명했다.[14] 과학자들은 최근 몇 년 동안 그러한 '물 수지'를 파악하기 위해, 그들이 관측한 해수면 상승과 여기에 기여했다고 알려진 다양한 요소들을 일치시키려고 분투해왔다. 이 새로운 연구는 1900년 이후에 관측한, 육지의 얼음(그린란드, 남극 대륙, 산악 빙하)과 육지 대수층(지하수) 및 댐에 저장된 액체 상태의 물의 변화를 전부 집계해 바다의 열팽창 추정치와 결합시킨다. 그런 다음 이러한 기여도를 조위 측정기와 위성으로 측정한 해수면 변화와 비교한다.

그 결과는 그림 8.6과 같다. 맨 위의 그래프는 산악 빙하, 육지의 저수량, 그린란드와 남극 대륙의 빙상이 각각 어떻게 지구 해수면 변화에 기여했는지를 보여준다. 지구가 1900년 이후로 따뜻해졌다는 점을 고려하면 여기에는 놀라운 사실이 몇 가지 있다. 우선 빙하가 녹아서 해수면 상승에 기여한 양이 1900년 이후로 조금씩 감소해 지금은 50년 전과 같다. 그린란드의 경우에는 1985년경에 최소였다가 지금은 1935년과 별 차이가 나지 않는다. 그리고 육지의 저수량은 1970년대에 댐 건설이 한창일 때 중요한 (부정적인) 기여를 했다.

따라서 미래의 해수면 상승은 4장에서 논의한 지구 기온 상승 모델의 불확실성뿐 아니라 그린란드 및 남극 대륙 빙상의 역학 관계의 불확실성 때문에 정확히 알기 어렵다. IPCC는 이 상황을 다음과 같이 요약한다.

…… 1970년 이전 기간에서 모델값과 관측값의 상당한 차이는 기후모델이 그린란드 남단 주변의 빙하와 GIS(Greenland Ice Sheet, 그린란드 빙상) SMB(Surface Mass Balance, 대기 현상으로 인한 얼음의 순변화를 측정하는 지표면 수량 균형-옮긴이)의 일부 관측된 지역적 변화를 재현할 수 없다는 데서 비롯되었다. 이것이 기후 시스템의 내적 변동성 때문인지, 기후모델의 결함 때문인지는 확실하지 않다. 이러한 이유로, 기후모델이 빙하의 대량 유실 및 그린란드 SMB의 과거와 미래의 변화 양상을 시뮬레이션하는 능력에 대해서는 신뢰도가 여전히 중간이다.[15]

그럼에도 이 보고서는 3장에서 논의했던 다양한 배출 시나리오에 따라 지구 평균 해수면의 상승을 예측한다. IPCC는 RCP2.6(배출량이 가장 적은 시나리오로, 금세기 후반에 전 세계 배출량이 0이 되는 경우) 하에서는 21세기 말까지 해수면이 0.43m(0.29~0.59m 사이일 확률이 3분의 2다) 상승하는 반면, 배출량이 매우 많은 RCP8.5에서는 예상 상승률이 0.84m(0.61~1.10m일 가능성이 3분의 2다)라고 예측한다.[16] 이는 각각 연평균 상승률 4.3mm와 8.4mm에 해당한다. 두 상승률 모두 그림 8.2에서 보여준 최대 상승률(대륙 빙하의 녹는 속도가 정점을 찍은 9,000년 전의 연평균 12mm)에는 미치지 못하지만 현재 3mm/yr보다는 상당히 크다. 더 중요한 것은 이러한 예측이 우리가 논의한 불확실한 기후모델과 해수면 상승의 대부분을 차지하는 남극 및 그린란드 빙상의 변화에 대한 불충분한 이해에서 비롯됐다는 점이다.

지구를 구한다는 거짓말

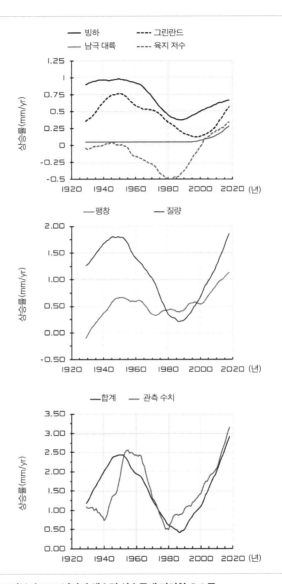

그림 8.6 **1929년부터 2018년까지 해수면 상승률에 기여한 요소들**

맨 위의 그래프는 4가지 원인으로 인한 바닷물의 총량 변화를, 가운데 그래프는 그 변화들의 총합과 바닷물의 팽창으로 인한 변화를 보여준다. 맨 아래 그래프는 모든 기여도의 총합과 관측된 상승률을 비교한다. 모든 추세는 30년 후행 평균으로 계산했다. 불확실성이 낮아서 변동이 매우 유의미하다.

미래의 세계 평균이 어떻게 변하든 적응 대책을 세우는 데 있어서 중요한 것은 지역 해수면이다. 인간에게 아주 중요한 해안 지역의 경우, 해수면 수치가 지구 전체보다 훨씬 오랫동안 더욱 정확하게 측정되어 왔다. 지역별 해수면 상승은 전 지구적 상승과 연관돼 있지만 지질 구조나 침하로 인한 지각 변동, 해양의 온도 및 해류의 변화와 같은 국지적 요인으로 인해 다를 수밖에 없다.[17] 그럼에도 기후모델은 다양한 배출 시나리오 하에서 전 세계의 다양한 도시들에 대한 예측을 (아무리 불완전할지라도) 제공한다. 그렇지만 이런 예측은 전지구 해수면 예측보다 훨씬 불확실하다. 특정 장소의 온도 변화나 해류와 같은 국지적 요소로 인한 변화보다 지구 해양 열 함량의 평균 변화를 예측하는 것이 더 쉽다. 세계기후연구계획(World Climate Research Program)도 2017년에 다음과 같이 밝힌 바 있다.

지난 10년 동안 상당한 진전이 있었음에도 과거와 현재의 해수면 변화와 그 원인을 파악하기에, 특히 지역 및 국지적 규모의 해수면 상승을 예측하기에 여전히 크게 부족하다. (…) 이런 불확실성은 관련 물리적 프로세스에 대한 개념적 이해의 한계, 관찰 및 모니터링 시스템의 부족, 해수면을 시뮬레이션하고 예측하기 위한 통계 및 수치 모델링 방법의 부정확성에서 비롯된다.[18]

이런 경고는 예측 결과와 역사적 데이터를 비교할 때 꼭 필요하다. 이

지구를 구한다는 거짓말

를테면 그림 8.7은 이 장 초반에 언급한 바 있는 맨해튼 남단의 배터리파크에서 160년 넘게 조위 측정기로 관측한 월평균 해수면 편차(계절적 변동은 바로잡음)를 보여준다. 실선은 평균 움직임을, 화살표 두 개는 AR5가 서로 다른 두 개의 RCP 시나리오 하에서 예측한 2020년부터 2100년까지의 상승률을 나타낸다.

장기적인 상승률은 연간 2.87±0.09mm로, 지난 수십 년에 걸친 GMSL의 연간 상승률 3mm와 크게 다르지 않다. AR5는 RCP2.6부터 RCP8.5까지의 시나리오를 적용했을 때 2000년부터 2100년까지 뉴

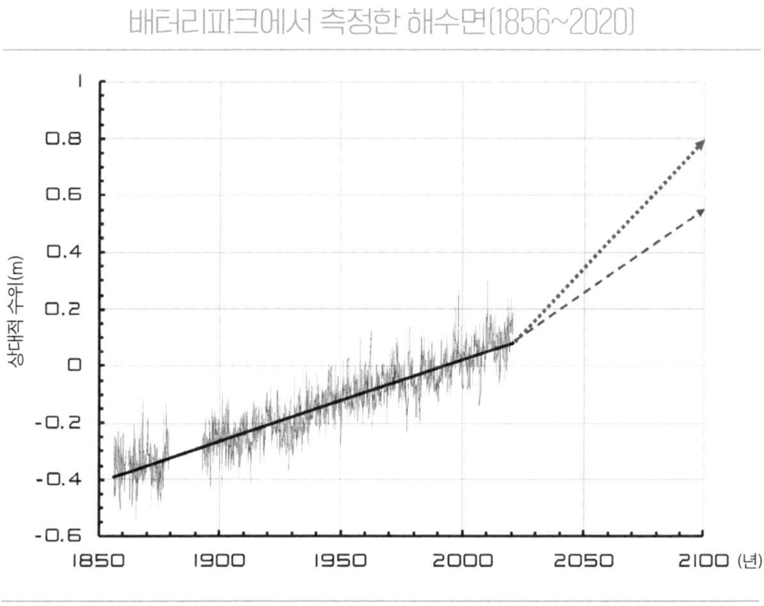

배터리파크에서 측정한 해수면(1856~2020)

그림 8.7 맨해튼 남단 배터리파크에서 조위 측정기로 관측한 1857년 이후 월평균 해수면 편차 (계절적 변동은 바로잡음)

검은색 실선은 추세를, 화살표는 두 개의 다른 시나리오 하에서 AR5가 예상한 2020년부터 2100년 까지의 평균 상승 정도를 나타낸다.[19]

욕시의 해수면이 약 550mm에서 800mm까지 상승할 것이라고 예상한다. 각 예측의 불확실성은 약 ± 300mm다.

하지만 앞서 언급했듯 해수면 상승을 표현할 때 속도 대신에 수위 자체를 나타낸 그래프는 속임수가 될 수 있다. 그리고 우리는 어떤 경우라도 장기적인 관점에서 접근해야 한다. 그런 면에서 지난 세기 뉴욕 배터리파크 해수면 상승률을 보여주는 그림 8.8이 불안을 진정시켜 줄 것이다.

그림 8.8에서 연도별 값은 그 이전 30년의 추세를 반영하는데, 이렇게 하면 해수면 상승 추세의 큰 그림을 평가하는 데 좋다. 이 그래프를 보면 지난 세기의 전체적인 상승률은 연평균 약 3mm이지만

배터리 파크에서 측정한 해수면 추세(1923~2020)

그림 8.8 1923년부터 2020년까지 배터리파크 해수면의 30년 후행 평균 추세
불확실성은 약 0.35mm/yr이다. 수평선은 연평균 상승률로 3.02mm다.

지구를 구한다는 거짓말

1930년과 1990년 이전 30년 동안 낮게는 연간 2mm 미만부터 1955년과 2015년 이전 30년 동안 높게는 연간 약 5mm까지 오르는 등 상승률이 크게 다르다는 것을 확인할 수 있다. 미국 북동부 해안을 따라 설치된 다른 조위 측정기들의 기록 역시 이렇게 60년 주기를 보이는데, 이는 4장에서 논의했던 AMO와도 일치한다.[20] 따라서 향후 수십 년 동안 상승률이 다시 하락할 것으로 예상하는 것이 타당하다. 반면에 IPCC가 예상한 평균 상승률(심지어 상승률이 제일 낮은 RCP2.6에서조차 연간 5.5mm다)은 비정상적으로 높아서 이 그래프의 범위를 벗어난다. 앞으로 수십 년 동안 지켜보면 어떻게 될지 알 수 있을 것이다.

언론도 모델만큼이나 국지적인 해수면 상승에 대해 혼란스러워하고 있다. 예를 들어 하와이 오아후(Oahu)의 해수면 상승을 다룬 최근 신문 기사에는 지난 몇 년 동안의 극적인 해안 침수 사진을 실어 해수면이 현재 수위보다 30cm, 60cm, 100cm 상승할 경우 호놀룰루의 어느 지역이 침수될지를 지도로 보여주었다.[21] 하지만 이 기사는 미국 국립해양대기청의 조위 측정기 기록에서 1905년 이후 호놀룰루의 연평균 해수면 상승률이 1.5mm라는 사실은 누락시켰다. 이는 매우 극적인 가속화 현상이 없을 시 가장 낮은 상승치인 30cm에 도달하는 데만도 200년이 걸릴 것임을 의미한다. 안타깝게도 이렇게 전후 맥락을 생략하는 경우는 평가보고서보다 언론 보도에서 훨씬 비일비재하다.

요약하자면 우리는 지구 해수면이 상승하는 데 인간이 초래한 온난화가 얼마나 기여했고, 장기적인 자연적 순환은 얼마나 기여했는지 알지 못한다. CSSR을 비롯해 해수면 상승을 논하는 여러 평가서들은 최근 수십 년의 상승률이 평범해 보이도록 하는 중요한 세부 정보를 생략해 역사적 변동 범위에서 제외시킴으로써 인간의 영향력이 원인 제공자라는 주장을 강화한다. 우리가 온난화에 기여해 해수면 상승에 일조했다는 사실에는 의심의 여지가 없다. 하지만 그 기여 정도가 심각한 건지, 별로 심각하지 않은 건지에 대한 증거는 역시나 부족하다.

해안 근처에 도시를 건설하려는 인류의 경향성은 고대 이래로 해수면 상승을 위협으로 여기도록 만들었고, 보험 회사들은 해수면 상승을 기후가 변하면서 발생할 주된 위험 중 하나라고 믿고 있다.[22] 하지만 그 위험의 성격과 정도에 대해선 아직 정확히 알려진 바가 없다.

문제를 완벽히 해결하려면 그 원인과 우리가 취할 수 있는 조치에 대해 파악하는 데서부터 시작해야 한다. 인간이 초래한 온난화가 해수면 상승의 유일한 원인이라는 메시지는 배출량을 줄이는 것이 해결책이라는 인상을 준다. 안타깝게도 얼음이 녹는 건 온난화가 진행된 후의 일이기 때문에(그리고 3장에서 논의한 이산화탄소의 지속성 때문에) 설령 우리가 정말 원인 제공자여서 내일 당장 모든 배출을 중단한다 해도 지구의 해수면은 계속 상승할 것이다. 게다가 앞서 확인한 것처럼 지역의 해수면 변화와 그로 인한 영향은 해류, 침식, 날씨 패턴, 토지 이용 및 구성 등과 연관돼 있어 훨씬 복잡하다. 따라서 이런 미세한 차이들에 대해 편견 없이 분명하게 의사소통하는 과정이 꼭 필요하다. 만약 해수면이 앞으로 수십 년 동안 심각한 위협이 된다면 우리가 더 많은 연구와 적응에 자원을 투입해 더욱 철저히 대비할 것이라는 데는 의심의 여지가 없다. 이미 모든 답을 안다고 주장하면 그런 대비가 뒷전으로 밀리겠지만 말이다.

UNSETTLED

9

닥치지 않을 세상의 종말

?

언론은 물론이고 대중적·정치적 여론은 죽음과 파멸, 질병, 농업 붕괴, 경제 파탄 등 곧 닥쳐올 모든 사회적 재앙을 인간이 기후에 영향을 미친 탓으로 돌린다. 다행히 과거 데이터는 그러한 주장을 뒷받침하지 않으며, 미래에 닥칠 충격에 대한 예측(흔히 "……할 정도로 나빠질 수 있다"는 표현) 역시 전혀 타당성이 없는 극단적인 시나리오를, 앞에서 본 것처럼 명백히 자격 미달인 기후모델에 입력한 결과에서 비롯한다. '과학'이라는 것이 향후에 닥칠 충격을 얼마나 심각하게 잘못 전달하고 있는지 파악하려면 몇 가지 사례를 자세히 살펴볼 필요가 있다. 이 장에서는 '닥치지 않을 세상의 종말'이라는 제목으로 세 가지 예를 제시한다. 첫 번째는 '기후 관련 사망'이 늘어난다는 예측에 대한 것으로, 추측, 억지 가정, 잘못된 데이터에 근거한 죽음의 위협들이다. 두 번째는 농업의 미래가 처참할 거라는 예측에 대한 것으로, 이 부분에 대해서는 착각을 일으킬 만한 증거가 많아 증거들을 곡예에 가깝게 비틀어봐야 그것이 부정확하다는 사실을 감지할 수 있는 실정이다. 그리고 세 번째는 '막대하다'고 알려진 경제적 비용에 대한 것으로, 이미 제시된 데이터를 근거로 최소 수준(측정할 수 없을 정도로 작지 않더라도)으로 계산한 것이다.

――――

내가 마이클 그린스톤(Michael Greenstone)을 처음 만난 건 오바마 행정부 시절로, 당시 그는 온실가스 배출이 가져올 경제적 영향을 밝히기 위해 관계 부처 합동 연구를 이끌고 있었다. 그 후로도 몇 번 그와 마주쳤는데, 현재 시카고 대학의 에너지정책연구소 소장으로, 그리고 빈틈없고 신중한 에너지 경제학자로 활동 중인 그는 2019년에 지역적 · 지구적 기후변화가 가져올 경제적 효과에 대한 연구 결과 일부를 의회에서 증언한 적이 있다.

　…… 2100년에는 기후변화로 인한 전 세계 사망률이 현재 전염병으로 인한 전체 사망률을 웃돌 것입니다. (…) 기후변화로 인한 사망 위험을 추정하건대 2100년에 10만 명 당 85명이 추가로 늘어날 것으로 보고 있습니다……[1]

이 숫자들을 한번 자세히 보자. 2018년, 전염병으로 인한 전 세계 사망자의 총합은 10만 명 당 75명으로, 이는 연간 10만 명당 770명인 전체 사망자의 약 10분의 1에 해당하는 수치다. 전 세계 인구가 80억 명이므로, 전염병으로 인한 사망자는 매년 600만 명에 달하는 셈이다.[2] 그러니 미래에 기온이 상승해 최소한 그만큼 추가 사망자가 발생한다면 큰일이 아닐 수 없다(규모를 가늠할 수 있도록 비교해보자면, 2020년 미국의 코로나로 인한 사망자 수는 10만 명당 100명이다. 전 세계적으로는 전체 전염병 사망자의 3분의 1, 즉 10만 명당 23명이다).

그린스톤의 충격적인 주장의 진위를 평가하려면 먼저 몇 가지 질문을 생각해봐야 한다. 특히 이런 질문들이 중요하다. 현재 기후변화로 인한 사망자는 몇 명인가? 지난 100년 동안 기후로 인한 사망자 추세는 어땠는가? 다음과 같은 보다 근본적인 의문이 들 수도 있다. 애초에 '기후로 인한 죽음'이란 무엇일까?

글쎄, 사람은 기후 때문에 죽지 않는다. 기후는 서서히 변하고 사회는 대체로 변화에 적응한다(그게 아니면 이주한다). 하지만 기후로 인한 기상 현상(가뭄, 홍수, 폭풍, 기상 이변, 산불)으로는 사람이 목숨을 잃는다. 기후가 변하면서 이런 현상을 증가시켰는지 확실하지 않다는 건 앞에서 봤다. 하지만 지난 세기에 날씨와 관련된 사망자 수가 어땠는지부터 한번 살펴보자.

벨기에 루뱅대학교(Universite catholique de Louvain)의 재난역학연구센터(Centre for Research on the Epidemiology of Disasters)는 1900년부터 전 세계에서 발생한 2만 2천 건의 대규모 재난 정보를 아우르는

비상사건 데이터베이스를 구축해놓았다.[3] 이 웹사이트에 접속하면 자연 재해로 인한 사망자 데이터를 손쉽게 내려 받을 수 있고, 데이터는 날씨와 관련된 것(가뭄, 홍수, 폭풍, 산불, 극한 기온)과 그렇지 않은 것(지진, 쓰나미, 화산)으로 구분할 수 있다. 갑자기 재난이 발생해 해마다 집계 수가 크게 오르내리기도 하고 초기에는 사망자 보고가 누락되기도 했지만 그림 9.1에 나와 있듯 10년 단위 평균을 살펴보면 추세를 일부 짐작할 수 있다.

이 그래프로 알 수 있는 중요한 사실 첫 번째는 지난 100년 동안 지구가 1.2℃ 따뜻해졌는데도 날씨로 인한 사망률은 극적으로 낮아졌다는 점이다. 지금은 한 세기 전과 비교해 약 80배나 감소했다. 주로 국가들이 발전하면서 폭풍을 더 잘 추적하고 홍수를 더 잘 통제하고 의료 서비스를 더욱 개선하고 복원력을 향상시킨 덕분이다. 최근에 발표된 유엔 보고서가 지난 20년의 추세를 확인시켜준다.[4] 두 번째는 최근 10년 동안 극한 기온으로 매년 10만 명당 0.16명이 사망했는데, 그린스톤이 예측한 2100년 전망치보다 약 500배나 적은 수치라는 점이다.

그렇다면 그린스톤은 어떻게 그런 놀라운 수치를 예측한 것일까? 추가 증언[5]에서 그는 갓 출간된 한 논문의 분석을 빌려 세부 사항을 제시했다.[6] 이 분석은 기온이 사망률에 미치는 영향을 파악하기 위해 과거 기록을 가져와 이를 기후모델의 기온 예측과 결합시켜 2100년의 사망률을 추정한다. 현재의 기후·소득·연령 분포 차이를 고려해 2만 4,378개의 다양한 지역에 걸쳐 조사가 이뤄졌다. 또한 연구진들

지구를 구한다는 거짓말

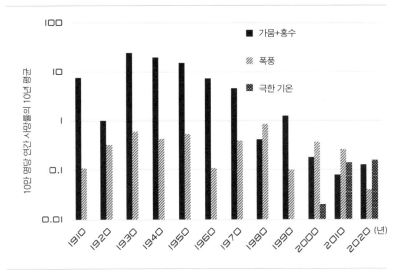

그림 9.1 지난 세기 동안 기상재해로 발생한 연간 사망률의 10년 평균
사망률 단위는 로그 스케일(logarithmic scale)이며, 10년 단위가 끝나는 해를 연도로 표시했다.
산불로 인한 10년 단위의 사망자 수는 너무 적어 이 그래프에서는 보이지 않는다.[7]

의 주장에 따르면 미래의 경제 발전과 기온 상승에 대한 적응력도 부분적으로 고려했다고 한다.

해당 연구 논문이 인정하듯 이 분석은 가정과 불확실로 가득하다(그린스톤의 증언에는 이런 내용이 담겨 있지 않다). 사실 저자들은 "우리의 모든 추정치는 불확실성이 크다는 것을 보여주며", 그중 일부는 "근본적으로 해결이 불가능하다"고 지적한다. 경제적·인구통계학적 차원은 차치하고서라도 4장에서 본 것처럼 기후모델이 예측하는 기온 변화 전망과 여기에 사용되는 배출 시나리오 모두 불확실성이 매우 높다. 2019년 그린스톤의 증언 가운데 2100년에 10만 명당 85명이 사망할 거라고 자신 있게 인용한 부분은 사실 알고 보면 말도 안 되게 높은 배출 시나리오 RCP8.5를 적용했을 때의 평균으로, 결과값이 −21에서 201일 사이일 확률이 80%다. 따라서 그린스톤의 증언은 비현실적이고 극단적인 시나리오를 시작점으로 삼은 것이다. 그의 모델에 따르면 훨씬 더 그럴듯한 RCP4.5 시나리오에서는 평균 사망률이 85명에서 14명으로 $\frac{1}{6}$로 감소하며, −45명에서 63명 사이일 가능성이 매우 크다. 즉, 중간 수준의 시나리오에서는 사망률이 실제로 줄어들 가능성이 높다.

이 결과에 큰 신뢰를 부여하지 않는 또 다른 이유가 있다. 모델의 신뢰도를 나타내는 중요한 척도는 과거를 재현하는 능력이다. 즉, 이미 가지고 있는 데이터, 이를테면 1980년의 데이터만 입력해서 모델에 실행한 뒤 그로부터 40년 동안 실제 사망자 수를 얼마나 잘 예측하는지를 보는 것이다. 이러한 '후속 모의(Hindcasting, 과거의 실제 기후를 모형에 대입해 신뢰도를 측정하는 방법-옮긴이)'는 기후모델 자체를 검증하는 중요한 테스트다. 하지만 이 기본적인 점검이 그린스톤의 분석에는 없다. 그런 점검이 없으면 그 결과는 그것의 기반이 되는 기후모델 예측보다 '조작'의 도움을 훨씬 더 필요로 하게 된다.

매우 불확실한 미래 예측으로 공포를 조장하는 헤드라인을 뽑는 것과 기존 데이터를 왜곡해 기후 관련 죽음의 공포를 조장하는 것은 별개의 문제다. 세계보건기구(WHO)의 테워드로스 거브러여수스(Tedros Ghebreyesus) 사무총장은 2019년 〈포린어페어스(Foreign Affairs)〉에 "기후변화가 이미 우리를 죽이고 있다"라는 제목의 기고문을 실었다. 하지만 본문은 현혹적인 제목과는 전혀 다른 내용이었다.[8] 놀랍게도 이 글은 실내 및 실외 공기 오염(매년 10만 명당 100명, 즉 모든 원인으로 인한 전체 사망자의 약 8분의 1이 정상 수명보다 일찍 사망한다고 추정한다)과 인간이 초래한 기후변화로 인한 사망을 한데 뭉뚱그리고 있다. 세계보건기구는 가난한 나라의 실내 공기 오염(장작과 동물 및 농작물에서 나오는 쓰레기를 태워 요리한 결과)이 세계에서 가장 심각한 환경 문제로, 그로 인해 피해를 입는 사람이 30억 명에 달한다고 밝혀왔다.[9] 하지만 이는 기후변화의 결과가 아니다. 빈곤의 결과다. 공기 오염이 기후에 실제로 영향을 미치긴 하지만(앞서 봤듯 에어로졸은 실제로는 지구를 식힌다) 공기 오염으로 인한 사망은 기후 변화 탓이 아니라 오염 그 자체가 원인이다. 세계보건기구를 이끄는 수장의 이런 뻔뻔한 오보 유포 행위는 공중 보건이라는 중요한 임무를 책임지는 해당 조직의 신뢰성을 떨어뜨릴 수도 있다는 점에서 특히 실망스럽다.

────

2019년 8월, 〈뉴욕타임스〉는 "유엔, 기후변화가 세계 식량 공급을 위협한다고 경고"라는 제목의 기사를 실었다.[10] IPCC의 〈기후변화 및 토지에 관한 특별보고서(Special Report on Climate Change and Land, SRCCL)〉의 〈정책입안자를 위한 요약본〉을 설명하는 기사였다.[11] 보고서 결과에 대한 〈뉴욕타임스〉의 설명은 기후 관련 기사에서 사용하는 다음과 같은 기본 틀을 그대로 따랐다.

- 상태가 이미 나빠져 있다("기후변화로 생산량이 이미 감소해서 식량 공급 가능성에 차질이 생기고 있다").
- 앞으로 훨씬 나빠질 것이다("…… 온실가스 배출량이 계속 증가하면 식품 가격도 덩달아 상승할 것이다").
- 하지만 신속하고 과감한 조치를 취한다면 최악의 상황은 피할 수 있다("…… 식품 시스템을 보다 효율적으로 개선함으로써 위협에 대처할 시간이 아직 있다").

지금쯤이면 나는 독자들이 이 우울한 이야기를 읽으면서 역사적 맥락과 실제 데이터가 보여주는 내용은 어떨지 자연스럽게 의문을 제기할 거라고 믿는다. 최근 수십 년 동안 농업 수확량은 어땠는가? 이미 영향을 받고 있는가, 그렇다면 어떻게 받고 있는가? 미래의 재앙에 대한 예측은 정확히 무엇이며, 그 예측은 얼마나 확실한가?

이런 질문에 답하려면 IPCC의 특별보고서를 정독할 필요가 있다. SRCCL의 주요 조사 결과 A.1.4에는 다음과 같이 적혀 있다.

1961년 이후의 데이터에 따르면 1인당 식물성 기름 및 육류의 공급은 2배 이상 증가했고, 1인당 음식 칼로리 공급은 약 3분의 1 이상 증가했다(신뢰도 높음).

이를 뒷받침하는 것은 해당 보고서의 기술 요약본에 담긴 데이터로, 1960년 이후 전 세계 농작물 및 육류 칼로리 생산이 극적으로 증가했으며 1965년을 기점으로 매년 인류의 영양학적 요구를 충족시키고 남을 만큼의 음식 칼로리가 생산되고 있음을 보여준다. 실제로 1980년 이후 기근으로 인한 연간 사망자는 10만 명당 평균 2~4명꼴이다. 이 비율이 20세기 전반기에는 10~20배 더 컸다.[12] 그렇다고 해서 배고픔이 더 이상 문제가 아니라는 말은 아니다. 빈곤과 식량 분배 문제는 전 세계 인구의 약 10%를 여전히 영양 결핍 상태로 만드는 요인 중 하나이며, 앞에서 언급한 주요 발견에서도 전 세계에서 생산된 식품의 4분의 1가량이 소실되거나 버려진다고 지적하고 있다.

하지만 우리에겐 전 인류를 먹여 살릴 수 있는 능력이 있으며, 그 능력은 그림 9.2에서 보는 것처럼 주로 농작물 수확량의 개선에서 비롯된다. 1961년부터 2011년까지 50년 동안 전 세계의 밀·쌀·옥수수 수확량은 각각 2배 이상, 미국의 옥수수 수확량은 3배 이상 증가했다.[13]

농작물의 수확량은 식물 종자, 토양 영양분, 경작 방법, 날씨(기온, 일사량, 강우량) 등 여러 가지 요소에 따라 달라진다. 놀랍게도 이산화탄소 농도가 증가한 것도 광합성 속도를 향상시키고 물을 더욱 효율적으로 사용하도록 식물의 생리 현상을 변화시킴으로써 수확량을 늘리는 데 중요한 역할을 해왔다.[14,15] 또한 대기에 이산화탄소가 증가하면 자연계가 비옥해진다.[16] SRCCL이 주요 발견 A.2.3에서 언급한 것처럼 지난 40년 동안 인공위성이 관측한 바에 따르면 잎면적지수(Leaf Area Index, 잎이 뒤덮고 있는 지면 면적 비율)가 전 세계 초목지대의 25~50%에 걸쳐 크게 증가한('녹색화') 반면, 지구의 4% 미만 지역에

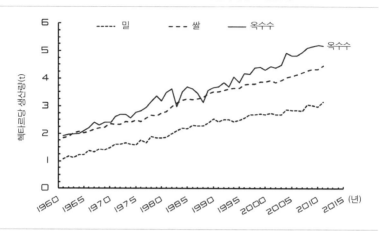

그림 9.2 **가장 많이 경작되는 3가지 농작물인 밀 · 쌀 · 옥수수의 전 세계 수확량 추세**[17]

서는 감소했다('갈색화').

지난 수십 년 동안 수확률이 증가했음에도 불구하고 SRCCL은 다음과 같이 주장한다.

······ 산업화 이전과 비교했을 때 1981년부터 2010년 사이에 기후변화로 인해 옥수수 · 밀 · 콩의 전 세계 평균 수확률이 각각 4.1%, 1.8%, 4.5% 감소했다. 그리고 이 수치는 이산화탄소 시비효과(施肥效果)와 경작 방법 개선까지 고려한 결과다. 생산량에 미칠 영향의 불확실성(90% 확률 구간)은 옥수수의 경우 -8.5~+0.5%, 밀의 경우 -7.5~+4.3%, 콩의 경우 -8.4~-0.5%이다. 쌀은 유의미한 영향이 감지되지 않았다. 이 연구는 최근의 기후변화가 전 지구적 규모에서 수확

지구를 구한다는 거짓말

량을 변화시키고 생산성을 낮추었으며, 오늘날까지의 적응 노력이 특히 저위도 지역에 끼친 기후변화의 영향을 상쇄하기에 충분하지 않았음을 시사한다.[18]

다시 말해, 1981년부터 2010년까지 실질적 밀 수확량이 100% 가까이 증가했지만 만약 인간으로 인한 기후변화가 없었다면 훨씬 많이 (104%) 증가했을 거라는 이야기다. 마찬가지로 옥수수 수확량은 70%가 아닌 77%까지 증가했으리라고 본다.

안타깝게도 인간이 초래한 기후변화가 수확량에 어떻게, 얼마나 영향을 미쳤는지 판단하는 일은 결코 간단하지 않다. 그러기 위해선 인간의 영향이 없었다면 기후가 어떻게 변했을지, 그러한 차이가 농업에 어떤 영향을 미쳤을 것인지를 모두 알아야 한다. 다시 말해, 반사실적 분석(Counterfactual Analysis)을 해야 한다. 실제로 일어난 일이 아니라 특정 조건 하에서 일어났으리라고 추정되는 상황을 비교해야 하는 것이다. 하지만 관측치에 반해 시험하는 것은 불가능하다.

위의 추정에 사용된 기후 및 농작물 예측 모델과 방법론에 대해 확인된 한계점들은 차치하더라도[19] 그들이 제시한 영향은 매우 적다. 그리고 정확성도 애초에 수확량을 측정할 때만큼이나 낮다(유엔 식량농업기구의 데이터[20]는 여러 면에서 불확실하며, 무엇보다 표본 정밀도가 3%를 넘지 않는다.)

IPCC의 보고서는 다가올 재앙이라면서 미래의 식량 문제에 대한 질적인 부분에서 수없이 경고하는데, 대부분은 4장에서 논의된, 믿을 수 없는 기후 예측을 토대로 한다. 여기에는 이산화탄소 농도가 지금보다 높고 기온이 상당히 높은 환경에서 재배되는 농작물은 영양학적 가치가 10%가량 낮을 것이라는 우려도 있다. 그러면서 보고서는 농작물의 유전자 변형을 통해 이를 완화할 수 있다고 전하고 있다. 하지만 영향이 어느 정도인지는 쏙 빼놓고 "수확률에 영향을 줄 것"이라고만 말하는 것은 오도까지는 아니어도 하나마나한 소리다.

안타깝게도 SRCCL에서 미래의 수확률을 정량적으로 예측하는 부분은 전혀 찾아볼 수 없다. 하지만 보고서의 주요 발견 A.5.4는 발전 수준이 과거와 비슷한 '온건한' 시나리오에 대해 다음과 같이 말한다.

> …… 전 세계 곡물 및 경제 모델이 예측하는 바에 따르면, 기후변화 시나리오(RCP6.0)로 인해 2050년에는 곡물 가격이 중간값인 7.6%(중간값, 범위: 1~23%)만큼 상승할 것이며, 이는 식량의 불안정 및 기아의 증가로 이어질 것이다(신뢰도 중간).

이 문장을 주목하는 이유는 단순히 그 내용 자체 때문이 아니라 수확량이 아닌 가격에 대해 언급하고 있기 때문이다. 식료품 가격은 수요와 공급의 균형에 의해 세계 시장에서 결정되고, 둘 중 하나가 조금만 변해도 가격이 크게 변동한다. 분명히 SRCCL의 논리적 근거는 기후변화가 생산량을 감소시키고 그 결과 공급량이 줄어들어 가격이 상승한다는 것이다. 하지만 수요와 공급을 모델링해야 하는 큰 어려움에 기후 예측의 불확실성까지 가중되는데, 그게 쉬울 리 없다. 게다가

지구를 구한다는 거짓말

기후 외에도 공급에 영향을 미치는 요소는 수없이 많다.

하지만 전부 제쳐놓고 주요 발견을 액면 그대로 받아들여보자. 2050년까지 예상 가격 상승률을 중간값인 7.6%로 잡으면, 이 경우 향후 30년 동안 연평균 상승률은 약 0.25%다. 한 걸음 더 나아가 모델이 예측한 가장 높은 값인 23% 가격 상승을 가정해보자. 그러면 향후 30년 동안 연평균 상승률은 0.75%가 된다. 이 정도로 가격이 인상되면 어떤 파장이 있을까?

그림 9.3은 지난 50년 동안 옥수수와 밀 가격의 변동 과정을 보여준다. 1970년대에 인플레이션의 영향으로 물가가 2배 증가했다가 이후 하락 추세에 접어들었음을 확인할 수 있는데, 이는 기후 외에도 곡물 가격에 영향을 미치는 요소가 많음을 시사한다. 게다가 향후 30년 동안에는 기후로 인해 곡물 가격이 상승할 거라고 예측한 것보다 훨씬 기복이 큰 기간이 상당히 많다. 다시 말해, 가격 변동이 발생해도 기후 영향이 분명한지는 알 수 없다.

요약하자면 농업 생산량과 전반적인 식량 공급은 지난 세기에 지구 온난화에도 불구하고 급증했다. 2020년에는 기록적인 곡물 생산량을 달성했다.[21]

IPCC는 기후가 1981년부터 2010년까지 얼마나 변했든 간에 그러한 높은 생산량에 미친 영향은 미미하다고 평가한다. 2050년까지 인간이 초래한 기후변화가 가격에 미칠 영향력은 확실하지도 않거니와 과거의 변동보다 훨씬 적어서 통상적인 시장 역할 관계에서는 눈에 잘 띄지도 않을 것이다. 간단히 말해, 과학은 '기후'로 인한 농업

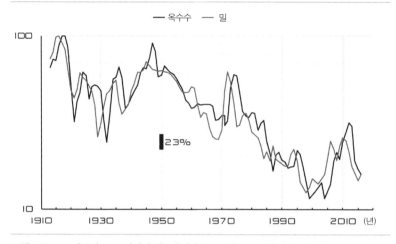

인플레이션을 조정한 곡물 가격 변동(1913~2016)

── 옥수수 ── 밀

23%

그림 9.3 1913년부터 2016년까지 인플레이션을 조정한 옥수수와 밀의 가격 변동
Y축의 곡물 가격은 1920년경 최대값을 기준(100)으로 하여 로그 스케일로 표현했다. 그래프는
2050년에 예상되는 최대 상승폭인 23%가 과거의 가격 변동에 비하면 적다는 것을 보여준다.[22]

붕괴가 또 하나의 닥치지 않을 대재앙이라고 말하고 있다.

───────

2018년, 추수감사절 이튿날인 블랙프라이데이에 NCA2018의 두 번째 보고서가 발간됐다. 인간으로 인한 기후변화가 미칠 영향을 예측한 이 보고서가 나오자마자 경제 재앙이 임박했다는, 이제는 익숙한 헤드라인이 쏟아졌다. 다음이 그 예다.

- "기후변화가 미국 경제 강타할 것"(NBC 뉴스[23])
- "기후 보고서, 암울한 경제 경고"(폭스 뉴스[24])

지구를 구한다는 거짓말

- "기후변화로 미국 수십억 달러 손실 발생"(《파이낸셜타임스》[25])
- "미국 기후 보고서, 환경 파괴와 경제 위축 경고"(《뉴욕타임스》[26])

실제 보고서 29장의 주요 메시지 2는 다음과 같다.

전 세계가 배출 감축을 위해 보다 중대한 노력을 하지 않으면 기후변화가 미국 경제와 인간의 건강, 그리고 환경에 상당한 피해를 입힐 것으로 예상된다. 배출량이 많고 적응 노력이 제한적이거나 전혀 없는 상황에서는 일부 부문의 연간 손실액은 21세기 말까지 수천억 달러로 증가할 것으로 추정된다.

주요 메시지와 격한 헤드라인 모두 굉장히 실망스러웠다. 겁을 주려는 의도가 분명했다. 하지만 나는 이 문제를 연구했던 터라 경제에 미칠 순영향이 미미한 수준임은 이미 알고 있었다. 그 이유는 다음과 같다.

한 해 전인 2017년, 나는 세계 최대 투자기관으로부터 기후과학에 대해 자문해달라는 부탁을 받고 처음으로 기후변화의 경제적 영향에 대해 조사를 했다. 경제적 영향에 대해 살펴봐달라는 요청에 따라 나는 IPCC의 AR5가 그 문제에 대해 언급한 내용을 자세히 살펴보았다.

기후변화로 인한 경제적 손실에 관한 예측은 매우 불확실하다. 물론, 우리는 기후모델이 불충분하고 미래의 배출량이 불확실하기 때문에 기후가 어떻게 변할지에 대해 큰 불확실성이 있다는 것을 이미 알고 있다. 그리고 기후의 불확실성은 지구적 규모보다 지역적 규모에서 더욱 크다. 예를 들어 최근 캘리포니아에 가뭄이 발생하고 첫 5~6년 동안에는 많은 기후과학자들이 인간이 기후에 미친 영향 때문에 가뭄의 위험이 증가했다고 지적했다.[27] 하지만 2016년에 가뭄이 극적으로 끝나고 겨우 1년 만에, 지구가 온난해진다는 건 곧 캘리포니아가 더욱 습해진다는 의미라고 주장하는 논문들이 나타났다.[28] 어쩌면 이것도 과학적 이해가 다듬어지는 과정일 수 있다. 그렇지만 좀 더 가차 없이 말해 내겐 날씨가 조금만 특이해도 인간의 영향 '때문'이라고 할 수 있을 정도로 과학이 충분히 정립되지 않았다는 느낌이 강하게 든다.

게다가 기후는 경제 발전과 복지에 영향을 주는 수많은 요인 중 하나일 뿐이다. 경제 정책, 무역, 기술, 지배 구조(Governance)도 똑같이 중요한데, 이것들은 나라마다 다르고 예측할 수 없는 방식으로 변할 수 있다. 경제 대책이 매우 지역적인 데다가 지역적 기후 예측의 불확실성마저 미래 경제에 대한 불확실성을 가중시킨다. 너무나 많은 미지의 상황 앞에서 기온 상승이 사회에 어떻게, 얼마나 경제적 피해를 입힐지 예측하기란 특히나 어렵다. 그중에는 기후변화의 영향을 최소화하거나 때로는 심지어 이용하기 위하여 경작하는 작물의 종류를 바꾸는 것, 또는 바닷가 방조제를 높이 세우는 것과 같은 적응 조치도 있다.

이러한 어려움에도 불구하고 AR5의 제2실무그룹(제1실무그룹이 기후변화에 대해 개괄적으로 설명하면 이들이 기후변화의 생태적·사회적 영향에 대한 부분을 작성한다)은 기후가 온난해지면 세계 경제 활동에 어떤 영향을 미칠지에 대해 설명한다. 그림 9.4에는 20개가량의 공개 추정치가 표시돼 있는데, 2100년까지 지구 기온이 최대 3℃ 상승하면(지금쯤이면 익숙할 것이다) 전 세계 경제에 미치는 영향은 (기대하시라) 3% 이하일 거라는 사실을 보여준다.

나는 투자자들에게 발표하기 위해 유엔 보고서에서 누락된 중요한 맥락의 일부를 준비했다. 지금으로부터 약 80년 후인 2100년에 3%의 영향을 받는다는 건 연평균 성장률 3%를 80으로 나눈 값, 즉 연간 약 0.04%가 감소한다는 의미다. IPCC 시나리오(3장 참조)는 2100년까지 전 세계 연평균 성장률을 약 2%로 가정하고 있다. 연평균 성장률 2%가 기후변화로 인해 0.04% 감소하면 1.96%가 된다. 즉, 유엔

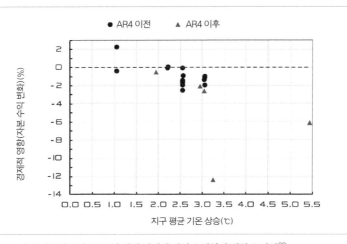

그림 9.4 **지구 기온 상승이 2100년 세계 경제에 미칠 순영향에 대한 추정치**[29]

보고서는 인간이 초래한 기후변화가 기껏해야 도로 위의 요철만큼이나 무시해도 좋을 정도라고 말하는 셈이다. 사실 해당 보고서 10장 요약문의 첫 번째 요점은 다음과 같다.

> 대부분의 경제 분야에 기후변화가 미치는 영향은 다른 요인에 비하면 적을 것이다(증거 능력 중간, 매우 동의). 인구, 나이, 소득, 기술, 상대적 가격, 생활습관, 규제, 지배 구조 등 수많은 사회경제 발전 요소의 변화가 기후변화와 관련이 큰 경제적 요소인 제품과 서비스의 수요 및 공급에 영향을 미칠 것이다.

IPCC의 주요 저자 중 한 명도 2018년에 발표한 소논문에서 과거 4년 동안에 발표된 논문들을 추가 검토한 뒤 비슷한 결론에 도달했다.

> …… 기후변화의 총 경제적 영향은 부정적이지만 평균적으로는 미미하며, 저개발 국가에 가장 심각한 영향을 미치는 원인은 주로 빈곤이다.[30]

기후위기론자들은 듣기 불편하겠지만 기온 상승이 경제에 미치는 영향이 아주 적다는 점에 이견이 없다는 것은 전문가들 사이에서 잘 알려져 있다. 어느 저명한 환경정책 입안자에게 유엔의 평가에 대해 어떻게 생각하느냐고 묻자 그의 답이 너무 놀라운 나머지 나는 입을 다물 수 없었다. "네, 불행하게도 영향 수치가 너무 낮아서 유감입니다."

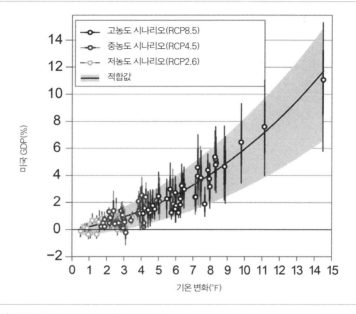

그림 9.5 21세기 말 미국의 경제 손실 전망

수평축은 1980~2010년 대비 2080~2099년의 지구 평균 기온의 변화다(화씨로 표시했다). 점은 영향력의 중간값을, 선과 그림자는 불확실성을 나타낸다(NCA2018의 그림 29.3에서 인용)

어쨌든 이런 배경 탓에 NCA2018 2권이 발간되자마자 숨 가쁘게 쏟아진 보도에 한마디 거들 수 있는 사전 지식이 생긴 것이다. 이 보고서의 마지막 장에 실린 마지막 그림(그림 9.5로 재현)은 〈사이언스(Science)〉에 게재된 2017년도 논문을 토대로 한다.[31] 1980~2010년의 평균 기온 대비 편차를 표현한 이 그래프는 지구의 기온이 상승하면 21세기 말 미국 경제가 어떤 직접적인 피해를 입을 거라 예상되는지 보여준다. IPCC가 세계 경제에 대해 예측한 것처럼 미국에 미치는 영향도 적은데, 이번 세기 말에 기온이 5℃ 상승할 경우 미국 경제 성장률은 4% 감소하게 된다(이 5℃ 상승은 산업화 이전보다 1℃ 높은 오늘날의 기온을 기준으로 한다는 점에 주목할 필요가 있다. 목표 온도를 1.5℃로 설정한 파리협약의 기준(계산법)에 따르면 이는 6℃가 상승한 것과 같다).

유엔 보고서와 마찬가지로 NCA2018도 이 점을 문맥에서 빠트렸지만 이 부분을 반영하는 건 매우 간단히 할 수 있는 일이다. 미국 경제는 1930년 이후 연평균 3.2%의 성장률을 기록해왔다(지금은 90년 전에 비해 거의 20배나 크다). 향후 70년간 연평균 경제성장률이 2%일 거라고 보수적으로 가정하면 2090년에 미국 경제는 현재의 4배가 될 것이다. 그러면 2090년에 기온 상승으로 발생하게 될 거라는 4%의 손실은 2년간의 성장률에 해당한다. 다시 말해 2090년까지 추가로 5℃가 상승한다 하더라도 그 시기(현재로부터 70년 후)까지 미국의 경제 성장이 겨우 2년 지연되는 셈이다.

그림 9.6은 이를 그래프로 보여준다. 하나처럼 움직이는 세 곡선을 주목하라. 한 곡선은 기후의 영향이 전혀 없을 경우 미국의 GDP가 연평균 2%씩 성장해 현재의 20조 달러에서 2090년에 80조 달러로 상승할 것임을 보여준다. 다른 하나는 기온이 5℃ 상승할 경우(NCA2018에 따르면) 성장 곡선이 다소 지연되면서 그렇지 않은 경우보다 4% 낮아질 것이라 가정하고 있다. 마지막은 기온이 7.2℃ 상승할 경우로, 가장 극단적인 IPCC 시나리오에서 예측하는 것보다 온난화 수준을 훨씬 높게 잡고 있다. NCA2018에 따르면 이 경우 현재부터 2090년까지 받을 영향은 10%인데, 그렇다 해도 지금으로부터 70년

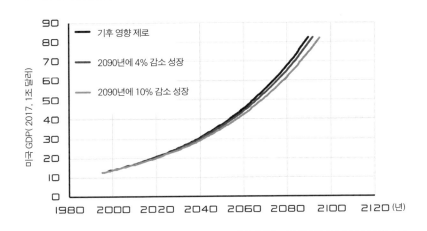

그림 9.6 **2090년까지 고정 달러로 전망한 미국 GDP(인플레이션 고려 안 함)**
연간 명목성장률을 2%로 설정한 뒤 2090년까지 기후의 영향이 없는 경우, 기후의 영향이 4%, 10%인 경우를 가정한 곡선들이다. 영향은 명시된 전반적인 기간에 일정하게 증가하는 것으로 가정한다.

후까지의 성장률이 겨우 5년 지연되는 수준이다.

NCA2018이 발간되던 날(금요일)에 나는 여기서 이 내용을 거의 그대로 담은 짧은 특별 기고문의 초안을 몇 시간 만에 작성했고, 그다음 주 월요일, 〈월스트리트저널〉에서 내 기고문을 온라인에 게재했다.[32] 이튿날 미국의 저명한 에너지 경제학자가 내게 요점을 잘 짚어 줘서 고맙다고 이메일을 보내왔다. 그 사람이 공개적으로 감사를 표할 수 없다는 게 아쉬울 따름이었다. 그다음 주, 평가보고서에 사용된 추정치의 원 출처인 2017년도 연구 논문의 저자 중 한 사람이 자신들의 결과물이 언론에서 그런 식으로 설명되어 무척 당황스럽다는 뜻을 표했다.[33]

기후과학단체, 특히 NCA2018의 저자들은 내 기고문에 침묵으로 일관했다. 그들은 언론이 최악의 상황을 언급하는 것을 보고도 아무런 항의를 하지 않았다. 어쩌면 자신들이 파멸에 대한 이야기를 세상에 퍼트렸다는 사실이 부끄러웠는지도 모른다. 그도 아니면 앞서 말한, 피해 수치가 더 컸으면 하던 정책입안자처럼, 그런 보도 내용을 바랐는지도 모른다.

당연히 독자들도 알아챘겠지만 기후와 관련된 경제적 재앙에 대한 생각은 언론과 정치인들의 대화 속에 여전히 생생히 살아 있다. 흔히들 경제학을 '음울한 과학'이라 부른다. 언젠가 저명한 경제학자를 만나 기후와 경제 예측을 합치면 '두 배로 음울해진다'고 농담을 던진 적이 있다. 농업 조건의 변화나 폭풍의 패턴 변화 등 기후 변화와 관련된 요소들이 특정 인구 및 경제 부문에 다양한 경제적 손실(또는 혜택)을 줄 거라고 예상하는 것이 터무니없는 일은 아니다. 하지만 일반적인 믿음과 달리 공식 보고서들조차 인간이 초래한 기후변화가 금세기 말까지 미국이나 전 세계에 미칠 경제적 영향이 미미한 수준일 거라고 말하고 있다.

확실한 것은 언론, 정치인, 때론 평가보고서들마저 과학이 기후와 재앙에 대해 말하는 사실을 뻔뻔스럽게 잘못 전달하고 있다는 점이다. 이런 잘못은 해당 보고서를 작성하고 생각 없이 검토하는 과학자들, 보고서 내용을 무비판적으로 따라 읊는 기자들, 이런 일이 일어나도

록 허락한 편집자들, 그러한 재앙의 호들갑을 부채질하는 활동가와 단체들, 그리고 대중의 침묵 하에 기만을 일삼는 전문가들이 만들어 낸 것이다. 이러한 기후에 대한 수많은 인식 오류가 지속적으로 반복되면서 그것들을 합의된 '진실'로 바꿔 버린 것이다.

이제까지 우리는 기후에 대한 확정된 사실이라며 제시된 내용과 과학이 실제 말하는 내용 사이에 벌어진 틈새를 탐구해보았다. 그러면 어쩌다 이렇게 된 것일까? 다음 장에서는 존재하지도 않는 합의를 열렬히 신봉하게 만든, 완벽하게 이해관계가 맞아떨어지는 퍼펙트 스톰(perfect storm, 한꺼번에 여러 가지 악재가 겹쳐 그 영향력이 더욱 커지는 현상-옮긴이)에 대해 좀 더 자세히 살펴볼 것이다.

UNSETTLED

10

누가 왜 과학을 망가뜨렸을까

?

앞서 살펴본 것처럼 기후과학의 중요한 부분들이 정말로 확정적이지 않다면, 왜 '절대 과학'에 대한 내러티브가 그렇게 다를까? 기후 문제를 둘러싼 다양한 이해 당사자(과학자, 과학기관, 활동가와 환경단체, 언론, 정치인) 모두가 기후위기론을 납득시킬 요량으로 잘못된 정보를 퍼트리고 있다는 게 사실일까? 그리고 왜 '절대 과학'이 일반 과학보다 그렇게 부각되는 것일까?

　나는 지난 몇 년간 이런 상황을 지켜보며 기후과학이 전달되는 과정에 대해 곰곰이 생각해봤다. 인간 행동 전문가는 아니지만 이 과정을 가까이서 지켜보며 내가 직접 겪은 경험과 인간의 보편적 진실에 바탕을 두고 추정해본 결과 이러한 현상이 어떤 비밀 결사단의 계략이 아니라 관점과 이해가 맞물려 자체 강화되고 있다는 결론에 도달했다. 지금부터 가장 중요한 관련자들을 차례대로 살펴보자.

언론

나는 2004년 영국으로 이주하면서 자연스레 영국 신문을 읽기 시작했다. 미국보다 국제 뉴스가 훨씬 많다는 점이 인상적이었는데, 미국보다 국가 규모가 작아 외국과 교류가 더 많고 다른 유럽 국가들과의 상호 협력이 중요한 데다, 한때 대영제국의 일부였던 영연방 국가들과 역사적으로 연결될 수밖에 없다는 점에서 일이었다. 물론 (미식축구가 아닌) 축구에 훨씬 많은 지면을 할애하는 것도 눈에 띄었다. 하지만 가장 놀라운 것은 내용보다 논조였다. 영국 신문들은 편집뿐 아니라 일반 보도에서도 노골적으로 당파성을 드러내는 일이 많았다. 미국에서도 〈뉴욕타임스〉, 〈월스트리트저널〉, 〈워싱턴포스트〉와 같은 중앙지를 폭넓게 읽었지만, 〈가디언〉, 〈(런던)타임스(Times)〉, 〈텔레그래프(Telegraph)〉, 〈파이낸셜타임스〉가 다루는 내용과 방식에 각각 극명한 차이가 있음이 그대로 드러났다.

그 후 몇 년 동안 미국 언론들도 보다 명확하고 차별화된 관점을 발전시켜 나갔고, 그러한 관점은 편집 기사에서 보도 내용으로 스며들었다. 특히, 인터넷 시대가 발전함에 따라 헤드라인은 기사 내용이 자극적이지 않은 때조차 클릭을 유도하기 위해 더욱 자극적으로 변했다. 오늘날 공포를 조장하고 공유를 유발하는 경향은 헤드라인 너머로 훨씬 더 확대되고 있다. 이러한 현상은 기후와 에너지 이슈에서 특히 심하다.

대의명분이 뭐든 간에 뉴스도 결국 사업이다. 요즘과 같은 디지털 시대에는 클릭과 공유라는 형태로 독자에 점점 더 의존하고 있다. 극단적인 날씨에 장기적인 변화가 거의 없다는 과학적 실체를 보도하는 것은 '핏물이 흐르는 곳에 특종이 있다'는 언론 정신과는 맞지 않는다. 반면 세계 어디든지 자극적인 헤드라인을 뒷받침하는 극단적인 날씨 이야기가 항상 존재한다.

조직과 구성원이 바뀌는 것도 언론이 과학을 잘못 전달하게 만드는 원인이다. 뉴스 편집실이 대거 사라지고 진지한 심층 보도가 줄고 있다. 기후를 보도하는 기자들 대다수의 출신 배경이 과학과 무관하다. 이게 특히 문제다. 앞서 본 것처럼 평가보고서 자체가 유독 비전문가들 사이에서 혼란을 일으킬 수 있기 때문이다. 과학 기사는 언제나 뉘앙스가 중요하기 때문에 시간과 연구가 필요하다. 안타깝게도 뉴스의 보도 주기는 미친 듯이 빨라지고 기자와 편집자는 그 어느 때보다 시간에 쫓기고 있다. 현대 미디어의 다양성과 보편성은 신선한 '콘텐츠'에 대한 수요뿐 아니라 기사를 제일 먼저 게재하려는 경쟁도 증가시켰다. 과학자들과 마찬가지로 기자도 편견을 버려야 한다는 직업적 규범이 있지만 그렇다고 해서 편견이 깨끗이 사라지는 건 아니다.

나는 기자들과 교류하면서 '기후변화'가 인간에 의해 파괴되는 세상을 구하려는 명분과 사명으로 변해 어떻게든 기사에 경고 메시지를 담는 것이 '올바른' 일이며, 심지어 이를 자신의 의무로 여기는 사람들도 있다는 사실을 깨달았다. 이는 '기후 기자'라는 새로운 직업이 생겨나면서 더욱 심해졌다. 그들의 임무는 대개 미리 정해져 있다. 만약 인류의 종말 운운하는 내러티브가 없으면 신문(인쇄물이든 디지털이든)이나 방송에서 기사화되지 않는다.

사례는 많다. 최근에도 〈워싱턴포스트〉 1면에 바이든 행정부의 기후 정책이 "전국의 탄소 배출량을 급속도로 축소하는 것"을 목표로 하고 있으며 "지구가 온난해지고 기후 관련 재난이 해가 갈수록 늘어남에 따라 이 문제를 무시하기 어렵게 되었다"는 내용의 기사가 실렸다.[1]

물론 이미 살펴봤듯 데이터는 "기후 관련 재난"이 "해마다" 늘고 있다는 사실을 전혀 뒷받침하지 않는다.

뒤이어 바이든 행정부의 계획에 관한, 대부분 사실에 기초한 보도가 이어지는 전면 기사가 있었다. 하지만 애초에 저런 문구들로 경종을 울리지 않았다면 과연 1면에 실릴 수 있었을까?

간단히 말해 과학적 사실에 대한 전반적인 지식 부족, 극한 기상 현상이 낳은 극적인 사건들, 그로 인한 비통한 사연, 언론계 내부의 압박 등 모든 것들이 대중 매체의 균형 잡힌 보도에 불리하게 작용한다.

지구를 구한다는 거짓말

정치인

정치인들은 유권자들의 열정과 헌신을 불러일으키며 동기를 부여하고 설득함으로써 선거에서 승리한다. 새삼스러운 일은 아니다. 헨리 맨켄(Henry L. Mencken)은 1918년에 출간한 《여성을 변호하며(In Defense of Women)》에서 다음과 같이 말한다.

> 모든 목표는 대개 상상의 산물인 일련의 도깨비들을 이용해 대중들을 한없이 위협하고 계속 불안에 떨도록(그러니 안전한 곳으로 인도해달라고 시끄럽게 요구하도록) 하는 것이다.[2]

폭풍, 가뭄, 해수면 상승, 흉작, 경제 파탄 등 기후 재앙의 위협은 모든 사람에게 반향을 불러일으킨다. 그리고 이런 위협(예를 들어 최근 일어난 참혹한 극한 기상 현상을 들먹이며)은 긴급한 일인 동시에 퇴임 후 수십 년이 지나야만 그 정치인의 끔찍한 예측이 맞는지를 확인할 수 있는 먼 훗날의 일로 묘사된다. 유감스럽게도 기후과학과 관련 에너지 문제들은 서로 복잡하게 얽혀 있는데도 그 복잡성과 뉘앙스가 정치적 메시지에는 잘 반영되지 않는다. 따라서 과학이 '절대 과학'에 유리하도록 폐기되고 정치에 이용하기 쉽게 '단순화'되면서 이에 필요한 조치 역시 단순하게 제시되고 만다. '지구를 살리려면 화석 연료를 줄여라'처럼 말이다.

물론 이는 기후에만 국한된 문제가 아니며, 정치적으로 회색 지대를 혐오하는 유권자들에게도 일부 책임이 있다. 불확실성으로는 지지 기반을 다지기 힘들다. 이를테면 재생에너지를 홍보하면서 임박한 위기를 해결하기 위한 근본적인 해결책이라 말하지 않고 미래에 발생할 수 있는 문제를 완화하기 위해 실현 가능한 방법이라고 현실적으로 설명하면 지지자가 분명 줄어들 것이다. 불확실성은 정치적 무기도 될 수 있다. 인간이 지구 온난화에 영향을 미쳤다는 사실이 과학적으로 증명되었다는 기본조차 부정하는 우파 정치인들은 과학의 불확실성을 악용하며 기후는 전혀 변하지 않았다는 '증거'로 제시한다.

좌파 정치인들은 과학적 불확실성이나 인간의 영향을 줄이는 어려움에 대해 논의하는 것을 불편하게 여긴다. 오히려 과학은 이미 결론이 났다고 주장하면서, 의문을 제기하는 모든 사람을 '부정론자'로 낙인찍는다. 그리고 대중을 기후위기론으로 끌어가기보다 더 많은 연구에 집중해야 한다고 주장하는 양심적인 과학자들을 과학 자체에 공개적으로 적개심을 드러내는 사람들과 한통속이라고 생각한다.

일부 정치인은 비난하는 수준을 넘어 뻔뻔하게도 과학적 절차를 훼손하려 든다. 억만장자 정치인인 마이클 블룸버그(Michael Bloomberg)와 톰 스타이어(Tom Steyer)는 "기후위기가 현실적이고 즉각적이며 비즈니스 세계에 잠재적으로 엄청난 손실을 가져올 수도 있다고 느끼게 하는 것"을 목표로 일부 과학자들과 공모해 극단적인 온실가스 배출 시나리오 RCP8.5를 '무대책 배출량 전망치(business as usual, 배출을 억제하려는 추가 노력이 없는 세상)'으로 잘못 설명한 일련의 보고서를 작성한 바 있다.[3,4] 보고서를 제출하며 학회 및 학술지에 이를 주입하기 위한 교묘한 캠페인도 벌였다.[5] 그런 식으로 과학적 절차를 훼손하는 사람들은 자신들이 소리 높여 비난했던 반과학적 무리들과 다를 바 없다. 다행히 그런 기만 행위는 현재 주요 과학 학회지를 통해 드러나는 중이다.[6,7]

마지막으로 '기후변화는 사기'라는 생각을 퍼트리고 다니는 수많은 우파 정치인들이 환경 규제로 피해를 입은 산업계와 연대하고 있다는 주장이 공공연히 제기되고 있다. 게다가 대체 에너지 산업이 성장함에 따라 정치인들이 기후 대재앙을 대대적으로 선전할 만한 금전적 인센티브가 생긴 것도 유감이다. 과학은 당파성에 휘둘리면 안되지만 기후과학이 에너지 정책 및 정치와 맞물리면 그렇게 될 것이 거의 확실하다.

과학 기관

과학 기관에 대한 신뢰는 일반인을 비롯해 언론과 정치인 등이 '절대 과학'으로 제시된 것을 신뢰하게 만드는 버팀목이다. 하지만 기후 문제라면 이들 기관은 과학에 부합하는 주장보다 주장에 과학을 끼워 맞추는 데 더 관심이 많아 보인다. 우리는 앞서 공식 평가보고서를 작성하는 기관들의 전달 방식에 문제가 있으며 데이터를 요약하거나 기술할 때 의도적으로 사실을 호도하는 경우가 흔하다는 걸 확인했다. 이런 일이 어떻게 벌어지는지는 다음 장에서 좀 더 자세히 살펴볼 것이다. 여기서는 그 점을 길게 논하지 않겠다.

여타 과학 기관들이나 기관장들 역시 정보 제공보다 설득하는 데 과도한 노력을 쏟았다. 미국 국립과학공학의학아카데미는 1863년 미국 의회가 인가한 독립 비영리 기관으로 대정부 자문 활동을 하고 있다. 이 기관의 웹사이트에는 다음과 같은 설명이 적혀 있다.

> 국립과학공학의학아카데미는 과학·공학·의학에 관해 고품질의 객관적인 자문을 제공하는 국가의 탁월한 자원이다.[8]

국립아카데미는 주로 연방 기관의 후원을 받아 서면 보고서를 작성하는 방식으로 자문을 한다. 매년 200여 편의 보고서를 발간하는데, 과학·공학·의학뿐 아니라 이와 관련된 사회적 문제 등 광범위한 주제를 다루고 있다.[9]

국립아카데미의 보고서는 폭넓은 저술 및 검토 과정을 거친다. 나역시 이 곳에서 두 차례 연구를 이끌었고 여러 편의 보고서를 검토했으며, 6년 동안 공학 및 물리학 분야(에너지 분야는 몇 번 있었지만 기후과학 분야는 전혀 없었다)의 모든 보고 활동을 감독한 경험이 있어 이 과정을 잘 알고 있다. 이 과정을 거쳐 거의 대부분 최고 품질의 객관적 보고서가 나온다. 그렇지만 앞서 본 것처럼 2014년과 2017년, 2018년 국가기후평가(이들이 직접 평가서를 작성하지는 않는다)에 대한 이들의 검토는 그 기준을 별로 충족시키지 못했다.

2019년 6월 28일, 국립과학아카데미, 국립공학아카데미, 국립의학아카데미의 원장들은 '기후변화의 과학적 증거'를 단언하는 성명을 발표했는데, 다음은 과학에 관해 언급한 유일한 단락이다.

> 과학자들은 다양한 증거를 토대로 인간이 주로 온실가스 배출을 통해 지구의 기후를 변화시키고 있음을 이미 알고 있었다. 기후변화가 미치는 영향에 대한 증거 역시 명확하며 갈수록 많아지고 있다. 대기와 해양이 온난해지고, 극한 기상 현상의 강도와 빈도가 커지고, 해안 지역을 따라 해수면이 상승하고 있다.[10]

아무리 간결해야 하기로서니 기후과학의 현황을 오도할 만큼 불완전하고 부정확한 내용이다. 이것은 인간이 초래한 온난화와 변화하는 기후를 결부시켜 인간의 영향이 이런 변화에 전적으로 책임이 있다는 잘못된 암시를 주고 있다. '특정 극한 기상 현상'을 들먹이면서 대부분('극한 기상 현상'이라는 문구를 보는 순간 머릿속에 떠오르는 허리케인 등도 포함된다)이 전혀 유의미한 추세를 보이지 않는다는 사실은 생략한다. '해수면이 상승한다'는 진술도 전적으로 인간이 초래한 온난화 탓이라고 암시할 뿐 아니라 해수면 상승이 전혀 새로운 일이 아니라는 사실은 누락하고 있다.

나는 원장들이 발표한 이 사적인 성명서가 아카데미의 정규 검토 절차를 거치지 않았다고 확신한다. 만약 그랬다면 잘못된 부분이 수정되었을 것이다. 이 성명서는 통상적인 엄격함을 건너뛰면서도 국립아카데미라는 이름의 무게감은 그대로 지니고 있다. 아이러니하게도 이 성명서는 이어서 아카데미가 "알고 있는 것을 더욱 명확히 전달할 필요가 있다"고 말하고 있다. 이 성명에서는 그러지 않았음에도 말이다.

이런 식으로 기후과학을 전달하는 과정이 훼손되면 과학 기관이 여타 주요 사회 이슈(코로나 사태가 가장 대표적인 최근 사례다)에 대해 발언해도 사람들이 신뢰하지 않게 된다. 미국 국립과학아카데미의 전임 원장인 필립 핸들러는 서문에서 언급한 1980년 사설에서 다음과 같이 쓴 바 있다.

이제는 과학의 윤리와 규범으로 돌아와 정치적 과정이 더욱 신뢰를 얻을 수 있도록 해야 할 때이다. 대중은 정치적 결정을 내리는 데 중요한 것들을 왜 아직도 밝히지 못하는지 궁금할 것이다. 하지만 우리가 불확실성의 중요성을 분명히 인정하고 더 많은 연구가 필요하다고 주장해야만 과학이 대중의 존경을 받게 된다. 필요한 정보가 모두 손안에 있고 모든 것을 파악한 척 거짓 주장을 한다면 존경을 잃게 될 것이다. 과학자들이 공공 정책에 크게 이바지하려면 정치의 윤리가 아닌 과학의 윤리에 맞게 행동해야 한다.[11]

과학자

이 책의 서문에서 스티븐 슈나이더가 효과적인 것과 정직한 것 중에서 그릇된 선택을 한 일화를 소개했다. 기후 연구자들이 자신들의 과학을 확정적인 것으로 뭉뚱그려 설명하도록 부추기는 다른 요인들이 또 있다(그들 내부에서는 매우 열띤 논쟁을 벌일지도 모르지만). 파인만은 다음과 같이 '화물숭배과학' 연설을 마무리하며 칼텍 졸업생의 앞날을 기원했다.

> 내가 앞서 말한 진실성을 마음껏 지킬 수 있는 곳으로 가기를, 조직에서 자리를 보전하거나 금전적 지원을 받기 위해 진실성을 저버리지 않아도 되는 곳으로 갈 수 있는 행운이 따르기를 바랍니다.

나는 이러한 제도적 압박이 실재한다는 것을 경험으로 알고 있다. 정부든 기업이든 환경단체든 어디에서 일하더라도 따라야 할 메시지가 있다. 학계에는 언론의 관심을 끌고 지속적인 연구비를 확보해야 한다는 압박이 존재한다. 승진과 종신 교수직도 걸려 있다. 동료들을 보면서 느끼는 압박도 무시할 수 없다. 적잖은 기후위기 반대론자들이 '기후가 파괴되었다'는 대세에 반하는 자료를 공개했다는 이유로 대중에게 맹비난을 받고 자신의 미래 직업 전망도 위협받고 있다.

MIT의 저명한 해양학자 칼 원쉬(Carl Wunsch)는 과학자들에게 과학을 사실 그대로 설명하라고 오랫동안 촉구하면서,[12] 기후과학자들이 세간의 시선을 끌 결과를 만들라는 압박에 시달린다고 말한 바 있다.

기후과학에서 중심이 되는 문제는 데이터가 어떤 기준으로도 충분하지 못할 때 '당신이 무엇을 말하고 무엇을 해야 하는가'이다. 내가 만약 3년 동안 데이터를 분석했는데 유일하게 내놓을 수 있는 결론이 '데이터가 질문에 답하기에 불충분하다'라면 어떻게 논문을 발표할 수 있겠나? 어떻게 연구비를 계속 받을 수 있겠나? 그래서 보통 택하는 방법이 불확실성 계산을 왜곡하거나 아니면 아예 전부 무시해버리고, 〈뉴욕타임즈〉가 기사로 다룰 흥미진진한 이야기를 발표하는 것이다.

의료계에서 벌어지는 상황도 이와 상당히 비슷하다. 일부 신약이나 치료 방법의 효능을 입증하기 위해 통제가 허술한 소규모 연구가 사용된다. 수년 후 충분한 데이터를 이용할 수 있게 되었을 때 그런 이야기들이 얼마나 철회되었는가?[13]

기후 연구에 관여하지 않은 과학자들 또한 잘못이 있다. 그들은 기후과학계의 주장을 평가하는 독특한 위치에 있지만, 내가 말하는 '기후 단순화(Climate Simple)' 현상에 치우치기 쉽다. '피의 단순화(Blood Simple)'라는 말은 1929년 대실 해밋(Dashiell Hammett)이 소설 〈붉은 수확(Red Harvest)〉에서 처음 사용한 것으로, 오랫동안 폭력적인 상황에 몰입한 후 사람들이 이성의 끈을 놓아버린 상태를 의미한다. 이와 유사하게 '기후 단순화'는 평소 엄격하고 분석적인 과학자들이 기후와 에너지 문제를 논할 때는 비판적 능력을 상실하는 질병을 말한다. 이를테면 한 선배 과학자가 내게 IPCC 보고서에서 거슬리는 부분을 지적하는 '방해 행위'를 중단하라고 말한 적이 있는데,

지구를 구한다는 거짓말

이를 '기후 단순화'로 진단할 수 있다. 이것은 내가 다른 어떤 과학 토론에서도 본 적 없는, 눈 감고 귀를 틀어막는 자세였다.

'기후 단순화'를 초래한 원인은 무엇일까? 아마 해당 주제에 대한 지식 부족, 또는 공개적으로 반대 목소리를 내는 것에 대한 공포감, 특히 동료 과학자들에게 반대 의사를 밝혀야 하는 공포감이 원인일 것이다. 어쩌면 눈앞에 보이는 증거보다 이미 선언된 합의를 더 신뢰하는 태도에서 생겨난 단순한 확신 때문일 수도 있다.

레오 톨스토이(Leo Tolstoy)가 1984년에 출간한 철학서 《신의 나라는 네 안에 있다(The Kingdom of God Is Within You)》에는 다음 대목이 나온다.

아무리 아둔한 사람이라도 아직 생각이 굳어지지 않았으면 아무리 어려운 주제라도 설명할 수 있다. 하지만 아무리 지적인 사람이라도 앞에 놓인 게 무엇인지 이미 알고 있다고 한 치의 의심 없이 확신한다면 가장 단순한 것조차 설명할 수 없다.[14]

원인이 뭐든 '기후 단순화'는 문제다. 사회를 대대적으로 바꾸자는 주장도 수조 달러가 투입되는 문제도 모두 기후과학의 연구 결과를 근거로 삼는다. 과학은 철저한 검토와 의문 제기에 열린 자세를 지녀야 하며, 과학자들은 항상 객관적 관점에 서서 비판적으로 문제에 접근해야 한다. 그리고 그런 자세로 임할 때 두려워해서는 안 된다.

활동가들과 비정부기구(NGO)

내 메일함은 350.org, 참여과학자모임(Union of Concerned Scientists), 천연자원보호협회(Natural Resources Defense Council)와 같은 기관들로부터 온 후원금 호소문으로 가득하다. 이들은 '기후 비상사태'가 벌어지고 있다고 생각하고 이를 전제로 조직을 설립했으며 해당 명분을 위한 기부자들의 지속적인 기부에 의존하고 있기 때문에 긴급 상황을 예측하는 것이 매우 중요하다. 그래서 "엄청난 기후위기가 닥쳤습니다. 대담하고 용감하게 대처해야 합니다"(350.org 웹사이트[15]), "기후변화는 인류가 지금껏 봉착한 가장 치명적인 문제 중 하나입니다. 시간이 얼마 남지 않았습니다"(UCS 웹사이트[16])라고 천명하는 것이다. 기후 파괴의 조짐이 안 보인다거나 타당성이 의심스러운 기후모델에 의존해 미래의 재난을 예측했다고 기부자들에게 말하는 건 조직의 이익에 별로 도움이 되지 않는다.

언론은 NGO에 권위를 부여하는 경향이 있다. 하지만 이들 또한 그들만의 기후·에너지 의제를 가진 이익 집단이다. 지지자를 결집하고 돈을 모으고 캠페인을 진행하고 정치적 힘을 휘두르는 강력한 정치행위자다. 많은 NGO에게 '기후위기'는 존재의 이유 그 자체다. 또한 더 공격적인 단체들에게 의제를 빼앗기는 것도 걱정해야 한다.

나는 행동주의에 어떤 불만도 없다. 오히려 NGO들의 노력이 여러 방면에서 세상을 이롭게 만들었다고 생각한다. 하지만 명분을 위해 과학을 왜곡하는 것은 용납할 수 없다. NGO의 자문위원회에서 일하는 과학자들의 공모는 특히 그렇다.

대중

사람들이 극한 기상 현상을 두려워하는 것은 이해가 된다. 기후변화를 걱정하는 것도 인류 역사만큼이나 오래된 일이다. 단기적인 극한 기상 현상(폭풍, 홍수, 가뭄)은 사회에 스트레스와 숙제를 안겨주는 반면, 수십 년에 걸친 변화는 대규모 이주를 유발하거나 문명 전체를 파괴하기도 한다. 약 750년 전, 25년 동안 지속된 대가뭄 시기에 거듭된 흉작으로 미국 남서부 지역 공동체가 파괴된 것이 그 예다.[17]

우리의 행동이 그런 재앙을 부를지도 모른다는 생각 역시 인류의 역사만큼이나 오래됐다. 행동을 바꿈으로써 최악의 기후 재앙을 피할 수 있다는 희망도 마찬가지다. 레위기 26장 3~4절에는 올바른 행동을 한 대가로 주기적인 강우(중동 지방에서는 매우 중요하다)와 그에 따른 보상을 내려주겠다고 약속하는 내용이 나온다.

> 너희가 내 규례와 계명을 준행하면 내가 너희에게 철따라 비를 주리니 땅은 그 산물을 내고 밭의 나무는 열매를 맺으리라●

● 성경 구절 인용은 《성경전서 개역개정판》을 따랐다.

오늘날 기후를 대하는 대중들의 자세가 과거보다 훨씬 분별력 있다고 생각하고 싶겠지만, 대다수는 여전히 위에서 전달되는 지식을 의심 없이 받아들인다. 전 세계 어디나 마찬가지겠지만 미국의 대다수 시민들은 과학자가 아니며 교육 시스템도 일반 대중의 과학적 이해력을 위해 많은 것을 가르치지 않는다. 대부분의 사람은 과학을 스스로 검토할 능력이 없으며 그럴 시간도 의향도 없다. 점점 많은 사람들이 소셜 미디어에서 정보를 얻고 있는데, 따라서 잘못된 정보나 허위 정보를 얻기가 쉽다. 그리고 내 경험상 사람들은 자기 전문이 아닌 영역에 대해서는 자신이 선택한 미디어를 믿고 신뢰하는 경향이 있다.

《안드로메다의 위기(The Andromeda Strain)》와 《쥬라기공원(Jurassic Park)》을 집필한 베스트셀러 작가 마이클 크라이튼(Michael Crichton)은 2008년에 사망할 때까지 칼텍 근처에 살면서 패서디나(Pasadena)의 지식인 확대 공동체의 저명한 일원으로 활동했다. 작가가 되기 전 내과 의사로 일했던 크라이튼은 과학의 진실성을 강력히 주창했으며 기후과학 관련 정보가 공개 발표되면 의심의 눈초리를 보내곤 했다(2004년 소설 〈공포의 제국(State of Fear)〉에서 이 주제를 다루기도 했다). 크라이튼은 칼텍 교수 머레이 겔만(Murray Gell-Mann, 노벨 물리학상을 수상한 물리학자로 쿼크 가설 제창자 중 한 명이다)과의 대담에서 '겔만의 기억상실(Gell-Mann Amnesia)' 효과를 다음과 같이 설명한 바 있다.

우리는 자신이 잘 아는 주제를 다룬 신문 기사부터 펼쳐봅니다. 머레이라면 물리학일 테고 저라면 영화산업이겠지요. (…)

어쨌든 기사를 읽으면서 오류를 여럿 발견하거나 격분하거나 즐거워하다가 국내면이나 국제면으로 넘어갑니다. 그리고 나머지 기사는 조금 전에 읽었던 헛소리보다는 좀 더 정확할 거라고 기대하며 팔레스타인에 대한 기사를 읽습니다. 페이지를 넘기는 순간 자신이 알고 있는 사실을 잊어버리는 것이죠.[18]

요즘 같은 시기에는 '절대 과학'에 대해 논의해보자는 말만 꺼내도 정치적 지뢰밭에 들어가는 꼴이 된다. 평가보고서에 숨은 사실을 몇 가지만 얘기해도 트럼프 지지자가 아닌지 묻는 사람이 대다수다. 내 대답은 지지자가 아니라는 것, 과학자로서 언제나 진실을 지지한다는 것이다.

─────

과학자로서 개인, 조직 할 것 없이 과학계의 대다수가 정보를 전달하기보다는 기후위기론을 설득하기 위해 과학을 명백하게 잘못 전달하고 있다는 사실이 개탄스럽다. 하지만 독자들도 시민으로서 관심을 가져야 한다. 민주주의 체제에서 사회가 기후에 어떻게 대응해야 하는지를 궁극적으로 결정하는 사람은 유권자다. 과학이 말하는 것(그리고 말하지 않는 것)을 온전히 알지 못한 채(또는 잘못된 정보를 근거로) 중대한 결정을 할 경우 긍정적인 결과로 이어질 가능성은 매우 적다. 정신이 번쩍 들 만한 사례가 바로 코로나다. 하지만 이는 전염병만큼이나 기후와 에너지에도 들어맞는 이야기다.

UNSETTLED

11

고장 난 과학 고치기

?

'절대 과학'의 문제점에 눈을 뜬 계기가 된 미국 물리학회 워크숍으로부터 3년이 지난 2017년 초, 나는 언론과 정치인이 기후과학을 오도한 사례가 없는지를 추적하던 중 6개월 전에 우연히 읽었던 2014년 국가기후평가(NCA2014)에서 허리케인 데이터가 잘못됐다는 사실(6장 참조)을 알고는 심기가 불편했다. 나는 수년 전부터 다듬어온 개념인 '레드 팀(Red Team)' 검열이 '절대 과학'에도 꼭 필요하다는 확신이 점점 강하게 들었다.

레드 팀 검열에서는 과학자 그룹(레드 팀)이 평가보고서 중 하나를 읽고 약점을 찾고 평가하기 위하여 엄격하게 질문을 하는 과업을 부여받는다. 즉, 반대편 입장에 선 이 전문가들에게 '이 주장의 문제는 무엇인가?'라는 질문을 던지는 것이다. 물론 '블루 팀(Blue Team, 보고서 저자들)'은 레드 팀의 조사 결과에 반박할 기회를 가진다. 레드 팀 검열은 국가정보조사 결과를 테스트하거나 항공기나 우주선과 같은 복잡한 엔지니어링 프로젝트를 검증할 때처럼 일반적으로 매우 중요한 결정에 대한 정보를 제공하는 경우에 사용되며 사이버 보안에서도 흔히 쓰인다. 레드 팀은 오류나 빈틈을 발견하고 사각지대를 식별하며 때론 치명적인 실수를 피하도록 도와준다. 의사 결정에 신중하고 안전한 접근법을 취하게 해주는 중요한 역할을 하는 것이 요점이다(참고로 '레드'와 '블루'라고 이름 붙인 것은 이 훈련이 유래한 군대의 전통으로, 미국의 정치와는 아무 관련이 없다).

　레드 팀이 기후 평가보고서를 검토하면 평가에 대한 신뢰성을 강화할 수 있을 뿐 아니라 결론의 견고성(또는 견고성의 결여)을 보강할 수도 있다. 엄격한 조사를 통과했으므로 신뢰할 만한 결론임을 입증해주고 비전문가들에게는 이해하기 어렵거나 경시되었던 '찜찜한' 부분이나 불확실성을 제대로 알려준다. 즉, '절대 과학'을 과학으로 보완하고 개선시키는 것이다.

　물론 유엔 IPCC와 미국 정부 모두 자신들의 평가보고서가 출간 전 이미 동료들의 엄격한 검토를 거치므로 권위를 지닌다고 주장한다. 그렇다면 왜 또 다른 차원의 검토가 필요할까? 가장 직접적인 답은, 앞선 장들에서 강조한 바와 같이 이들 보고서에는 몇몇 터무니없는 오류가 있기 때문이다. 그리고 이런 오류의 가장 중요한 원인이 보고서를 검토하는 방식에 있기 때문이다. 지금부터 그 이유를 살펴보자.

과학은 테스트를 통해 단계별로 발전하는 지식의 집합체다. 만약 각 단계가 탄탄하고 확실하다면, 연구자들은 초고속 백신 개발이나 최신 정보기술과 같은 놀라운 단계에 매우 빠르게 도달할 수 있다. 한 연구자가 온전한 새 지식을 만들어냈는지 알아보기 위해 다른 연구자들이 실험 및 관찰 결과를 면밀히 검토하고 때로 이의를 제기하거나 새로운 모델과 이론을 만든다. 측정은 제대로 했는가? 실험 통제가 적절히 이루어졌는가? 결과가 사전에 알고 있던 바와 일치하는가? 예상치 못한 결과가 나온 이유는 무엇인가? 점차 방대해지는 과학 지식 체계에 새로운 결과를 받아들이기 위해서는 이러한 질문에 만족스러운 답변을 얻을 수 있어야 한다.

과학 학술지의 동료 검토는 새로운 연구 결과를 면밀히 조사하고 이의를 제기하기 위한 메커니즘이다. 그 과정에서는 독립적인 개별 전문가들이 연구 결과를 기술한 초안을 분석하고 비판한다. 저자들이 이 비판에 회신하면 제삼자인 심사위원이 판단하고 학술지 편집장에게 출간을 추천하거나 논문 수정 방향을 제안한다.

나는 45년 동안 과학 분야에 몸담으며 수많은 동료 검토 과정에 참여했다. 때로는 저자로, 때로는 검토자로, 심사위원으로 참여했고 몇 차례는 편집장도 역임했다. 직접 경험한 바로는 동료 검토가 논문의 질을 향상시키고 큰 오류를 잡아내는 경우도 흔히 있다. 하지만 그렇다고 논문이 꼭 완벽해지는 것은 아니며 출간 내용의 정확성을 보장하는 것도 결코 아니다.[1] 다른 연구자들이 독자적으로 연구를 수행해

같은 결과를 재현하거나 반박하는 것이 정확성을 훨씬 강력히 보장한다. 모든 중요한 발견이 궁극적으로 이런 과정을 거친다.

하지만 평가보고서는 연구 논문이 아니다. 사실 완전히 다른 목적을 가진 완전히 다른 종류의 문서다. 학술지 논문은 전문가가 전문가에게 보여주기 위한 기술에 초점을 둔다. 반면 평가보고서 저자들은 수많은 다양한 논문의 타당성과 중요성을 평가하고 개괄적으로 종합해 비전문가들에게 정보를 전달할 수 있는 높은 수준의 보고서를 작성해야 한다. 따라서 평가보고서의 '이야기'는 그것을 전달하기 위해 사용하는 언어가 그렇듯 정말 중요하다. 특히 기후처럼 중요한 주제라면 더더욱 그렇다.

기후과학 평가보고서의 초안 작성 및 검토 과정에서는 객관성을 강조하지 않는다. 과학 및 환경 기관 출신 공무원(그들도 사견이 있을 수 있다)이 저자를 지명하거나 선정하는데, 이 저자들은 이해 충돌에 아무 제약을 받지 않는다. 저자가 화석 연료 회사나 '기후행동'을 홍보하는 NGO 소속일 수도 있다는 말이다. 이 경우 정보 전달보다는 자기 편을 위한 설득을 선호할 가능성이 높아진다.

초안은 대규모 자원봉사 전문가 검토자 그룹(NCA를 위해 국립아카데미가 소집한 그룹을 포함)이 검토한다. 하지만 연구 논문 동료 검토와는 달리 검토자와 주 저자 사이에 의견 불일치가 생겨도 독립 심사위원이 해결해주지 않는다. 주 저자가 "우리는 동의하지 않습니다"라고 말하는 것만으로 비판을 거부할 수 있다. 평가보고서 최종본이 나오면 정부의 승인을 (미국 정부의 관계 부처 합동 절차를 거치고 IPCC 전문가 및 정치인들의 열띤 토론을 거쳐서) 받아야 한다. 더욱이 IPCC의 〈정책입안자를 위한 요약본(SPM)〉은 특정 정책을 추진하는 것에 관심이 있는 정부에 의해 (집필에 참여하지는 않지만) 큰 영향을 받는다는 것이 더 중요하다. 한마디로 그 과정과 결과물의 객관성을 훼손할 수 있는 수많은 기회가 있다.

나는 2017년 2월 초에 전통적으로 다양한 관점을 수용해왔던 포럼 '지구 및 지역 기후변화에 관한 제4차 산타페 회의(the Fourth Santa Fe Conference on Global and Regional Climate Change)'에서 '레드 팀' 아이디어를 발표했다. 발표가 끝날 무렵 그곳에 있던 수백 명에게 거수를 요청한 나는 호의적인 반응에 깜짝 놀랐다. 전문가인 청중 대부분이 잘만 실행하면 유용한 방법이 될 수 있을 것이라고 생각했다. 어쩌면 '최전선에 있는' 그 연구자들은 자신들의 연구 결과가 비전문가들에게 제시되는 방식을 내가 생각했던 것보다 훨씬 더 불편해하고 있던 건지도 몰랐다. 어쨌든 그들의 지지에 힘입어 나는 이 생각을 더 폭넓은 청중에게 전해야겠다는 힘을 얻었다.

2017년 4월 22일(지구의 날)에는 전 세계 600개 도시가 집회와 행진에 동참하는 '과학을 위한 행진(March for Science)'이 처음으로 열릴 예정이었다. 이 행진의 목표 중 하나가 대중의 이익을 위해 증거에 기초한 정책을 요구하는 것이었기 때문에 나는 기후과학과 그것이 비전문가에게 전달되는 방식에 변화를 꾀할 수 있는 좋은 순간이라고 생각했다. 미국 정부의 주요 평가보고서(NCA2018의 1권 기후과학 특별보고서[CSSR])가 가을에 발표될 예정이어서 더 시의적절해 보였다.

'과학을 위한 행진' 이틀 전, 기후과학 평가서에 '레드 팀' 검토를 주창하는 내 기고문이 〈월스트리트저널〉 오피니언에 실렸다.[2] 나는 검토의 필요성을 설명하기 위해 NCA2014가 허리케인 데이터로 공포심을 자아내고 오도하는 부분을 짚어가며 레드 팀 검토를 활용할 만한 방식을 개략적으로 설명했다.

내 기고문에는 약 750개의 댓글이 달렸고 그중 대다수가 내 견해를 지지했다. 트럼프 행정부의 몇몇 관료들 역시 내 글에 주목했는데, 기후에 대한 기본적 지식조차 공공연히 거부하는 인사들인 탓에 그들의 관심이 오히려 내 제안에 대한 강력한 반발을 부르기도 했다. 가장 눈에 띄는 것은 존 홀드렌(John Holdren, CSSR의 후원자였던 오바마 행정부의 과학 고문)이 2017년 7월 말 일한지 〈보스턴 글로브(Boston Globe)〉에 실은 기고문[3]과 그다음 주에 에릭 데이비슨(Eric Davidson, 미국지구물리학연합 회장)과 마르시아 맥넛(Marcia McNutt, 미국국립과학원 회장)이 미국지구물리학회(American Geophysical Union, AGU)가 발간하는 잡지(EOS)에 발표한 기고문[4]이다. 그들의 핵심 논지는 기후 연구와 평가보고서는 이미 동료 검토를 거쳤으므로 레드 팀 검열은 불필요하다는 것이었다. 다음은 데이비슨과 맥넛의 글이다.

…… 만약 기후과학에 대한 주류 과학계(블루 팀)의 합의에서 허점을 찾는 게 레드 팀의 목적이라면, 이는 수천 번이나 문제점을 찾아가며 조금씩 합의를 발전시켜온 과정을 경시하는 것이다.

지구를 구한다는 거짓말

홀드런의 표현에는 조금 더 날이 서 있다.

순진하게도 일부 지지자들은 그런 허술한 절차로 전 세계 기후과학계
가 전문가들로 구성된 다층적인 공식적 · 비공식적 동료 검토를 통해
수십 년간의 정밀하고 엄격하게 조사하는 과정에서 어쩌다 놓쳐버린
주류 기후과학의 결함을 발견할 수 있다고 생각할지도 모른다.

두 기고문 모두 내가 조명했던 허리케인 데이터에 대한 허위 정보
가 어떻게 "다층적인 공식적 · 비공식적 전문가 동료 검토"를 통한
"수십 년간의 정밀한 조사"에서 살아남았는지 설명하지 않는다. 과
학자들이 세부 사항에 집중하도록 훈련받는다는 점을 감안하면 더
실망스러운 일이다. 이들의 견해는 보고서가 엄격하게 작성되고 검
토되었다는 모호하고 흐리멍덩한 확신만 제공하고 있다. 물론 이미
말했듯 보고서에 포함된 연구들이 대중이 과학적 발견에 기대할 법
한 동료 검토를 거쳤을 수도 있지만 보고서의 요약본이나 결론은
그렇지 않다. 그리고 허리케인 예시는 그 보고서들에 실린 수많은
오류 및 허위 정보 중 하나에 불과하다. 그중 몇 가지는 앞에서 설명
한 바 있다.

'레드 팀' 검열에 대한 행정부의 관심이 2019년 중반까지 지속되
자 과학이 확정적이라고 착각하는 비과학자 출신 정치인들이 뒤이
어 반대 입장을 표명했다. 2019년 3월 7일, 상원의원 슈머(Schumer)
가 동료 의원 카퍼(Carper), 리드(Reed), 반 홀렌(Van Hollen), 화이트하

우스(Whitehouse), 마키(Markey), 샤츠(Schatz), 스미스(Smith), 블루멘솔(Blumenthal), 샤힌(Shaheen), 부커(Booker), 스태비나우(Stabenow), 클로버샤(Klobuchar), 하산(Hassan), 머클리(Merkley), 파인스타인(Feinstein)과 함께 상원 법안 S.729를 제출한 것이다.

> ……기후변화에 대한 과학적 합의에 이의를 제기하기 위한 목적으로 패널, 특별 전담반, 자문위원회를 설립하기 위해 연방기관의 자금을 사용하는 것을 금지한다.[5]

법안은 통과되지 못했고 이것이 의회가 행정부의 손발을 묶으려 한 첫 시도도 아니었지만, 고백하건대 나는 큰 충격을 받았다. "과학적 합의에 이의를 제기하는" 시도에 수많은 기후과학 연구가 포함될 수 있으며, 특정한 과학적 견해를 절대불가침의 합의로 떠받드는 것은 (적어도 민주주의에서는) 정부의 역할이 아니다. 하원이 다른 중요한 연구 분야(예를 들어 코로나 치료)를 놓고 이런 시도를 하는 건 상상할 수도 없다. 나는 역사를 공부한 학생으로서 이 법안을 접하고, 교회의 교리에 도전하지 못하도록 억압하려 했던 트렌트 공의회의 1546년 포고령이 떠오를 정도로 불쾌했다.[6] 현대가 굉장히 계몽적이라고 생각하겠지만 인간의 일부 행동은 시대를 초월한다.

———

나는 여전히 '레드 팀' 검열이 평가보고 절차를 바로잡을 수 있는 중요한 도구라고 생각한다. 동시에 이러한 평가들이 언론을 통해 전달되는 방식도 개선될 필요가 있다. 2018년 2월, 국립아카데미가 '기후커뮤니케이션계획(Climate Communications Initiative, CCI)[7]을 설립한 뒤 나는 아카데미 회원 34명을 모아 이 계획이 특정 신념을 지지하지 않고 설득보다 정보를 전달하는 아카데미의 명시적 입장을 지킬 수 있게 해달라고 촉구하는 편지를 보냈다. 또한 아카데미가 기후 관련 정보를 투명하고 완전하고 공정하게 전달하는 데 도움이 될 원칙을 채택하길 강력히 주장했다.

2018년 2월 21일, 나와 개인적으로 안면이 있는 아카데미 원장 전원이 다음과 같은 정중한 이메일을 보내왔다.

귀하를 비롯해 이 서신에 서명해주신 모든 분들께 이렇게 사려 깊은 조언을 제공해주신 데 감사드립니다. 새로운 '기후커뮤니케이션계획'이 특정 신념을 지지해선 안 되며 지침을 채택하고 검토 메커니즘을 확립해야 한다는 데 동의합니다. 귀하의 서신을 자문위원회 위원들과 공유해 심의에 보탬이 될 수 있도록 하겠습니다. 그리고 업무를 수행하며 설명이나 추가 의견이 필요할 시 귀하나 다른 서명인들께 연락을 취하라고 전하겠습니다.

자문위원회에서는 연락이 오지 않았다. 어쩌면 대중과 의사결정권자들이 기후 '뉴스'에 보다 비판적으로 접근할 수 있게 해주는 이 원칙들을 더 잘 활용할지도 모른다. 비전문가가 기후과학과 관련해 무엇을(또는 누구를) 믿어야 할지 판단하기란 어렵다고 생각할 것이다. 하지만 사실을 파헤치는 데 그리 많은 시간을 투자할 의지나 능력이 없더라도 의심을 불러일으키는 다음과 같은 위험 신호는 쉽게 찾아볼 수 있다.

과학자를 '부정론자'나 '위기론자'와 같은 경멸적인 호칭으로 부르는 것은 정치 또는 선동 행위와 관련되어 있다. 자연 현상과 인위적 요인을 구분하지 않은 채 '기후변화'라는 용어를 사용하는 것은 (어쩌면 의도적으로) 허술한 사고방식을 보여주는 신호다. 그럼에도 인간이 어떻게 기후를 파괴했는지(또는 이를 '바로잡으려면' 어떻게 배출량을 줄여야 하는지) 알려준다는 수많은 기사들은 인간이 유발하지도 않은(또는 바로잡을 수 없는) 기후 현상 추이를 보여주는 사례로 넘쳐난다.

과학자들 사이에 '97% 합의'가 이루어졌다는 호소도 위험 신호다. 이런 수치를 내세운 연구가 잘못됐다는 건 논리적으로 입증된 바 있다.[8] 더구나 이제껏 이 97%의 과학자들이 어디에 동의했다는 건지 명확히 제시된 적이 없다. 기후가 변하고 있다? 나도 동의한다. 인간이 기후에 영향을 미치고 있다? 당연히 동의한다. 우리가 이미 끔찍한 극한 기상 현상을 겪고 있으며 향후 더 큰 재앙이 닥칠 것이다? 전혀 밝혀진 바 없다(여기까지 읽었으면 그 이유를 알 것이다).

기상과 기후를 구별하지 못하는 것은 위험 신호다. 어느 해의 기상이 나쁘다고 해서 기후가 변하고 있다는 의미는 아니다. 기후는 수십 년에 걸쳐 결정된다. "30년 만에 최악 태풍"이라는 제목의 기사가 나온다 해도 인간의 영향력이 훨씬 약했던 과거에 비슷한 기상이 있었다면, 그것은 자연 변동성이 주된 원인인 게 틀림없다.

숫자를 누락시키는 것은 위험 신호다. '해수면이 상승하고 있다'는 소리를 들으면 걱정이 되지만 지난 150년 동안 한 세기에 30cm 미만으로 상승했다고 하면 걱정이 누그러진다. 적어도 어느 저명한 언론인이 인정한 것처럼 숫자를 언급하면서 불확실성의 추정치를 생략하는 것도 비전문가가 기후과학을 논할 때 주의해야 할 또 다른 문제점이다.[9]

전후 상황 설명도 없이 엄청난 숫자를 들먹이는 것도 흔한 전략이다. "5개의 히로시마 폭탄이 매초 떨어진 것과 같은 속도로 바다가 따뜻해지고 있다"는 헤드라인은 하필 핵폭탄을 들먹여 겁을 잔뜩 준다.[10] 하지만 기사를 조금 더 읽다 보면 바다의 온도가 10년에 겨우 0.04℃씩 상승하고 있음을 알게 된다. 그리고 기초 과학을 복습해보면 알겠지만 지구는 매초 2천 개의 히로시마 폭탄에 맞먹는 양의 햇빛을 흡수한다(그리고 같은 양의 열에너지를 방출한다). 숫자에 대한 설명도 없이 강요하려 하면 사람들은 쉽게 겁을 먹는다.

기후과학에 대한 비전문적 논의에서는 실제 (관측된) 기후와 (다양한 시나리오 하에서 기후모델로) 예측한 기후를 혼동하는 경우가 많다. 3장과 4장에서 기후 예측이 얼마나 불확실한지 확인했으니 신문 1면에 기후에 대한 기사가 실리면 주의하기 바란다. 분명 '모델을 토대로' 다가오는 종말을 예측할 테니 말이다. 언론 보도에서 '그럴지도 모른다', '가능성이 있다', '그 정도로 많다', '배제할 수 없다'와 같은 표현이 보인다면 파멸을 예언한다기보다 우리의 무지를 나타내는 것이라고 봐야 한다. 적어도 최악과 최선의 경우는 제시돼야 하며, 앞서 논의했듯 최악의 시나리오를 '무대책 배출량 전망치'라고 설명하면 특히 주의하라.

기후과학 기사를 읽을 때는 누구라도 이런 위험 신호를 유념할 수 있어야(또한 그렇게 해야) 한다. 여러 대중매체가 보도에 일관성(또는 비일관성)을 보이는지 확인하는 것은 기후 뉴스를 큰 맥락에서 파악하는 데 도움이 된다. 방송매체 보도는 간결하고 압축적이기 때문에 맥락을 파악하는 데는 적절하지 않다(기상 캐스터가 '기후 및 기상 캐스터'로 변신하는 경우도 주의해야 한다. 30년간의 변화에 대한 보도는 '뉴스 속보'가 아니다). 그보다는 인쇄 매체나 온라인 매체가 더 좋다(헤드라인은 예외다).

시간이 있다면 기사를 읽은 후 주로 인용된 연구 자료 원본을 찾아 내용을 확인하는 것도 좋다. 요약본은 해당 논문이 게재된 학술지에 실려 있으며, 특히 중요한 연구는 온라인에서 무료로 열람할 수 있다. 최신 기후과학 동향을 진지하고 일관되게 다루는 블로그들도 있다. 여론이 궁금하다면 리얼클라이미트(realclimate.org)를 살펴볼 만하고, 주디스 커리(Judith Curry)의 웹사이트 Climate Etc.(judithcurry.com)는 그 외의 다양한 관점에서 진지한 토론을 진행한다.

그래도 데이터를 직접 찾아보는 것만큼 좋은 건 없다. 결국 데이터가 모든 과학을 결정하기 때문이다. 기후 데이터는 미국 환경보호청(www.epa.gov/climate-indicators)나 미국 국립해양대기청(www.noaa.gov/climate)처럼 미국 정부가 제공하는 웹사이트에서 쉽게 찾을 수 있다. 해수면 상승, 허리케인, 평균 기온에 대한 기사를 읽은 뒤 좀 더 깊이 파고들고 싶다면 인터넷과 통찰력 있는 질문을 할 수 있는 감각 만 갖추면 된다(이 책의 독자라면 지금쯤은 갖췄길 바란다).

UNSETTLED

2부

대응

변화하는 기후에 대처하기 위해 무엇을 할 것인가

THE
RESPONSE

과학자들은 예언가가 아니다. 자연과 인간이 초래한 기후 문제로부터 지구를 구할 방법을(또는 그럴 필요가 있는지를) 알려주는 수정 구슬은 없다. 우리가 가진 것은 불완전한 데이터와 그 데이터로 문제점을 찾고 예측하고 해결하는 비판적 사고와 해결 기술을 적용하는 능력이다.

해결책에 대해서 수많은 사람이 수많은 아이디어를 내놓고 있다. 여러분도 아마 적어도 몇 가지는 들어봤을 것이다. 대다수의 국가, 유엔, 그리고 사실상 모든 NGO가 주장하는 것처럼 향후 수십 년 이내에 인간이 온실가스 배출을 완전히 멈추는 '야심차고 혁신적인 계획'을 실행하는 극단적인 방법도 있다. 반면에 인간이 기후에 미치는 영향은 미미하며 인간은 어떤 변화에도 적응할 테니 지금처럼 살아도 된다는 주장도 있다.

인간이 기후에 미치는 영향력을 줄이기 위해 우리가 '할 수 있는(Could)' 일들은 많다(그렇다고 그 일들이 반드시 변화하는 기후를 멈추게 할 수는 없을 것이다). '할 수 있는 일'에 관한 논의는 대개 과학기술과 관련이 있다. 인간의 영향이 없으면 기후가 어떻게 변할지, 우리가 할 수 있는 일이 유의미하고 유익한 변화를 만들어낼지 알 필요가 있기 때문이다.

'할 수 있는' 것은 '해야 하는(Should)' 것과는 매우 다르다. 세계가 변화하는 기후에 어떻게 대응해야 할지를 논의하려면 과학적 확실성과 불확실성을 제대로 알아야 한다. 하지만 미래 기후 예측이 불완전하다는 점에 비춰보면 이는 궁극적으로 경제 발전, 환경, 세대 간 평

지구를 구한다는 거짓말

등, 그리고 지리적 평등을 저울질하는 가치에 관한 논의라고 할 수 있다. 그리고 '무엇을 할 수 있는가(Could)'와 '무엇을 해야 하는가(Should)'는 '무엇을 할 것인가(Will)'를 묻는 것과도 다르다. 이 질문에 답하려면 정치와 경제, 그리고 기술 개발의 현실을 평가해야 한다. 빈곤 퇴치처럼 세계가 할 수 있고 어쩌면 해야 하지만 다양한 이유로 하려 하지 않는 수많은 문제가 있다는 건 뻔한 사실이다. 중요한 것은 '무엇을 할 것인가'에 대해 판단하는 것과 '무엇을 해야 하는가'에 대해 의견을 피력하는 것은 전혀 다른 문제라는 점이다.

2004년 나는 칼텍의 교수직과 교무처장직을 내려놓고 BP의 수석 과학자 자리로 옮겨 '석유 다음의' 에너지 기술을 진지하게 모색하면서 '할 수 있는 것', '해야 하는 것', '하려고 하는 것'의 문제를 자문했다. 그리고 '해야 하는 일'에 대해서는 딱히 세상에 도움을 줄 수 없다는 것을 곧 깨달았다. 그토록 복잡한 문제에 대한 가치 판단이 다른 사람들보다 나을 리 없었던 데다 나는 철학자도 윤리학자도 아니다. 하지만 1년도 채 지나지 않아 비전문가를 위해 쟁점을 명확하게 정리하고, 다양한 대응 전략의 장점과 단점을 설명함으로써, 나는 '할 수 있는 것'과 '하려고 하는 것'에 대한 질문에 답이 될 만한 방안을 찾아내기 시작했다. 냉철한 과학자라는 입장에서 데이터를 모으고 분석하고 제시하는 것은 자연스레 몸에 밴 일이었고 정부에서 자문역을 수행하며 일하던 때와 새삼 다를 것도 없었다.

나는 15년간 '할 수 있는 것'이라는 문제에 매달리며 수많은 공개 발표장에서 큰 그림을 제시했다. 유엔 IPCC에서 나온 다양한 평가보고서들은 인간이 초래한 기후변화가 가져올 최악의 충격을 막기 위해 전 세계가 당장 온실가스 배출량을 줄여야 한다고 (사실상 강요조로) 촉구하고 있다. 또 이러한 보고서들은 '저탄소' 에너지원과 '저탄소' 농경으로 전환하고 에너지와 식량 소비를 줄임으로써 배출량(주로 에너지와 관련된 이산화탄소 배출)을 '감축'해야 한다고 주장한다. 주목표는 21세기 중반까지 '탄소 중립(Net Zero)'에 도달하는 것이다. 이론적으로는 이 감축 목표를 달성하는 데 절대적인 장벽은 없지만 여러 과학적 · 기술적 · 경제적 · 사회적 요인이 결합돼 있어 세계가 '이루고자 하는(Will)' 목표에 달성할 가능성은 매우 희박하다. 다행히도 (1부에서 살펴봤듯) 기후 재앙이 임박했다는 것은 불확실할 뿐 아니라 우리에게는 변화하는 기후에 대응할 수 있는 다른 전략들도 있다. 바로 적응(adaptation)과 지구공학이다.

다음은 내가 제시하는 사회적 대응 방향이다.

- 유엔과 많은 정부가 신중하게 판단한 기준 이하로 인간의 영향을 유지하려면 수십 년간 증가한 전 세계 이산화탄소 배출량을 금세기 후반까지 제로로 만들어야 한다.
- 그런데 배출량을 감축하려면 인구 증가 및 경제 개발로 인한 강력한 에너지 수요 증가, 화석 연료의 지배적 사용, 배출 저감 기술의 결점이라는 문제를 극복해야 한다.
- 미래에 일어날 기후변화가 불확실하며 모호하다는 사실과 위의 제약들을 고려할 때 가장 유효한 사회적 대응 방안은 변화하는 기후

에 적응하는 것으로, 결국 적응이 효과적일 가능성이 매우 높다.

지금부터 내가 제시하는 그림을 뒷받침하는 데이터와 분석 결과를 하나씩 살펴보도록 하자.

UNSETTLED

12

탄소 제로라는 근거 없는 환상

?

2004년 10월, 나는 제1회 STS 포럼(Science and Technology in Society Forum)의 참가자 자격으로 일본 교토의 대형 회의실에 앉아 있었다. 일본 과학기술성(이후 문부성과 통합하면서 문부과학성으로 개칭-옮긴이) 장관을 역임한 오미 코지(Koji Omi) 이사장이 전 세계의 과학자, 기술자, 기업 임원, 정책입안자, 언론인으로 구성된 총회를 소집해 전 지구적 문제를 해결하는 데 과학과 기술이 할 수 있는 역할을 논의하는 자리였다. 이 포럼의 최우선 과제는 변화하는 기후(The Changing Climate)였다. 이후 연례행사가 된 이 포럼에 나도 미국협회장 자격으로 최근 몇 년간 참석하고 있다. 이러한 행사는 과학과 기술, 그리고 정책의 교차점에서 전 세계적으로 무슨 일이 일어나는지 감을 잡기에 아주 좋은 자리다.

시차 적응이 안 돼 몽롱한 상태에서 총회 발표를 듣던 중 탄소가 기후에 미치는 영향을 줄이는 방안을 비전문가들에게 전달하는 문제로 생각이 옮겨갔다. 사실상 모든 정책 논의가 배출량 경감에 집중되고 있었지만 실제로 기후에 영향을 미치는 것은 대기 중 농도다. 하지만 배출량이 농도에 미치는 영향에 대한 이해는 크게 부족한 듯했다. 안타깝게도 3장에서 언급했듯 그 단순한 과학의 한 부분이 인간의 영향을 줄이는 어려움을 크게 증가시킨다.

매년 이산화탄소 배출량의 대략 절반이 대기 농도 증가에 기여한다. 현재 농도가 415ppm이라면 370억t의 이산화탄소(현재 연간 추세)를 배출했을 때 농도는 약 2ppm 증가한다. 농도는 배출이 누적된 결과이며, 앞에서 봤듯 인간이 증가시킨 대기 중 이산화탄소는 배출을 중단해도 사라지지 않는다. 배출된 이산화탄소는 대기에 축적되고 식물과 바다에 천천히 흡수되면서 수 세기 동안 머무른다. 배출량을 웬만큼 줄이더라도 농도 상승을 늦추기만 할 뿐 막지는 못한다. 그런데도 향후 수십 년 내에, 인간의 영향을 줄이지는 못해도 안정화시키기 위해 이산화탄소 배출량을 충분히 감축한다는 주장이 과연 타당할까? 나는 교토에서 런던으로 돌아와 다른 사람들에게 조사 결과를 발표하기로 결심했다.

약 1년 후, 나는 과학과 사회적 문제점을 충분히 살핀 끝에 인간의 영향을 안정화시키는 것은 어려울 뿐만 아니라 근본적으로 불가능하다는 결론을 내렸다. 몇 가지 기초적 사실을 간단하게 조합해봐도 알 수 있었다. BP에서 일하는 동안 (나중에는 오바마 정부의 에너지부에서 일 하는 동안) 직접적이고 공개적으로 이 사실을 밝혔다면 아마도 해고당 했을 것이다. 하지만 나는 다른 사람들이 스스로 방향을 찾도록 단순 히 데이터를 정리하고 제시하여 직장 조직에 대한 책임과 나 자신의 과학적 원칙을 조화시킬 수 있었다.

세계 각국이 2030년까지 탄소 배출량 감축을 약속하는 자리인 파 리협약을 한 달 여 앞둔 2015년 11월, 나는 마침내 〈뉴욕타임스〉에 2005년 분석 결과의 요지를 특별기고[1] 형태로 발표했다. 핵심 내용 은 무척 간단하다.

- IPCC에 따르면 인간이 기후에 미치는 영향을 안정화하려면 2075 년까지 전 세계가 1인당 연간 이산화탄소 배출량을 1t 이하로 줄 여야 하는데, 이는 오늘날 아이티, 예맨, 말라위의 배출량과 맞먹는 수준이다. 2015년 미국, 유럽, 중국의 1인당 연간 배출량은 각각 약 17t, 7t, 6t이었다.
- 경제 활동과 삶의 질이 높아지면 일반적으로 에너지 수요도 크게 증가한다. 전 세계 대다수 사람들의 삶이 향상되면서 에너지 수요 는 21세기 중반까지 약 50% 늘 것으로 예상된다.
- 화석 연료는 오늘날 전 세계 에너지의 80%를 공급하고 있으며, 늘 어나는 에너지 수요를 충족시킬 에너지원 중 가장 믿을 수 있고 편 리하다.

- 발전소, 송전선, 정유소, 파이프라인과 같은 에너지 공급 기반시설은 불가피한 구조적 이유로 변화 속도가 느리다.
- 선진국은 당연히 배출량을 줄여야 할 것이다. 하지만 만약 선진국의 배출량이 절반으로 줄고 개발도상국의 1인당 배출량이 오늘날의 저배출 선진국 수준으로 증가한다 해도 전 세계 연간 배출량은 금세기 중반까지 지속적으로 증가할 것이다.
- 배출량 감소와 경제 발전 간의 상충관계는 기후가 인간과 자연의 영향을 받아 어떻게 변화하고 그 변화가 다시 자연과 인간에 어떻게 영향을 미칠지에 대한 불확실성으로 인해 복잡해진다.

다른 조건이 모두 동일하다면 이산화탄소 배출을 줄이거나 아예 제거하는 것이 좋을지 모른다. 하지만 동일하지 않기 때문에 의사 결정은 기후과학의 확실성과 불확실성을 고려하여 감축 비용과 효과를 비교해보고 양자의 균형을 맞추는 방향으로 의사 결정을 해야 한다. 그리고 그 균형의 무게 추는 부분적으로는 의사 결정을 하는 본인이 어느 나라에 사는지, 얼마나 부유한지, 그리고 현재 충분한 에너지를 얻지 못하는 세계 인류의 40%에 얼마나 관심이 있는지(또는 40%에 포함되는지)에 달려 있다.

2015년 12월, 194개국의 정치인과 활동가 들이 파리에 모여 인간이 기후에 미치는 영향력을 제한해 지구 평균 기온 상승을 2℃ 이하로 유지하자는 데 합의했다. 내가 오바마 행정부를 떠나고 4년이 지난 뒤의 일이다. 제21차 유엔기후변화협약 당사국총회(COP21) 직후 미국 정부는 다음과 같은 자료를 발표했다.

본 협약은 지구 기온 상승을 2℃ 이하로 유지하는 것을 목표로 하며, 기온 상승을 1.5℃로 제한하기 위한 노력을 추구하자는 데 최초로 합의한다. 또한 그 목표를 달성하기 위해 각국이 최대한 빨리 자국의 온실가스 배출량 목표치에 도달해야 함을 인지한다.[2]

좀 더 자세히 읽어보면 몇 가지 암묵적인 가정이 깔려 있다는 것을 눈치챌 것이다.

첫 번째 가정은 온난화를 판단하는 합의된 기준이 있고, 그 기준은 0.5℃ 이내로 정의되어 있다는 것이다. 이 기준이 없으면 1.5℃가 올라야 온난화인지 2℃가 올라야 온난화인지 구분할 수 없다. 그림 1.1에서도 볼 수 있듯 기준이 1910년 기온이면 세계는 이미 1.3℃ 가량 따뜻해진 셈이지만, 1951년부터 1980년까지의 평균 기온(그림 1.1의 제로선이다)을 기준으로 하면 앞의 경우보다 0.9℃ 또는 0.4℃만큼 덜 따뜻해진 셈이다. 그 이전까지 거슬러 올라가 1650년경 소빙하기를 기준으로 삼으면 이미 온난화가 뚜렷하게 진행됐음을 뜻한다. 1000년경 중세 온난기를 기준으로 삼으면 현재까지 온난화가 약 0.4℃밖에 진행되지 않은 셈이다(그림 1.7 참고). 사실 IPCC 보고서는 보통 19세기 후반을 기준으로 삼고, 파리협약은 '산업화 이전' 수치를 기준으로 삼는 등 미래의 온난화를 판단할 기준은 모호하다.[3] 이를 명확히 하지 않으면 미래의 정치인과 정책입안자 들이 그때그때의 상황에 따라 본인들 입맛에 맞게 승리나 실패를 선언할 수도 있다.

두 번째 가정은 온실가스 배출량만이 온난화를 결정짓고 우리는 기후가 온실가스에 대해 어떻게 반응하는지를 25% 범위 내(우리의 예측에서 1.5℃와 2℃ 사이의 온난화 차이를 구분하는 데 필요한 정밀도)에서 안다는 것이다. 사실 4장에서 언급했듯 온실가스에 대한 기후 반응은 매우 불확실해서 배출량을 줄여 인류의 '안전'에 위협이 되지 않는 2℃ 상승을 달성했다 하더라도 실제 기온 상승폭은 1~3℃일 수도 있다. 그리고 4장에서 본 것처럼 최신 모델은 훨씬 더 불확실하다.

세 번째 가정은 1.5℃나 2.0℃의 기온 상승이 지구에 해롭다는 것이다. 사실 수많은 분석에 따르면 기온 상승이 2℃ 미만일 경우 온대 북반구에서는 농업 여건이 개선되고 난방비가 절감되고 적게나마 경제에 긍정적인 영향을 미칠 가능성이 높다.[4] 또 9장에서 본 것처럼 2~5℃의 온난화가 장기적으로 경제에 미치는 순영향은 거의 없을 것으로 예상된다.

예일대학교 경제학자 윌리엄 노드하우스(William Nordhaus)는 1970년대에 온난화의 '저지선'은 약 2℃라는 개념을 처음 제시했고, 이후 그 연구 공로를 인정받아 노벨경제학상을 받았다.[5] 하지만 정작 유럽 전역에서 이 개념을 부단히 알린 덕에 "2℃ 상승 제한의 아버지"로 알려지게 된 이는 물리학자에서 기후과학자로 변신한 한스 요아힘 쉘른후버(Hans Joachim Schellnhuber)다.[6] 1.5℃ 개념이 유행하기 수십

지구를 구한다는 거짓말

여 년 전, 나는 쉘른후버와 대화를 나누던 중 이런 질문을 던졌다. "왜 1.5℃나 2.5℃가 아니라 2℃인가요?" 그의 대답은 대략 이랬다. "2℃가 딱 적당합니다. 정치인들이 기억하기 쉬운 숫자거든요." 분명 지난 십년간 정치인들의 기억력이 좋아지긴 했다.

오바마 행정부의 성명에 들어 있는 가정은 적어도 평가보고서와 1부에 제시된 과학적 사실에 근거하면 완전히 틀렸다고 볼 순 없지만 미심쩍은 게 사실이다. 하지만 이 모든 것이 모두 옳다 해도 기온 상승을 2℃ 이하로 유지할 만큼 전 세계가 배출량을 줄일 수 있다는 것만큼은 여전히 가장 핵심적인 가정이다. 안타깝지만 과학적·기술적·사회적 현실을 따지면 이것이야말로 가장 불확실한 가정이다.

사실 유엔의 IPCC에 따르면 기온 상승을 2℃로 제한하기 위해서는 이산화탄소 배출량을 2075년까지 제로로 만들어야 한다. 1.5℃ 이하로 정하면 목표 시기가 지금으로부터 30년 후인 2050년으로 앞당겨진다.[7] 다시 말해 파리협약의 목표를 달성하려면 전 세계가 향후 30~50년 이내에 화석 연료 사용을 거의 완전히 중단해야 한다는 얘기다(대기 중 이산화탄소를 제거하는 탄소 포집 기술을 쓰면 배출량이 마이너스가 되므로 화석 연료 사용을 완전히 중단할 필요가 없다. 이 계획과 실현 가능성에 대해서는 14장에서 논의할 것이다).

하지만 전 세계 순배출량을 30~50년 이내에 제로로 만들 수 있다는 믿음은 과연 현실적일까? 화석 연료는 '별 이유 없이' 쓰는 게 아니다. 선진국은 물론 개발도상국에도 꼭 필요한 에너지다. 인구 증가 때문에라도 전 세계는 향후 수십 년간 훨씬 더 많은 에너지가 필요할 것이다. 오늘날 80억 명에 못 미치는 전 세계 인구는 금세기 중반이면 90억 명 이상으로 증가할 테고, 이는 사실상 선진국 이외의 나라에서 거의 벌어지게 될 일이다.[8]

이 마지막 세부 사항이 중요하다. 왜냐하면 향후 수십 년 동안 대부분 인류의 경제 발전이 인구 증가보다 더 강력하게 에너지 수요를 촉진할 것이기 때문이다. 그림 12.1은 대표 선진국과 개발도상국, 전 세계 1인당 연간 GDP 대비 1980년에서 2017년까지 약 40년에 걸친 1인당 연간 에너지 소비 추이를 나타낸 것이다.

개발도상국(중국, 인도, 멕시코, 브라질 등)의 경우 자국 경제가 성장하면서 에너지 소비는 더 늘어난다. 기반시설을 건설하고 산업 활동이 늘어나고 식량·전기·교통 수요가 증가하기 때문이다. 선진국의 경우 경제 활동의 특성, 기반 시설, 기후(냉난방의 필요성)에 따라 달라지긴 하지만 에너지 수요는 높고 증가 속도는 느리다. 캐나다, 미국, 호주 등 거대 에너지 생산국들은 상대적으로 초대형 에너지 수요를 보여주고 있다. 여기서 알 수 있는 핵심적인 사실은, 경제협력개발기구(OECD)에 가입한 약 13억 명의 선진국 인구가 상단을 차지하고 약 65억 명이 하단을 차지하는 이 차트가 보여주듯 경제 상황이 좋아질수록 에너지 소비가 늘어난다는 점이다.

인구 증가와 경제 발전이라는 동력을 합치면 2050년에는 에너지 수요가 약 50%까지 늘어날 것으로 예상된다. 그림 12.2는 미국 에너지정보청(Energy Information Agency, EIA)이 예상한 전망치다. 상단 그래프는 아시아의 에너지 수요 증가가 가장 강하고 나머지 국가들은

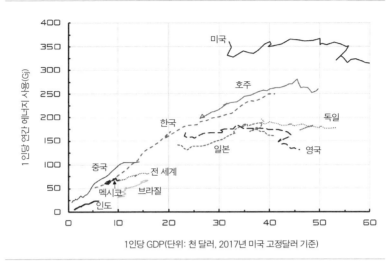

1인당 에너지 사용량 vs. GDP(1980-2017)

1인당 GDP(단위: 천 달러, 2017년 미국 고정달러 기준)

그림 12.1 **1980년부터 2017년까지 전 세계와 일부 국가의 1인당 연간 에너지 사용량 대비 1인당 GDP**

에너지 소비량은 기가줄(Gj)로 나타냈으며, GDP는 2017년 (미국) 고정 달러로 측정해 구매력 평가지수(Purchasing Power Parity, PPP)로 조정했다.[9]

수요가 좀 더 낮고 느릴 전망임을 보여준다. 하단 그래프는 오늘날 화석연료가 (지난 수십 년간 그래왔듯이) 전 세계 에너지원의 약 80%를 차지하며, 풍력과 태양열 등 재생에너지원의 급속한 성장세로 전 세계 에너지에서 화석 연료가 차지하는 비중이 약 70%로 감소하겠지만 그럼에도 현 정책 하에서는 이런 지배적 추세가 금세기 중반까지 계속될 것임을 보여준다.

이산화탄소는 대기 중에 오래 머무르기 때문에 농도를 결정하는 것은 누적된 배출 총량이고, 이로써 인간이 기후에 영향을 미치게 된

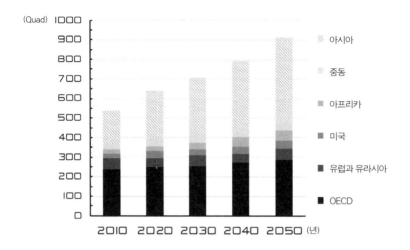

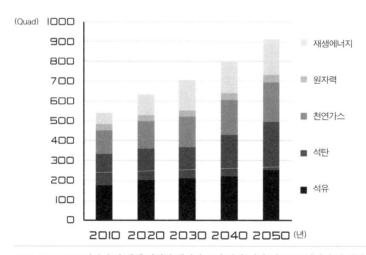

그림 12.2 **2050년까지 전 세계 지역별 에너지 소비 전망(상단)과 2050년까지 전 세계 에너지원 전망(하단)**

에너지는 쿼드(Quad)로 측정한다(1,000조 BTU, 또는 약 10^{18}J). 미국은 매년 약 100쿼드를 사용한다. 2010년 수치는 과거 관측값이고, 2020년 수치는 코로나 이전의 예측값이다.[10]

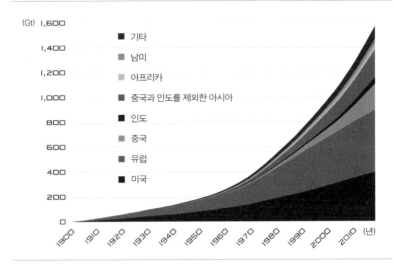

그림 12.3 **1900년부터 2018년까지 지역별 이산화탄소 누적 배출량**

'기타'는 제시된 지역 이외의 국가다. 화석연료 사용과 시멘트 생산으로 인한 배출은 포함됐으나 토지 이용 변화로 인한 배출량은 그보다 훨씬 적어 포함시키지 않았다.[11]

다는 사실을 앞에서 설명했다. 그림 12.3은 이 누적 배출량을 나타낸다. 우리의 과제는 에너지 수요 증가를 목전에 두고 이렇게 가파르게 상승하는 곡선을 평평하게 만드는 것이다. 지금까지 배기가스 누적은 주로 지금의 선진국들에 의해 이루어져왔다는 사실도 이 그래프를 통해 알 수 있다.

개발도상국이 선진국보다 인구가 5배나 많기 때문에 현재 두 세계에서 배출되는 총량은 거의 같다. 하지만 두 세계의 증가율이 매우 다르다는 사실은 시사하는 바가 크다. 우선 금세기에 개발도상국의 누적 배출량(배출된 총량)은 선진국을 능가할 것이다. 현재 추세대로라면 선진국이 배출량을 10%(지난 15년간 간신히 줄인 비율)씩 줄일 때마다 개발도상국에서는 4년도 안 되는 기간에 증가한 양으로 상쇄하게 될 것이다. 마지막으로 개발도상국이 성장하면서 배출량은 어떻게 변할지 알아보자. 인도의 1인당 배출량이 선진국 중 배출량이 가장 낮은 일본의 현재 수준으로 느는 것 외에 아무런 변화가 없을 경우라도 전 세계 배출량은 25% 이상 증가할 것이다. 이 같은 인구 증가 및 경제 발전의 근본적인 변화 추세를 보면 약 50년 안에 지구상에서 에너지 소비로 인한 이산화탄소 배출을 제로로 만들기 위해서는 전 세계의 에너지 시스템에 거대한 변혁이 필요하다는 것을 알 수 있다.

———

각국 정부는 파리협약을 통해 '탄소 중립' 세계로의 전환이 시작되리라 기대한다. 선진국들은 2020년, 2025년, 최종적으로는 2030년까지 저마다 정한 수준(Intended Nationally Determined Contributions, INDC, 자발적 국가 감축 목표)까지 배출량을 감축하기로 약속한 한편, 개발도상국들은 배출량 증가 속도를 줄이고 풍력 및 태양열과 같은 재생에너지원을 확대하기 위해 최선을 다할 것을 서약했다.

협약에 따른 이행 상황은 2020년부터 5년마다 나라별로 성과를 자체 보고하는 형식으로 점검한다. '자체 보고'라는 말이 못마땅한 사람도 있겠지만 이 협약에는 강제적 규제도, 구속력도 없다. 미국의 트럼프 행정부가 2019년 11월 파리협약에서 공식 탈퇴하고, 바이든 행정

지구를 구한다는 거짓말

부가 2020년 1월 첫 공식 행사로 파리협약 복귀 절차를 개시한 것도 그 때문이다. 선진국은 배출량 감축에 머물지 않고 저탄소 에너지 프로젝트(Carbonlite Energy Projects)에 투자하는 방식으로 개발도상국이 자체 배출량을 줄이도록 돕는 '녹색기후기금(Green Climate Fund)'도 조성할 것이다. 이 기금은 2020년까지 연간 1천억 달러 조성을 공식 목표로 하지만 2019년 후반 기준 각 정부가 약속한 금액은 총 103억 달러에 불과했고, 2020년 말까지 100억 달러의 추가 공약이 확보되었다.

파리협약을 전 세계의 탄소 배출을 완화하기 위해 국가적·국제적인 행동을 결집시킨 결정적인 조치로 보는 시각도 있다. 하지만 이산화탄소 농도를 안정화하려면 100% 감축해야 하므로 이 협약이 인간이 기후에 미치는 영향을 직접적으로 줄이지는 못할 것이다. 국가별로 약속한 감축의 효과를 전부 합쳐봤자 2030년 전 세계 배출량의 감소폭은 10%에도 못 미칠 것이다. 2050년은 고사하고 2075년까지 배출량을 제로로 만드는 데 필요한 조건과 비교해도 형편없이 미미한 수준이다.

이는 협약이 체결된 2015년에도 뚜렷하게 나타났다.[12] 그림 12.4에서 볼 수 있듯 지금은 훨씬 더 명백하다. 2030년에 파리협약의 모든 약속이 이행돼 배출량 감소가 완만히 이루어진다 하더라도 배출가스가 제로가 되기에는 태부족하다.

2015년 이후 상황을 보면 파리협약이 인간이 기후에 미치는 영향을 줄이기는커녕 증가 속도를 늦추지 못하고 있다는 점이 확실해진

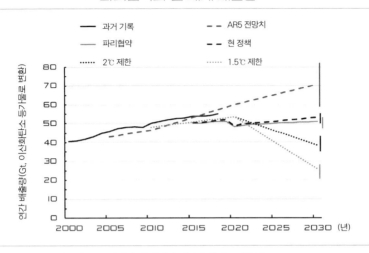

그림 12.4 2000년부터 2030년까지 전 세계의 연간 온실가스 배출량

과거 기록, 2015년에 예측한 IPCC의 AR5 전망치, 현 정책이 유지될 경우와 파리협약의 목표와 공약이 모두 충족되었다는 가정 하에 도출된 전망치를 보여준다. 지구 기온이 각각 1.5℃, 2℃ 상승하는 경우 예상되는 미래 배출량 추이도 알 수 있다. 세로 막대는 2030년도 예측의 불확실성을 나타낸다. 코로나로 2020년 배출량이 줄어든 것도 확인할 수 있다.[13,14]

다. 유엔의 〈2019년 배출량 격차 보고서(Emissions Gap Report)〉*에 실린 음울한 평가 내용은 2019년 12월 파리협약 조인국들이 이행 상

● 저자가 이 책을 집필한 후 배출량 격차 보고서가 업데이트됐다. 유엔은 2021년 10월 26일에 〈2021년 배출량 격차 보고서〉를 공개했다. 이 보고서는 제26차 유엔기후변화협약 당사국회의(COP26)를 앞두고 공개됐는데, 그 내용에 따르면 2021년 9월까지 제출된 당사국들의 온실가스 감축목표 상향폭이 2030년 예상 배출량의 7.5%를 추가 감축하는 수준에 불과하며, 이 수치는 세기말까지 지구 기온 상승폭을 산업화 이전 대비 1.5℃ 이내로 억제하기 위한 감축률 55%에 크게 미치지 못한다. 잉거 앤더슨 유엔환경계획 사무총장은 결국 이러한 추세로 가면 세기말까지 지구 기온이 2.7℃ 추가 상승할 것이라는 전망을 내놓으면서 1.5℃ 억제 목표를 달성하려면 앞으로 8년 안에 온실가스 배출량의 거의 절반을 줄여야 한다며 G20의 더 강력한 감축 이행을 요구했다.

황 점검 차 마드리드에서 열린 제25차 유엔기후변화협약 당사국총회 (COP25)에 소집하기 직전에 공개된 바 있다.

> 결과가 암울하다. 온실가스 배출 증가를 막는 데 모든 국가가 실패했다. 지금부터 더 빠르게, 더 많이 배출량을 줄여야 한다. (…) 점진적인 변화로는 충분하지 않으며 신속하고 혁신적인 조치가 필요하다는 게 분명해졌다.[15]

이 보고서에서 가져온 그림 12.5는 파리협약 주요 서명국들의 최근 온실가스 배출량을 나타낸다.

G20 국가들(현재 1인당 GDP가 멕시코보다 높거나 같은 나라들)이 2020년 목표치를 달성하는 과정 중에 있지만 2030년까지 감축 총량을 달성하기는 어려울 것으로 예측된다. 미국의 경우 2019년 말 기준 2020년까지 (2005년 대비) 17% 감축 약속을 위해 애쓰고 있지만 추가적인 정책 변화가 없으면 2030년 목표치를 달성할 수 없을 것이다. 일본도 2030년까지 15% 감축 목표를 달성하는 과정 중에 있다. 하지만 후쿠시마 원전사고 이후로 석탄화력발전소를 더 많이 건설하고 있는 중이다. 오늘날 전체 배출량의 10% 미만을 차지하는 유럽연합(EU)은 2030년까지 40% 감축을 약속했고 2050년까지 100% 완전 감축(!)을 법제화했다. 반면 배출량이 많은 대다수 개발도상국에서는 2030년까지 배출량이 상당히 증가할 것으로 예상된다. 중국과 인도는 배출량을 각각 2배, 3배로 늘릴 석탄화력발전소를 건설 중이며,

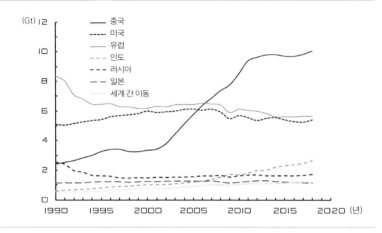

연간 이산화탄소 배출량(1990~2018)

(Gt) | 12

중국
미국
유럽
인도
러시아
일본
세계 간 이동

그림 12.5 **국가와 세계 간 이동 시 발생한 연간 이산화탄소 배출량(1990~2018)**

러시아(세계 4위 배출국) 역시 배출량을 크게 증가시킬 투자를 계획하고 있다.

세계화 시대에 배출 규제는 지구 모든 곳에서 효과적으로 이루어져야 한다. 그렇지 않으면 중공업과 같은 탄소 집약적 산업은 규제가 없는 곳으로 이전할 것이다. 그리고 국제사회는 저배출 국가가 고배출 국가의 제품을 수입할 경우 배출량이 제품이라는 형태로 '포함'됐다는 사실을 진지하게 고려하지 않고 있다. EU는 모든 국가가 공평하게 배출하고 동시에 자국의 산업 경쟁력을 유지할 수 있도록 탄소 국경세를 제안한 바 있다.[16] 하지만 전 회원국이 원칙적으로 이에 동의한다 하더라도 세부 사항을 결정하는 와중에 협상이 장기화되고 논쟁이 벌어져 결국 실패하고 말 것이다.

어떤 효과적인 정책이 됐든 전 세계의 주요 배출국들을 모두 포괄해야 한다. 이것이야말로 인간의 영향을 줄이는 과업의 핵심이다. 선진국은 번영을 구가하면서도 배출량을 줄일 수 있는 자원을 갖고 있고 많은 선진국들이 그 길을 가기 시작했다. 최소 배출 사회를 만드는 과정에는 비용과 혼란이 따를 테니 그들이 얼마나 멀리 갈 수 있고 갈 것인지는 불확실하다. 반면에 개발도상국은 훨씬 직접적이고 긴급한 다수의 문제(코로나19 회복뿐 아니라 에너지·교통·주택 확보, 깨끗한 식수 및 위생과 같은 공중 보건 문제, 교육 등등)를 안고 있다. 이 문제들이 중요하고 긴급한 만큼 배출량 감소는 후순위로 밀릴 것이며 사실 이런 문제를 해결하는 과정에서 배출량이 증가할 것이다. 저탄소 기술이 탄소 배출 기술보다 비용이 적게 드는 지점까지 발전하지 못한다면, 또 녹색기후기금과 같은 노력이 훨씬 더 실질적인 효과를 발휘하지 못한다면 "누가 개발도상국에게 탄소를 배출하지 않도록 돈을 지불할 것인가?"라고 묻는 것은 당연하다. 나는 이 간단한 질문을 많은 사람들에게 15년이 넘도록 했지만 아직 납득할 만한 답을 듣지 못했다.

낙관론자는 감축 노력이 어딘가에서 시작되어야 하며, 이 문제에 대한 인식을 높이고 5년마다 국가별 배출량을 검토하고, 감축 확약을 받는 파리협약이, 비록 미흡하겠지만, 길고 도전적인 여정의 첫걸음이라고 말할 것이다. 하지만 이 같은 약소한 조치들조차 자발적인 데다 지금까지의 성과를 감안하면 파리협약의 2030년 감축 목표를 달성하기 어렵다고 생각할 이유는 이미 차고 넘친다. 장기적으로 볼 때

전 세계가 2050년은 고사하고 2075년까지 순배출량을 제로로 만들 가능성이 매우 낮기 때문에 사회가 대체로 적응 대책으로 대응할 것이라는 견해가 현실적이다. 나는 이 견해를 지지하는 쪽이며 그렇게 생각하는 사람이 나뿐만은 아니다.

13

근거 없는 환상을 바로잡을 수 있을까?

?

언젠가 미국의 유복한 청중에게 자신의 '탄소 발자국(Carbon Foot-print)'을 없앤다는 말이 무엇을 의미하는지 제대로 아느냐고 질문한 적이 있다. 이는 한 사람의 행위로 배출되는 탄소를 '0(zero)'으로 만든다는 의미다. 그러려면 비행기 이용, 큰 저택(별장은 물론) 소유, 육류 섭취를 모두 금해야 한다. '고기 없는 고기'에 관심을 보이는 소수의 청중도 있었지만 대부분은 이런 조치들에 떨떠름한 눈치였다. 모호하고 추상적인 '기술'과 '정책'으로 대대손손 큰 고통 없이 '탄소 중립'적인 삶을 살게 되리라는 착각에 빠져 있는 사람들이 적지 않았다.

전 세계 대부분의 사람들은, 현재 선진국에서는 당연히 누리고 있는 최소한의 삶의 질을 확보하기 위해 더 많은 에너지를 필요로 한다. 하지만 탄소 중립을 위한 에너지 사용 변화는 전 세계 모든 나라에서 일어나야 할 것이다. 또 나라마다 개발 수준, 경제적 특성, 에너지 자원 여부, 기후, 기존 에너지 시스템이 크게 다르다. 그래서 배출량을 제로로 만드는 방법을 일반화하기란 어렵다. 각 나라마다 기술, 경제, 정책, 국민 행동 등 모든 것들이 제 역할을 다하는 수밖엔 없다. 즉, 스위스에서는 통하는 방법이 스리랑카에서는 통하지 않을 수 있다는 말이다. 여기서는 우선 미국에 초점을 맞춰 온실가스 배출량을 제로로 만드는 방법을 살펴보려고 한다.

출발점은 당연히 현재 미국에서 온실가스가 어디에서 배출되는지 살펴보는 것이다. 그림 13.1을 보면 운송, 전기 발전 및 산업 활동이 배출량의 대부분을 차지하며 중요한 것은 주원인과 배출량은 지난 30년 동안 별로 바뀌지 않았다는 것이다. 이 그래프를 보면 상위 3개 분야는 그 자체로 큰 부분을 차지하지만, 농업, 주거, 상업적 배출도 직접 감축하거나 식목과 같은 상쇄 활동을 통해 이산화탄소를 대기로부터 제거해야 한다는 점도 알 수 있다.

2018년도 총량이 1990년도와 여전히 비슷하다는 것은 이 기간에 미국 인구가 31% 증가하고 실질 GDP가 두 배로 증가한 점을 감안하면 1인당 배출량이 감축됐음을 뜻하므로 진전된 결과로 해석할 수 있다. 미국의 에너지 관련 총 배출량은 2005년 최고치보다 16% 감소했는데, 전력 생산 연료를 석탄에서 천연가스로 대체했기 때문이다. 에너지 집약적 제조업의 생산 기지가 해외로 이전한 것도 한몫했지

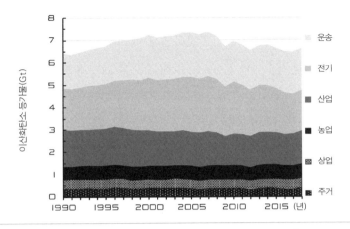

그림 13.1 **경제 활동 분야에서 발생한 미국의 온실가스 배출량(1990~2018)**[1]

만, 이것은 단순히 배출량을 다른 나라로 이동시키는 것에 지나지 않는다. 따라서 이러한 단순한 진전, 즉 미국의 배출량이 2005년 이후 연평균 1%씩 감소했다는 사실은 그다지 의미가 없다. 왜냐하면 대기 농도는 과학적으로 전 지구에서 일어나는 배출과 감축에 관련되어 있기 때문이다. 2005년 이후 미국의 배출량은 감소했지만 지구 전체로 보면 3분의 1가량 증가했다(그림 3.2에서 확인할 수 있다).

코로나19 대유행에 따른 경기 침체는 배출량을 급속도로 줄이는 게 얼마나 어려운지를 단적으로 보여준다. 2020년 상반기에 전 세계 이산화탄소 배출량이 2019년 같은 기간 대비 겨우 8.8% 감소하는 데 그쳤고, 40%는 육상 운송 부문에서, 22%는 전력 생산 부문에서 감소했다. 하지만 규제가 완화되면서 대다수 국가의 배출량은 즉각 반등

했다.[2]

에너지 시스템의 구조 변화에는 수십 년이 걸린다. 그림 13.2를 보면 1950년 이후로 미국이 발전하면서 에너지 수요가 크게 증가했고, 화석 연료(석유, 석탄, 천연가스)가 이 수요를 감당했음을 알 수 있다. 1970년대에는 원자력이 새로운 에너지원으로 추가됐지만 기존 에너지원을 대체하지는 못했다. 하지만 최근 수십 년간 에너지 수요 증가는 둔화됐다. 이 기간 수압 파쇄법으로 생산되는 저렴한 천연가스와 그보다 규모는 작지만 성장세에 있는 재생에너지(풍력과 태양광)가 전력 생산에서 석탄을 대체했다. 새로운 에너지원이 등장했다고 해서

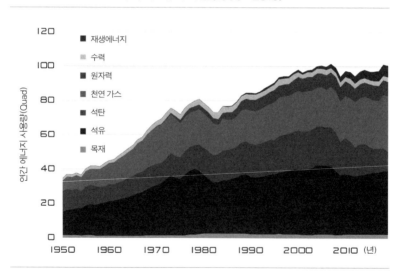

미국의 에너지원(1950~2019)

그림 13.2 1950년 이후 미국 에너지원

연간 에너지 사용량은 쿼드(Quad)로 측정한다(1Quad는 약 10^{18}으로, 100경J이다). 재생에너지에는 풍력과 태양력이 포함된다.[3]

지구를 구한다는 거짓말

기존 에너지원들이 사라진 건 아니다. 가령 지난 150년 동안 다른 에너지원이 엄청나게 늘어났음에도 불구하고 오늘날 목재 에너지(19세기 전반에 걸쳐 단연코 선두였던 에너지원이다) 소비량이 남북전쟁 시기와 엇비슷하다는 사실을 알면 깜짝 놀랄 것이다.

에너지 시스템이 천천히 바뀌는 데는 그만한 이유가 있다.[4] 중요한 문제는 에너지 공급은 매우 안정적이어야 한다는 것이다. 연료 공급이 중단되거나 정전이 되면 사회가 멈추고 대혼란이 뒤따르기 때문이다. 실제로 미국에서는 권역(Regional) 전력망(사용자에게 전력을 공급하는 더 취약한 지역[Local] 시스템이 아니다)이 10년 동안 하루라도 작동을 멈추는 일이 없기를 바란다. 이처럼 높은 신뢰도는 수십 년 동안 장비와 운영 체계를 개발하고 최적화한 후에 얻어지는 것이다. 따라서 신기술을 도입하는 등의 변화를 시도할 때 매우 보수적인 접근을 취하는 것은 당연하다(사실상 필수다).

변화를 막는 또 다른 요인은 발전소나 정유시설과 같은 에너지 공급 시설은 우선 대규모 선행 투자가 이루어진 후 수십 년 동안 운영된다는 것이다(투자비용은 서서히 회수된다). 이 시설들은 연료와 공급 시설 그리고 운송 수단과 맞물려 작동하기 때문에 기타 제반 시설과 호환될 수 있어야 한다. 더욱이 이러한 에너지 설비들은 미국에서는 거의 모두 민간 기업이 소유하고 있으며, 여기서 에너지를 공급하고 있다. 전력망을 흐르는 전자(Electrons)는 풍력 터빈, 원자력 발전소, 석탄 화력발전소 등 원천이 어디든 간에 동일하다. 마찬가지로 수송용 연료 분자도(지역에 따라 다른 대기질 규제를 충족시키도록 설정돼 있더라도)

등급별로 표준화되어야 한다. 따라서 에너지 공급 시스템을 구축하고 운영하는 사람들에게 비용과 신뢰성은 안전 및 규제 요건 다음으로 고려해야 하는 중요 사항이다. 미국에서 자동차는 15년이나 도로 위를 달리고, 건물은 수십 년이 지나야 재건축을 하지만 에너지 사용 시스템은 에너지 공급 시스템보다 다소 빠르게 진화할 수 있다.

에너지 시스템이 천천히 변하는 세 번째 이유는 에너지가 우리 모두에게, 또 우리가 하는 모든 일에 매우 중요하기 때문이다. 선진국에서는 난방, 조명, 이동 등을 가능하게 하는 에너지 기반 시설이 전력선부터 주유소, 그리고 냉장고 전원 콘센트에 이르기까지 온 사방에 널려 있다. 그렇다 보니 일상생활을 하면서도 거의 의식하지 못한다. 하지만 이렇게 도처에 널렸다는 점 때문에 위에서 언급한 신뢰성이 요구될 뿐만 아니라 산업체, 일반 소비자, 정부, 비정부기구와 같은 다양한 주체들의 직접적인 이해관계도 생긴다. 이 이해관계가 일치하지 않을 때가 많아 세부 사항은 고사하고 원칙에 대한 합의조차 이끌어내기가 어렵다. 파이프라인 경로나 발전소 부지를 놓고 수년 간 논쟁을 하는 것이 그러한 사례에 해당한다.

그래서 '맨해튼 프로젝트'는 에너지 전환의 에너지 변화에 대한 사고방식으로 아주 적절하지도 유용하지도 않다. 1940년대 초에 있었던 맨해튼 프로젝트는 에너지 전환 사례로 자주 거론되는데, 사실 단 하나의 고객(미군)을 위해 특화된 원자력 '장치' 몇 개를 개발했을 뿐 사회 전반에 자리 잡은 대규모 시스템을 바꿀 의도는 없었다. 또 전기와 연료를 완벽히 공급할 수 있는 시스템이 갖춰져 있었으니 기존 에

지구를 구한다는 거짓말

너지 설비와 경쟁할 필요도 없었다. 맨해튼 프로젝트는 비밀리에 진행됐기 때문에 여론과 대중의 동의도 문제되지 않았다(간첩들이 소련에 비밀을 누설한 것으로 드러나긴 했다). 마지막으로 맨해튼 프로젝트의 예산에는 제약이 없었다(전시 중이었으니 국가 최우선 과제였다). 반면 현 에너지 시스템의 대안을 만들려는 사람들은 비용뿐 아니라 소비자가 부담할 가격도 걱정해야 한다. 같은 종류의 다른 예(기밀이라는 점을 제외하면)로 1960년대 미 우주 프로그램으로 흔히 거론되는 '달 탐사선 발사'를 들 수 있다.[5] 그래서 '에너지 혁명'이라는 말은 자기모순이다. 대규모로 에너지 변화를 일으키는 것, 즉 탄소 배출량을 대폭 줄여 변화를 만들어내는 것은 오히려 더디게 진행되는 과정이기 때문이다. 치아를 뽑는 것보다 치아를 교정하는 쪽에 가깝다는 말이다.

─────

가까운 미래에 인간이 기후에 미치는 영향을 안정시킬 정도로 (그리고 충분히 빠른 속도로) 온실가스 배출량을 줄이려면 정책, 즉 에너지 시스템을 만들고 운영하는 규칙에 극적인 변화가 있어야 한다. 하나는 철저한 규제로, 10년 내에 석탄 화력발전소 가동을 중지하거나 2035년부터 신형 가솔린 자동차 판매를 금지하는 것이다. 아니면 온실가스를 1t씩 배출할 때마다 정부가 벌금을 부과해 배출량 감소를 유도하는 방법도 있다. 이 '탄소 가격'은 정부의 허가 하에 이산화탄소를 배출할 권리를 사고파는 배출권 시장이나 세금을 통해 책정될 수 있다. 어떤 방법을 쓰든 에너지 변화에 속도를 내고 있는 미국조차 변화를 일으키는 데 수십 년이 걸릴 게 분명하다.

온실가스 정책(일명 '기후 정책')이 효과를 거두려면 다음과 같은 몇 가지 주안점을 고려해야 한다.

일관성: 정치 주기는 수년이고, 사업 주기는 한 분기이며, 뉴스 주기는 하루 내지 몇 시간이다. 하지만 이산화탄소는 수 세기 동안 대기 중에 머무르고 에너지 기반 시설은 수십 년간 존속하므로 배출 정책도 수십 년간 일관성을 유지해야 한다. 50년간 운영한 저탄소 배출 발전소에 추가로 10억 달러를 투자할 생각이라면 배출가스 감축이 수십 년 후(의회와 대통령이 수차례 바뀌고도 남을 시간이다)에도 여전히 가치가 있을 거라는 합리적인 기대가 있어야 한다.

미국(거의 모든 국가와 마찬가지로)은 온실가스 배출량 감축에 걸리는 긴 시간을 버틸 준비가 안 돼 있다. 그래서 우리는 정치인들이 퇴임 후에도 시작하지 않을 프로그램을 통해 앞으로 30년 동안 더 감축할 수 있다며 너도나도 나서는 것을 볼 수 있다. EU의 경우 국가 간 그리고 EU 산업체와 정부 사이 배출량 감축을 놓고 실랑이를 벌이는 모습을 봐도 그런 프로그램을 실행하는 것이 간단한 문제가 아님을 알수 있다. 배출 정책에서 정치적 입김이 차단돼야 한다. 미국에서 통화 정책과 금리에 대한 결정을 연방준비제도이사회에 위임해 정치와 분리시킨 것이 좋은 사례다.

약 200년 전 제임스 매디슨(James Madison, 미국 제4대 대통령)은 연방주의자 논집(Federalist Papers) 제62편을 집필할 때 정책의 예측 가능

지구를 구한다는 거짓말

성이 중요함을 이해하고 있었다.[6] 매디슨은 미국 정부에 하원보다 더 신중하고 안정적인 상원이 필요한 이유를 설명했는데, 그가 열거한 여섯 가지가 넘는 이유 중 하나는 오늘날 에너지 정책 과제와도 매우 관련이 있다.

다른 관점에서 보면 불안정한 정부는 큰 피해를 초래한다. 공공협의회에 대한 신뢰의 결여는 체결된 협약의 지속성에 따라 성공과 이익이 달라질 수 있는 모든 유용한 사업을 위축시킨다. 어떤 신중한 장사꾼이 자신의 계획이 실행되기도 전에 위법이 될 수도 있다는 것을 알면서도 새로운 사업에 자신의 재산을 걸겠는가? 어떤 농부나 제조업자가 열심히 준비하고 노력한 결과물이 변덕스러운 정부의 희생양이 되지 않을 거라는 보장도 없는데 작물 경작에 힘을 쏟아부을 수 있을까?

의의: 온실가스 배출은 기후에 대한 인간의 영향을 안정시키기 위해서도 상당히 줄여야 할 것이다. 부분적인 해결책만 실행하고 승리를 선언하는 일반적인 사회 반응은 속도를 늦출 수는 있지만 영향을 중단시키지는 못한다. 이는 무언가 또는 누군가가 크게 변화해야 한다는 것을, 그리고 정치적 반발이 따를 것임을 의미한다.

그림 13.1에서 볼 수 있듯 주요 세 분야(전기, 운송, 산업) 모두 배출량은 비슷하다. 하지만 각 분야는 경제 전반에 걸친 탄소 가격에 의해 매우 다르게 영향을 받을 것이다. 가령 석탄은 2019년에 미국 전기의 약 4분의 1을 생산하는 연료였고, 톤(t)당 약 39달러에 판매되었다.[7]

대기로 배출되는 이산화탄소의 톤(t)당 탄소 가격에 40달러를 책정하면 석탄발전소 운용비는 사실상 2배로 늘어나는 셈이라 석탄을 포기하게 하는 강력한 유인책이 된다. 이와는 대조적으로 동일한 탄소 가격이 책정됐을 때 원유의 실질 가격은 배럴당 약 40%밖에 오르지 않는다. 주유소 휘발유 가격은 갤런당 0.35달러 정도만 오르게 된다. 지금까지 유가 변동폭이 컸던 데 비하면 상승치가 적기 때문에 소비자들이 휘발유를 포기할 만한 동기가 될 수 없다. 따라서 전력(그리고 열로도 표현됨) 생산 과정에서 배출량을 줄이는 것이 운송 부문에서 감축시키는 것보다 훨씬 쉽다. 기본적으로 석유는 석탄보다 탄소당 훨씬 더 많은 에너지를 저장하기 때문이다.

초점: 배출량 감축 정책은 '배출량을 줄이는 것'에 초점을 맞출 때 효과가 가장 클 것이다. 하지만 폭넓은 지지를 확보해야 하는 정치적 필요성을 고려할 때, 배출 정책은 보호무역주의, 에너지 안보, 특정 기술의 진흥 등 기타 전혀 다른 문제에 의해 희석될 수밖에 없다. 예를 들어 미국은 태양광 패널 가격을 크게 올리는 관세를 부과하고 있고[8] EU는 에너지 효율이 높은 전구에 상당한 수입 관세를 부과하고 있다.[9] 그리고 주정부의 전기 발전 표준을 보면 많은 주가 단순히 저탄소를 강요하는 게 아니라 일정 비율의 재생에너지를 요구한다. 그 결과 가장 중요한 배출량 감소 기술 중 하나인 원자력을 부정하게 된다. 배출량을 줄이기 위한 행동이 다른 목표와 연계되어 약화되면, 실존적 위협이 목전에 닥쳤다는 주장을 믿지 않게 된다(다시 말하면, 재

생에너지라는 다른 목표와 연계되어 온실가스 감축을 외면하게 된다).

시스템적 사고: 에너지는 시스템에 의해 생산되고 전달되기 때문에 퍼즐의 한 조각을 바꾸는 데만 집중하는 것은 효과적이지 않을 뿐만 아니라 심지어 역효과를 낼 수도 있다. 급변하는 날씨(풍력 터빈과 태양광 패널)에 의존하는 발전 비중이 매우 높을 경우 즉각 활용할 수 있는 확실한 백업 설비가 없으면 전력망의 신뢰도가 떨어질 것이다. 마찬가지로 자동차도 연료를 생산하고 공급하는 시스템이 있는 경우에만 유용하다.

2011년, 나는 미국 에너지부에서 〈4개년 기술 동향 보고서〉를 지휘하며 떠오르는 청정에너지 기술을 지원하기 위한 정부 전략을 수립했다. 한 비공식적 공개 주민회의에서 나는 4가지 자동차 기술(내연 기관을 바이오 연료, 압축 천연 가스, 수소 연료 전지, 외부 충전 배터리로 구동하는 기술)을 옹호하는 각 지지자들과 마주했다. 모두 자신들의 기술이 미래를 위한 최적의 비전이며, 정부가 적절한 연료 공급 인프라 개발을 지원해야 한다고 믿고 있었다. 내가 국가 차원에서 아마도 두 개 이상의 새로운 연료 기술을 규모에 맞게 배치할 수 없을 것이라고 알려주자 말다툼이 뒤따랐다. 개인적으로 전기가 미래 자동차의 연료 공급원이 되리라고 믿는 데는 몇 가지 이유가 있는데, 그중 하나는 기존의 전력망을 연료 공급 인프라에 우선 활용할 수 있기 때문이다. 플러그인(배터리 충전) 전기 자동차로의 광범위한 전환이 이루어진다면 수백만 대의 차량을 충전할 수 있도록 전기와 운송 시스템이 함께 작동해야 하므로 시스템적 사고가 더욱 중요해질 것이다.

기술적 실용성: 많은 정책 입안자들은 규제와 경제적 인센티브만 제대로 갖추면 새로운 기술이 개발되고 도입될 거라고 믿고 있다. 하지만 과학자와 공학자 들은 그 어떤 기술도 피할 수 없는 강력한 물리적 제약이 있다는 사실을 안다. 가령 열역학 제2법칙에 따른 에너지 효율의 근본적 한계는 어떤 정책도 피해갈 수 없다. 에너지를 한 가지 형태에서 또 다른 형태로 바꾸는 건 가능하지만 '만들어내는' 건 불가능하며, 이렇게 전환하는 데는 늘 일정량의 에너지가 '소요'되기 마련이다.

효과적인 정책이 되기 위해서는 기술적 지식이 있어야 한다. 기술이 10여 년간 얼마나 빠르게 발전할지(또는 발전하지 않을지에 대해) 개략적인 판단을 내릴 수 있다. 기술을 평가할 때는 확장성, 경제성, 발전 가능성을 따져야 한다. 비효율적인데 '만족감을 주는' 기술 도입은 삼중으로 잘못된 것이다. 비효율성이라는 명백한 문제를 제외하고, 무언가를 하고 있다는 착각을 불러일으킴으로써 위기감을 약화시킬 수 있을 뿐더러 최악의 경우 잠재적 자원이 더욱 긴급히 요구되는 곳을 두고 다른 곳으로 유용될 수 있다는 것이다. 좋은 예로 우리에게 친숙한 식용유를 들 수 있다. 폐식용유를 가공하면 '탄소 중립'적인 바이오디젤을 만들 수 있다. 그러면 폐식용유 처리 문제는 해결할 수 있지만 탄소 배출량에 유의미한 차이를 만들어내기 위해 감자를 수없이 튀길 수는 없는 노릇이다. 전 세계가 연간 사용하는 2억t의

지구를 구한다는 거짓말

식용유를 모두 가공하면 전 세계 경유 수요를 단 하루만 충족시킬 수 있을 것이다. "세상에 만병통치약은 없다"는 것도 맞는 말이지만 어떤 약은 다른 약보다 더 잘 듣는 법이다.

정부는 첨단 태양광, 핵분열, 핵융합 및 차세대 바이오 연료처럼 아직 시장에 나올 준비가 되지 않은 기술에 대한 기초 연구와 실용 연구를 모두 지원하는 데 중요한 역할을 한다. 하지만 정책을 통해 시의적절한 기술을 개발하고 배치하도록 장려하는 것도 중요하다. 정부가 바라는 시기가 아니라 기술이 효과를 발휘할 시기에 보급해야 한다는 말이다. 기술을 조기에 배치해 막대한 비용을 들이고도 별 효과를 보지 못한 사례가 전 세계에 넘쳐난다. 그중 하나가 캘리포니아가 2004년에 개시한 '수소 고속도로'다. 16년이 지났지만 현재 캘리포니아에 등록된 자동차 3천 5백만 대 가운데 수소자동차는 7천 대뿐이다. 가격(현재 휘발유 자동차의 2배 이상이다)도 가격이지만 수소충전소의 부족(캘리포니아에 겨우 44곳뿐인데, 대다수가 도시에 있다)도 대중화를 가로막은 원인이다.[10] 가장 중요한 건 수소가 현재 이산화탄소를 발생시키는 천연가스로 생산되고 있으며 이는 적어도 향후 수십 년 동안 변함이 없으리라는 점이다. '배출량 제로'는 물 건너간 일인 셈이다.

효율보다 절약: 에너지를 더 효율적으로 사용하면 배출량을 줄일 수 있다는 말이 자주 들린다. 에너지를 낭비하는 건 나쁘다. 하지만 효율성은 에너지를 얼마나 많이 쓰는가, 즉 절약의 문제가 아니라 에너지를 얼마나 잘 쓰느냐의 문제다. 배출량 감축이 목표면 절약하는 것이

중요하다. 지난 150년 동안 경제학자들은 효율성이 개선되면 기대와 달리 절약 효과가 감소하는 '반동 효과'를 주장해왔다. 가령 전력을 덜 소모하는 전구를 쓰면 오히려 불을 더 많이 켜 놓고, 에너지 효율성이 좋은 차를 타면 연료를 더 많이 소모하는 차보다 더 자주 몰고 다닐 수도 있다. 절약을 장려하는 확실한 방법은 규제를 강화하거나 가격을 인상하는 것이다. 하지만 둘 다 정부가 추진하기에는 어려운 조치다.

효과적인 온실가스 정책을 펼치면 미국의 에너지 시스템은 어떤 모습이 될까? 그 답은 기술 개발·경제·정책·행동 간 복잡한 상호작용의 결과로 나타날 것이다. 미국 내 온실가스 배출량을 현저히 줄일 수 있는 에너지 생산 및 사용 방식으로 전환하는 길은 분명히 있다.[11] 사실 물리 법칙에 반하지 않는 이상 국가는 어떤 종류의 에너지 시스템도 가질 수 있다. 하지만 에너지가 사회에서 중심적인 역할을 하므로 배출이 없는 에너지 시스템은 우리의 경제와 활동에 광범위한 지장을 줄 것이다. 문제는 국가가 그러한 전환에 필요한 경제적·정치적 자본을 투자할 것이냐다. 앞서 논의한 장벽들과 국가의 관심과 자원이 필요한 그 밖의 구체적이고 즉각적인 요구들을 고려할 때, 나는 그것이 가까운 시일 내에 일어날 것 같지 않다고 생각한다.

설령 그렇게 변한다 해도 기후에 직접적인 변화는 거의 일어나지 않을 것이다. 미국의 온실가스 배출량은 전 세계 배출량의 13%에 불과하기 때문이다. 물론 다른 나라들이 미국의 선례를 따를 것이라는 주장도 있다. 하지만 에너지 수요는 매우 높고 감축 혜택은 매우 불확실한 상황에서 어느 나라가 그 선례를 따르려고 할까?

UNSETTLED

14

플랜 B

?

온실가스 배출의 효과적인 감축이 너무 어려운 과제라는 사실이 분명해지자 나는 변화하는 기후에 대응하기 위한, 어쩌면 좀 더 실현 가능한 다른 전략들에 관심을 갖게 되었다. 그중 하나가 지구공학(Geoengineering)이다. 인간이 의도치 않게 온실가스와 에어로졸을 배출시켜 기후온난화를 초래했다면 의도적인 조치를 취해 이에 맞대응하는 건 어떨까? 다시 말해 '기후를 직접 조절'하는 건 어떨까? 또 하나는 미래에 예상되는 일들에 대비하고 현재 일어나는 변화에 대응함으로써 변화하는 기후에 단순히 적응하는 것이다. 지구공학과 적응, 이 두 가지가 바로 '플랜 B(제1안이 실패할 경우 진행하는 '차선'을 뜻함)'다.

　기후위기를 확신하는 대다수는 이런 전략에 대한 논의를 회피한다. 하지만 인간의 영향이 기후를 '티핑 포인트(Tipping Point, 임계점)'로 몰고 가 하루아침에 끔찍한 변화(그런 처참한 미래를 묘사한 할리우드 영화들을 참조하기 바란다)가 일어날 가능성이 낮은 상황(나는 그렇다고 본다)에서는 현실에 적응하고 지구공학을 이용하는 것 외에는 달리 의지할 방편이 없다. 따라서 어떤 대안이 있는지를 파악하고 각각의 이점, 단점, 비용, 의도치 않은 부작용 등을 이해하는 것이 중요하다. 사실 '기후 재앙'이 임박했다고 믿는 사람들이 그러한 연구를 지지하지 않는 것은 무책임한 일이다. 특히, 앞에서 봤듯, 지금의 감축 노력은 인간의 영향을 억제하지 못할 가능성이 매우 낮기 때문이다. 우리는 살면서 만일의 사태에 대비해 계획을 세우는 게 얼마나 중요한지 알고 있다. 그래서 보험을 드는 것이고, 학생들에게 여러 대학에 지원서를 넣으라고 조언하는 것이다. 그 외에도 사례들은 많다. 기후에 관해서 플랜 B를 찾는 것을 플랜 A('제1안, 최선'을 뜻함)를 실현하기 위한 노력에 대한 '배신'으로 간주하는 것은 위험할 정도로 잘못된 일이다.

지구공학의 개념은 날씨 조절에서 시작되었고 오랜 역사를 가지고 있다.[1] 날씨를 조절할 수 있다는 기대감은 인간에게 항상 매력적인 것이었고, 인류가 날씨가 어떻게 작용하는지에 대해 더 많이 알게 되

면서 신을 향한 간청을 물리적 간섭으로 대체하게 되었다. 1830년, 미국 정부가 최초로 임명한 기상학자인 제임스 폴라드 에스피(James Pollard Espy, 일명 '폭풍의 왕')는 애팔래치아 숲에 '큰 산불'을 놓아 구름을 만들고 비를 유도하자고 제안했다.[2] 말하나마다 의회와 대중 모두 그의 제안에 시큰둥한 반응을 보였다.

이보다 진지하고 과학적인 날씨 조절 기술은 1930년대와 1940년대에 진행된 인공 강우(Cloud Seeding) 실험이었다. 1974년 소련의 기후학자 미하일 부디코(Mikhail Budyko)는 온난화가 시급한 문제로 대두될 경우 화산이 크게 폭발한 뒤에 나타나는 자연스러운 현상처럼 성층권에 연무를 생성시켜 지구를 식힐 수 있다고 제안한 바 있다. 나는 2005년경부터 지구공학을 알아보기 시작했는데, 그렇다고 내가 이 방법이 연구할 만한 가치가 있다고 생각한 최초의 유일한 과학자는 아니었다. 초기에 밝혀낸 것이라곤 그 방법의 불리한 점뿐이었다.

당시 정부나 비정부기구에 지구공학을 언급이라도 할라치면 돌아오는 건 적개심까지는 아니더라도 차가운 침묵뿐임을 곧 알게 되었다. 그들의 초점은 배출량 감축이며 그 목표를 방해하는 것, 특히 전 세계가 화석 연료를 계속 사용하게 두는 것은 고려 대상조차 되지 않았다.

과학자들은 가능한 모든 해결책을 탐구하도록 훈련받는다. 그리고 과학적 조언을 할 때는 범위 내의 모든 선택지를 제시하고 각각의 장단점을 알려주는 것이 중요하다. 그래서 나는 지구공학에 대해

부단히 공부하고 침착하게 토론에 임해 왔다. 나는 마침내 이 주제에 대해 진지하게 검토할 수 있는 다양한 기술을 가진 9명의 과학자를 소집하기에 충분한 자금 지원을 확보할 수 있었다. 그 자금은 당시 신생 재단이었던 노빔(Novim)에서 지원했고, 오늘날 노빔은 '복잡한 문제를 과학자가 아닌 사람들이 이해할 수 있는 방식으로 세분화하기 위해' 전문가 팀을 계속 모으고 있다. 우리 모임은 2008년 8월 일주일 동안 지구공학 조사연구 프로그램을 어떻게 구성하면 좋을지를 논의했고, 노빔은 2009년 7월에 이 연구 결과를 공식 보고서로 발표했다.[3]

2009년 5월, 내가 미 행정부에 합류했을 때도 지구공학은 여전히 대부분의 집단에서 금지된 주제였다. 그해 4월 대통령 과학기술 보좌관 존 홀드렌이 이 개념을 공개적으로 언급했다는 사실만으로 언론의 집중포화를 받았고 곧바로 입장을 강제 철회했다.[4] 이후 행정부 고위 관리들은 노빔 연구에 기초한 탐색적 연구 프로그램에 자금을 지원하려는 나의 노력을 단념시켰다. 역시나 배출량 감소에 초점을 맞추라는 지시였다.

하지만 10년 뒤, 배출량 감축이 힘든 과제라는 사실이 명백해지면서 점잖은 사람들 사이에서, 심지어 각국 정부에서도 지구공학을 논의할 수 있게 됐다. 솔직하고 진보적인 자세로 잘 알려진 영국왕립학회(UK Royal Society)가 2009년 9월에 발표된 연구[5]로 분위기를 조성했고, 미국 국립아카데미는 2015년에 '기후 조절'의 두 가지 접근법(지금부터 설명할 지구공학 전략)을 담은 보고서를 발표했다.[6,7]

지구를 구한다는 거짓말

지구온난화에 대응하는 방법으로는 최소 두 가지가 있다. 하나는 지구의 반사율을 높여(알베도를 높여) 태양 에너지를 더 적게 흡수하도록 만드는 것이다. '태양복사에너지 관리(Solar Radiation Management, SRM)'라고 부르는 이 전략은 온난화의 원인이 자연이냐 인간이냐에 따라 유연하게 사용할 수 있다. 또는 이산화탄소 제거법(Carbon Dioxide Removal, CDR)을 사용할 수도 있는데, 이는 이름 그대로 대기 중 이산화탄소를 일부 흡수해 인간이 배출한 가스를 직접 거둬들이는 방식이다. 두 전략의 실질적인 걸림돌과 잠재적 영향(긍정적·부정적)은 매우 다르지만 둘 다 논의할 가치는 있다. 먼저 SRM부터 살펴보자.

인간은 거의 2세기 동안 황이 잔뜩 함유된 석탄을 태워 대기 하층에 미세입자들(에어로졸)을 배출함으로써 지구의 반사율을 높이는 방식으로 의도치 않게 알베도를 증가시켰다. 2004년 BP에서 내가 처음으로 계산한 것 중 하나도 에어로졸의 냉각 효과와 관련이 있었다. 이 회사는 천연가스를 '저탄소 미래로 가는 다리'로 브랜드화하기 위한 캠페인에 착수했는데, 이는 천연가스가 단위 에너지당 석탄의 절반에 불과한 이산화탄소를 생산하기 때문이다. 나는 때마침 그 자리에 있던 메모지에 계산을 해보고 천연가스의 이산화탄소 감축 부분이 석탄에서 나오는 에어로졸의 냉각 효과로 인해 상쇄될 것으로 추정했다. BP 경영진은 내가 지적한 사실을 마음에 들어 하지 않왔다.

알베도를 좀 더 높이는 방법은 많이 있다. 건물 위의 '흰 지붕'으로 지표면을 밝게 만드는 방법, 농작물의 반사율을 높이는 방법, 바다 표면을 미세 거품으로 밝게 만드는 방법, 우주에 거대한 반사경을 설치하는 방법 등이 몇 가지 예다. 하지만 성층권에 에어로졸을 만드는 것이야말로 지구에 유의미한 변화를 가져올 가장 그럴듯한 방법일지도 모른다. 거대한 화산이 폭발하면 자연스레 성층권에 엷은 연무가 생기고 입자들이 자리를 잡으면서 몇 년 동안 지구를 냉각시킨다. 2장에서 봤듯 이러한 냉각 현상은 지구 기온 기록을 봐도 뚜렷하게 나타난다.

지금의 과학기술 수준으로도 여러 방법을 통해 성층권에 연무를 만들어낼 수 있는데, 그중 하나가 제트기 연료나 포탄에 첨가제를 넣어 대기의 높은 고도에 황화수소(H2S, 썩은 달걀 냄새가 난다)를 분산시키는 방법이다. 이 방법은 한 번으로 끝나지 않는다. 입자들이 1~2년에 걸쳐 가라앉기 때문에 연무를 계속해서 새로 공급해야 한다. 매년 성층권에 추가 분사해야 하는 황의 양은 현재 인간이 낮은 고도에서 배출하는 양의 약 10분의 1에 불과해 건강에 직접 미치는 영향은 미미할 것이다. 그리고 예상 비용은 작은 나라나 심지어 부유한 개인이 수행할 수 있을 정도로 충분히 적다. '켐트레일'(chemtrails, 화학물질[chemical]과 비행운[contrail]의 합성어로, 항공기로 화학 물질과 같은 미립자를 대기 중에 살포할 때 만들어진다는 비행운-옮긴이)이 은밀한 지구 공학을 실행한 증거라는 주장이 있지만 내가 알기로는 전혀 근거가 없다.

'태양복사에너지 관리'에는 몇 가지 큰 불리한 점이 있다. 첫째, 연무가 지속되지 않으면 냉각 효과가 사라지고 그 결과 지구 기온이 빠르게 반등할 것이다(마치 밝은 햇빛 아래서 갑자기 파라솔을 접는 것과 같다). 둘째, 알베도를 높인다고 온실효과를 완전히 없앨 수 있는 게 아니다. 온실가스는 시간과 장소를 불문하고 지구 전체를 가열하지만, 알베도 변화는 햇빛을 아주 많이 반사하는 장소와 시간에만 냉각 효과를 일으킨다. 밤에는 효과가 없고, 겨울에는 효과가 떨어지는데, 특히 고위도인 경우가 그렇다. 기후모델은 또한 SRM이 강수량과 기후 시스템의 다른 측면에 작은 변화를 일으킬 수 있음을 시사한다. 그러나 이는 온실가스에 의해 발생하는 것과는 다르며, 지역 상황에 따라 장소마다 다를 것이다. 간단히 말해서, 적어도 일부 지역에는 우리가 대응하려는 온난화보다 더 심각한 부수적인 피해가 있을 가능성이 있다.

SRM은 기술적으로나 경제적으로 실현가능하더라도 국제 협력을 요구하는 까다로운 사회적 문제를 유발할 것이다. 이 방법의 실행 여부는 누가 결정할 수 있나? 그 결과로 생기는 기후변화에는 당연히 좋은 점과 나쁜 점이 있을 것이다. 만약 그것이 일부 지역에 해롭다면 보상이 있을 것인가? 기후 및 기상 현상의 원인을 정확히 파악하는 것이 어렵다는 점(그리고 파악하기에는 우리가 보유한 기록이 형편없다는 점)을 감안할 때 그러한 변화의 원인이 SRM이라고 어떻게 확인할 수 있는가?

그리고 이렇게 기후를 의도적으로 조절하는 데는 당연히 윤리적 문제와 강한 대중의 반대가 따른다. 게다가 실행 비용은 작은 국가, 국가보다 작은 조직, 심지어 부유한 개인이 '그냥' 할 수 있을 만큼 적기 때문에 불량 SRM의 가능성도 있다. 이 경우 세계는 어떻게 대응할 것인가?

그럼에도 불구하고 태양복사에너지 관리는 진지하게 연구할 가치가 있고, 실제로 미국 의회도 최근 탐사 작업을 위한 자금을 지원했다.[8] 이 작업의 최우선이자 최대 과제는 개입 효과의 판단 기준을 세울 수 있도록 기후 시스템을 보다 세심하고 강도 높게 모니터링하는 것이다. 미래의 화산 폭발의 영향에 대한 집중적인 관찰 또한 중요할 것이다. 그러한 모니터링을 통해 기후 시스템 자체를 더 잘 이해하게 될 것이다.

모니터링을 넘어 어떤 현장 실험을 허용할 것인가 그리고 누가, 어떤 절차를 거쳐 이 실험을 허용할 것인가를 물어보는 것부터 시작해야 할 것이다. 과학계와 정책 담당자들은 이제 막 이런 질문들과 씨름하기 시작했다. 앞에서 살펴봤듯 지금으로선 극한 기상 현상에서 기후 재앙이 임박했다는 징후가 없으므로 모든 것을 알아낼 시간이 있다.

지구의 알베도를 높이는 대신에 대기 이산화탄소를 직접 제거함으로써 온난화를 일부 줄이는 지구공학적인 방법도 있다. 이산화탄소 제거법(CDR)은 애초에 대기로 이산화탄소를 적게 배출하는(또는 적게 추

가하는) 방법과 함께 대기에서 이산화탄소를 제거하는 감축 대책의 쌍둥이다.

CDR에는 좋은 점들이 있어 보인다. 우선 '누가 배출한 이산화탄소인가'를 따지지 않아 논쟁이 줄어든다. 배출에 책임을 부과하는 것은 배출량을 줄이려는 오늘날의 국제적 노력에 가장 큰 걸림돌 중 하나이기 때문이다. 또 경제와 기술, 수요에 따라 화석 연료를 필요한 만큼 계속해서 쓸 수 있다(일각에서는 이것을 단점이라 여기긴 하지만). 마지막으로 인간의 영향력을 직접 '무력화하기' 때문에 부수적 피해를 염려할 필요도 거의 없다. 단순히 이산화탄소 농도를 원래대로 되돌리는 것일 뿐이니 말이다.

대기 이산화탄소를 직접 포집하는 화학 공장을 설계하는 것은 어렵지 않다. 포집 기술은 발전소의 배기 시스템에 사용되는 기술과 유사하지만 시스템을 통해 많은 양의 공기를 이동시켜야 하는 추가적인 어려움이 있다.[9] 진짜 문제는 규모와 비용이다.

인간의 영향력을 실질적으로 줄일 이산화탄소 제거 규모는 상상을 초월한다. 전 세계의 에너지 생산 물질 연간 소비량은 기가톤(Gt)으로 측정한다. 매년 세계적으로 약 4.5Gt의 석유와 8Gt의 석탄을 소비하는데, 연간 10Gt(현재 배출량의 약 3분의 1)의 이산화탄소만 제거한다 해도 이를 포집하고 처리하는 데만 그에 상응하는 기반시설이 필요하다. 비용이 저렴할 리도 없다. 최근 추정치에 따르면 1t의 이산화탄소를 포집하고 압축하는 데 100달러 이상이 드는데, 이는 연간 10Gt의 이산화탄소를 제거하는 데 최소 1조 달러가 든다는 의미다.[10]

제거한 이산화탄소를 어떻게 처리하느냐 하는 문제도 있다. 오늘날 전 세계가 연간 사용하는 이산화탄소는 0.2Gt에 불과한데, 약 0.13Gt은 요소(비료) 생산에, 0.8Gt은 석유 생산 증대에 사용된다('주입정'을 통해 유전에 이산화탄소를 주입하면 지하에 있던 석유를 '생산정'으로 이동시키는 데 도움이 된다). 이렇게 사용되는 이산화탄소의 양은 대기에서 제거해야 하는 양의 100분의 1 이하에 불과하다. 하지만 안타깝게도 그 외에 상당량의 새로운 사용처를 떠올리기가 어려운 실정이다. 지구상에서 연료 다음으로 이산화탄소가 가장 많이 나오는 물질은 시멘트(연간 3Gt 미만)와 플라스틱(연간 약 0.5Gt)이다. 그리고 이산화탄소가 에너지를 만들기 위해 연료를 태울 때 나오는 물질이다 보니 연료로 되돌리는 데는 더 많은 에너지('청정' 에너지를 이용해야 할 것이다)가 필요하다. 간단히 말해서, 대기에서 이산화탄소를 제거하는 가장 좋은 방법은 그것을 지하나 바다에 격리시키는 것이다. 당연히 이를 위해선 엄청난 규모의 작업이 요구될 것이다.

화학 공장을 세우지 않고 자연적 공장, 즉 식물을 이용해 대기 이산화탄소를 제거하는 것도 대안이다. 3장에서 설명한 바와 같이, 매년 대략 200Gt의 탄소가 계절 주기에 따라 지구 표면과 대기 사이에서 균형 상태를 유지하며 위아래로 이동한다. 인간은 화석 연료를 채굴함으로써 이 계절 주기에 매년 8Gt의 탄소(이산화탄소 형태로는 30Gt)를 추가한다. 이 초과량의 약 절반이 광합성을 통해 흡수된다. 만약 더 많은 광합성을 유도할 수 있다면 더 많은 이산화탄소를 제거할 수 있을 것이다. 따라서 지구를 살리기 위해선 수조 그루의 나무를 심어야 한다(재식림).[11] 지금 나무를 심는다 해도 자라서 숲이 되기까지 수십 년이 걸린다. 장기적으로 이산화탄소를 제거할 수는 있겠지만 SRM 지구공학을 요할 정도의 '기후 비상사태'에 대응하기에는 너무 느리다. 게다가 숲이 이산화탄소를 얼마나 많이 흡수할 수 있을지, 광대한 규모의 새로운 숲이 생태학적으로 어떤 영향을 미칠지에 대한 이해는 아직 부족하다.

최근 미국 정부는 이산화탄소 제거 기술 발전을 위한 대규모 연구 프로그램을 추진 중이다.[12] 기술 발전에 진전이 있으리라는 데는 의심의 여지가 없다. 가령 탄소를 더 잘 포집하고 저장할 수 있도록 식물 유전자를 변형하는 방법도 가능할 것이다(단, 유전자 변형 식물을 광범위하게 심으면 환경적 우려가 분명히 수반될 것이다).[13] 그런 방법이 가능하다 해도 인간이 기후에 미치는 영향을 유의미하게 줄일 수 있을 만큼 엄청난 규모로 이뤄지리라고는 상상하기 힘들다. 하지만 대기에서 이산화탄소 1t을 제거하는 가격이 현재 탄소 가격 이하로 내려가면 돈이 된다. 기후·에너지 사업이 대개 그렇듯 실제로 기후를 변화시키지 못한다 해도 많은 수익을 창출할 것이다.

━━━━━

이번에는 또 다른 플랜 B인 적응 대책에 관해 살펴보자.

나는 지진이라는 불편한 현실이 잠재하는 캘리포니아 남부에서 30년을 살았다. 미국 지질조사국(Geological Survey)은 이렇게 설명한다.

캘리포니아 남부 지역에선 매년 약 1만 건의 지진이 발생한다. 대부분은 감지할 수 없을 정도로 규모가 작다. 강도가 3.0 이상인 경우가 고작 수백 건이고 강도가 4.0 이상인 경우는 15~20건에 불과하다. 하지만 큰 지진이 발생하면 그 여파로 여러 달 동안 각종 규모의 아주 많은 여진이 발생할 것이다.[14]

작은 지진은 성가실 뿐이지만 큰 지진은 건물과 도로를 파괴하고 사람을 죽일 수도 있다. 지난 수 세기 동안 캘리포니아의 지진은 수백명의 사망자와 수천 명의 부상자를 냈다. 그렇지만 전적으로 자연적인 현상이기에 인간의 힘으로 막을 수 없다. 그리고 늘 그랬듯 통계적으로 짐작만 할 뿐 예측할 수도 없다.

지진의 위험에도 불구하고 우리 가족과 나는 짐을 싸서 패서디나를 서둘러 떠나지 않았다. 날씨와 지역사회, 칼텍이 그만큼 큰 매력으로 작용했다. 그 대신 우리는 캘리포니아 남부의 다른 수백만 명과 마찬가지로 예방 조치를 취했다. 집은 지면 기저부에, 선반은 볼트로 벽에 단단히 고정했다. 지진 보험을 들었고 며칠 분의 식량과 물을 비축했으며 아이들에게 지진 안전 훈련을 시켰고 비상 연락망과 대피 계획을 세웠다. 우리 가족은 대도시에서 취하는 방법을 따라 건축 법규, 긴급 대응 조치, 그리고 지금은 지진 피해를 최소화하는 데 도움이 되는 경보 시스템도 보완했다. 간단히 말해서, 우리는 모두 거주하기로 선택한 곳에서 잘 살아갈 수 있도록 각자, 그리고 공동체로서 인프라와 행동을 정교하게 다듬어 적응했다. 잦은 홍수와 철마다 찾아오는 폭풍과 같은 그 외 다른 자연재해가 발생하는 지역의 사람들도 이와 비슷한 방식으로 적응해가고 있다.

인간의 배출량을 효과적으로 줄이는 데 엄청난 난제들이 있고 지구공학은 최악의 상황에서만 사용을 고려할 정도로 우려할 점은 여러모로 많다. 이러한 현실을 감안하면 변화하는 기후에 적응하는 것이, 배출량을 줄이려는 우리의 노력을 보완하리라는 점이 거의 확실해 보인다. 이것을 2부 도입부에서 언급했던 질문과 같은 맥락에서 말하자면, 이는 우리가 무엇을 '해야 하는가(Should)'에 대한 것이 아니라 우리가 무엇을 '할 것인가(Will)'에 대한 나의 판단이다.

내가 적응이 최우선 대응이 될 것이라고 생각하는 이유는 다음과 같다.

- 적응은 불가지론이다. 인간은 수천 년 동안 변화하는 기후에 성공적으로 적응해왔고, 대부분의 시간 동안 무엇이 변화를 야기하는지에 대해 전혀 알지 못한 채(신의 복수라는 것 말고는) 변화하는 기후에 적응했다. 현재 우리가 가진 정보가 적응 전략을 세우는 데도 도움이 되겠지만, 우리 사회는 자연적 현상이든 인간이 초래한 결과든 기후변화에 적응할 수 있다.
- 적응은 비례에 따른다. 기후가 더 크게 변하면 가벼운 초기 조치를 변화에 비례해서 강화하면 된다.
- 적응은 지역적이다. 적응은 인구 수와 지역에 따른 다양한 요구와 우선순위에 맞게 자연스럽게 조정된다. 그래서 정치적으로도 실현

가능성이 더욱 커진다. '지금 이곳'의 문제(예를 들어 해당 지역의 강이 범람하지 않도록 통제하는 일)를 해결하기 위한 예산 투입이 수천 km 떨어진 곳이나 두 세대 뒤의 후손에게 닥칠 모호하고 불확실한 위협에 대응하기 위한 조치보다 만족도가 훨씬 높다. 또 지역적 적응에는 지금껏 배출량을 감축하려는 과정에서 끌어내기 어려웠던 국제적 합의, 약속 또는 조정이 필요 없다.

- 적응은 자동적이다. 인류가 공동체를 형성한 이래로 지금까지 적응은 계속되고 있다. 예를 들어 네덜란드인들은 북해로부터 땅을 지키기 위해 지금까지 제방을 쌓고 개량해왔다. 우리가 계획하든 아니든 저절로 적응하기 마련이다.

- 적응은 효과적이다. 인간 사회는 북극에서 열대에 이르는 다양한 환경에서 번성해왔다. 변화하는 기후에 적응하는 것은 그렇지 않을 때 발생할 수 있는 순영향을 줄여왔다. 어쨌거나 인간은 상황이 악화되도록 사회를 변화시키지 않는다!

적응이 분명히 중요하고 배출량 감축 노력과 상호작용하고 있음에도 불구하고, 오늘날 두 가지 전략은 별도로 다루어지고 있다. 실제로는 배출량 감축에 더 초점을 맞추는 불균형 상태에 있다. 이러한 불균형은 적응이 진행 중인 자연적 기후변화에 대한 '일상적인' 대응이라는 사실 때문일 수도 있지만, 그것은 우리가 적응에 관해 생각하는 간단한 기본 틀조차 없기 때문일 수도 있다. 우리는 그림 14.1과 같이 이른바 '안정화 쐐기(Stabilization Wedge)'[15]라고 불리는, 배출 감축에 대

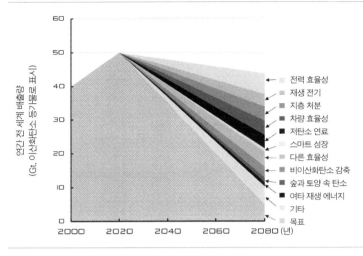

그림 14.1 배출량 감축의 안정화 쐐기 틀
수치는 추상적이다.[16]

한 기본 틀을 가지고 있다. 이 접근법은 수많은 배출 감축 전략을 목록화해 금세기 동안 달성 가능한 규모를 파악하고, 각 전략의 비용과 효과를 쉽게 비교 평가할 수 있도록 해준다. 또한 '시스템적 관점'을 도입해 다양한 전략들에 우선순위를 매기는 방법과 상호작용하는 방법을 모색하게 해준다. 이렇게 해서 탄소세 또는 배출권 거래제, 재생 가능한 전기 표준 마련, 그리고 효율성 의무화와 같은 구체적인 정책 제안이 이루어져 왔다.

물론 쐐기 개념이 완벽하진 않을지언정 배출량 감축 정책을 세울 때는 유용하다. 국가자원보호협회(National Resources Defense Council)의 데이비드 호킨스(David Hawkins)는 다음과 같이 말했다.

쐐기 개념은 기후 정책 분석의 '아이팟'과 같다. 사람들이 자신만의 콘텐츠로 내용을 채우게 해주는, 이해하기 쉽고 매력적인 패키지다.

다양한 적응 방안에 관한 방법, 비용, 효율성, 정책 수단을 제시하는 유사한 적응 쐐기는 아직 없다. 오히려 적응에 대한 논의는 기껏해야 쓸데없는 소리만 장황하게 늘어놓고 내용 없이 전략만 다루는 형편 없는 수준이다. 수많은 사례 연구들이 기후의 악영향을 줄일 수 있는 적응 대책을 밝혀냈다. 하지만 그 연구들은 다양한 적응 전략에 대한 비용편익 분석을 수행하지 않고 현장 적용 문제를 특별히 다루지도 않으며 적응 대책을 온실가스 감축 노력과 비교하지도 않는다. 게다가 분석을 넘어 숙고하고 실행하는 단계로 발전시키는 데 필요한 구체적인 관료적 · 정치적 · 재정적 변화에도 거의 관심이 없다.

부유한 사회는 상황이 요구하는 대로 변화할 수 있는 제도적 · 경제적 자원을 가졌기 때문에 효과적인 적응이 훨씬 쉽다. 반면 저개발 국가들은 적응에 더욱 취약하다. 따라서 세계 모든 국가가 적응 전략을 쓸 수 있으려면 저개발국들의 경제 개발을 장려하여 법치주의를 실행하고 국가 전략을 수립하는 능력을 강화시켜야 한다. 그런 점에서 적응을 실현하는 과제는 빈곤을 퇴치하는 일이 되는데, 이것은 기후와 무관한 여러 이유로 바람직하다.

물론 위에서 언급한 바와 같이 현재 적응 대책에 대한 투자가 최고의 효과를 거두려면 미래에 어떤 기후 충격이 발생할지, 즉 기후가 어떻게 변할지를 알아야 한다. 하지만 앞서 봤듯 우리가 적응해야 하는 미래가 어떤 모습일지 여전히 불확실하다. 현재로선 기후모델을 이용해 국지적 기후를 예측하는 것조차 '해수면이 계속 상승할 것이다'와 같은 모호한 진술 이상의 지침을 제공하는 수준에도 못 미친다. 하다못해 현재의 기후변화와 기상이변에라도 대비해야 하지만 아쉽게도 그렇지 못하다.

이 책의 집필은 지난 15년 동안 내가 기후와 에너지 분야에 몸담으며 얻은 경험을 하나로 종합하는 계기가 되었다. 처음에 나는 우리 인류가 기후 재앙으로부터 하루빨리 지구를 구해야 하는 경주에 돌입했다고 믿으며 집필을 시작했다. 하지만 이후 나는 기후과학이라는 과학이 얼마나 어설픈지 공공연히 비난하는 비판자로 점차 변모하게 되었다. 그리고 이 과정을 통해 변화하는 수요를 만족시키려면 에너지 시스템이 어떻게 바뀌어야 하는지를, 배우는 학생이자 대책을 마련하는 전략가의 자세로 끊임없이 고심하고 더 많이 공부하려고 노력해왔다.

나의 집필 여정은 다룰 주제가 풍부해서 인상적이었다. 5천만 년 된 미생물 화석의 구성 물질을 21세기 전력망 규제에 연결해 논의하는 일은 다른 분야에는 많지 않을 것이다(아마 하나도 없을 것이다). 나는 또한 우리가 기후를 이해하는 수준에 통감할 수 있었다. 하지만 우리가 알고 있는 지식에는 엄청난 격차가 있고 그 격차가 기후 시스템의 복잡성에 관해 말해준다는 사실에 놀라움을 금치 못했다. 그리고 대다수 현장 연구자들이 이 주제들을 중요하게 생각하고 있다는 점도 인상적이었다. 기후는 변하고 있고 인간은 여기에 일조하고 있지만, 세계 에너지 수요는 계속 증가하고 있다. 우리는 이 사실들이 미래에 시사하는 바를 유념해야 한다.

나는 이 여정에서 크게 실망하기도 했다. 처음에는 일부 기후과학자들이 언론과 정치인들의 부추김으로 과학이 말하는 것을 자진해서 잘못 전달하고 있다는 점에, 그리고 다음에는 그러한 거짓말에 침묵으로 공모하는 다른 수많은 과학자가 있다는 점에 경악을 금치 못했다. 대중은 올바른 정보를 알아야 할 권리가 있다. 그런데도 이들은 비전문가들에게 변화하는 기후에 대해 밝혀진 것과 밝혀지지 않은 것을 명백히 거짓 전달해서 정부와 산업계, 개인이 충분한 정보를 토대로 대응 방식을 결정할 권리를 앗아가고 있다.

나는 또한 평가보고서에 실제로 실린 내용이 언론을 비롯해 일반인이 이해하기에 얼마나 어려운지를 깨닫고 적잖이 놀랐다. 지난 6년간 내가 언론에 기고한 칼럼도 충분한 해결책이 되지 못했다. 분량이나 전문적인 수준, 형식(그래프를 쓸 수 없다)에 제약이 있어서다. 그래서 이 책에 풍부한 내용을 담았다. 보다 유익한 정보를 담은 책이 되길 바란다.

나는 "요지만 말해보세요", "간단하게 요약해서 설명해보세요"라는 말을 자주 듣는다. 그럴 때는 대개 이렇게 대답한다. "기후와 에너지는 복잡미묘한 주제입니다. '문제'를 단순하게 설명하거나 '해결책'

을 추정해서는 현명한 선택을 할 수 없습니다." 상대방이 좀 더 대화하고 싶어한다면, 우리는 종종 더 긴 토론을 하게 될 것이다. 나는 항상 그 어떤 것에 대해서도 내 말을 믿지 말고 스스로 데이터와 평가를 주의 깊게 살펴보라는 말로 끝을 맺는다.

나의 가장 큰 희망은 의사결정권자, 언론인, 그리고 더 많은 대중이 이 책을 읽으면서 놀라운 사실에 눈을 뜨고 과학자들을 향해 이렇게 말하는 것이다. "쿠닌이라는 사람이 지적한 평가보고서 자료를 좀 살펴봤는데 그 사람 말이 맞더군요. 그런 얘기는 금시초문인데, 제가 못들은 정보가 또 있나요?" 이 말이 많이 어색하지만, 궁극적으로는 꼭 필요한 대화를 하나둘씩 촉발하는 시발점이 될 수 있다.

───────

나는 일부러 규정하지 않고 설명하는 방식을 택했다. 과학적 사실과 이 사실에 내포된 확실성과 불확실성, 그리고 그에 따른 선택지를 제시하기로 한 것이다. 그것은 과학자가 비전문가에게 조언할 때 취해야 할 적절한 자세다. 그 비전문가가 여타 분야의 과학자, 일반 대중, 정부나 산업계의 의사결정권자일 수도 있고, 조언의 주제가 기후든 에너지든 핵 테러든 인간 게놈 프로젝트든 상관없다. 책임 있는 과학자들이 '해야 하는(Should) 것'의 문제를 '할 수 있는(Could) 것'이나 '하려고 하는(Will) 것'의 문제와 세심하게 구별한다 해도 누구나 각자의 의견을 갖고 있기 마련이다. 그리고 나는 "당신은 기후 문제에 대해 우리가 어떻게 대응해야 한다고 생각합니까?"라는 질문을 자주 받는다. 사실 나는 이제 설명을 끝냈으니 이에 답해야 할 의무감을 느낀다.

먼저 시작해야 할 일은 기후 시스템(대기, 해양, 빙하권, 생물권)의 관측 방식을 개선하고 지속적으로 관찰하는 것이다. 기후가 현재 어떤 상태인지, 인간과 자연이 기후에 어떤 영향을 미치는지, 미래에는 어떻게 변할지를 알고 싶다면 반드시 해야 할 일이다. 인간에 의한 기후변화가 미미하고 감지하기 어려운 데다 수십 년에 걸쳐 일어난다는 사실을 확인했으니 제도적 · 재정적 변수가 생기더라도 정확성과 지속성은 유지해야 한다.

또한 엄청나게 복잡한 기후모델을 더 잘 이해할 필요가 있다. 우리는 별로 유용하지도 않은 모델로 다양한 배출 시나리오를 시뮬레이션하는 데 끔찍하게 많은 노력을 쏟아붓고 있다. 차라리 기후모델이 왜 가까운 과거도 제대로 설명하지 못하는지, 미래 예측은 왜 불확실한지 이해하려고 노력하는 것이 훨씬 더 나을 것이다. 생각하는 데 더 많은 시간을 투자하고 비생산적인 컴퓨터 사용은 줄여야 한다.[1]

우리는 기후과학 자체의 수준을 향상시킬 필요가 있다. 이것은 속임수라는 비난으로부터 자유롭고, 어떤 구호나 논쟁을 뛰어넘는 투명한 공개 토론으로부터 시작된다. 과학자들은 토론과 도전, 그리고 해명의 기회를 반갑게 받아들여야 한다. 과학은 질문에서 시작한다. 모든 질문의 답을 구했다고 주장하면 새로운 연구를 장려하기 어렵다. 사실 이 책이 보여준 바와 같이 기후에 관한 많은 중요한, 심지어 결정적인 의문점들이 여전히 해결되지 않았다. 진짜 과학은 결코 완전히 확정되지 않는다는 것이야말로 진리다. 우리는 이런 방식으로 진보하며, 이것이 바로 과학에 관한 모든 것이다. 정설이라고 주장하는 것만 되풀이하지 말고 이해의 폭을 넓혀야 한다.

타 분야 과학자들을 기후연구에 참여시키려는 노력만으로도 기후과학은 발전한다. 데이터가 풍부하고 접근하기 쉬운 데다 기후과학이 다루는 문제들은 과학적 관점에서 흥미를 불러일으키고 사회적으로도 중요하다. 통계나 시뮬레이션 분야에 역량을 갖춘 외부 과학자들을 투입하면 기후과학 분야 과학자들의 관점을 보완할 수 있을 것이다.

우리는 또한 기후과학을 더 정확히 전달해야 한다. 위험 요인과 이점 대비 비용·단점을 저울질해 사회적 결정을 내리려면 과학적 합의의 확실성과 불확실성에 관해 충분히 알고 있어야 한다. 일반 대중은 완전하고 투명하고 편향되지 않는 평가보고서를 읽을 권리가 있다. 11장에서 언급한 레드 팀 검열은 기후과학의 평가 과정에 건전한 보완책이 될 것이다. 이 방법은 국가적으로 중요한 다른 복잡한 문제에서 그 유용성이 입증됐다. 첫 번째 레드 팀 검열은 2021년 8월에 나온 유엔의 AR6 또는 2023년에 예상되는 미국 정부의 차기 NCA에 대한 면밀한 대중 조사에 투입될 수 있다. 내가 제기한 문제와 이 책에서 조사한 잘못된 표현에 초점이 맞춰질 것이다. 이 보고서들은 최신 모델들의 실패를 어떻게 설명할까? 그들은 허리케인에 장기적인 추세가 없었다거나 기온이 3℃ 상승했을 때(파리협약 목표치를 훨씬 웃도는) 경제에 미칠 영향이 미미할 것으로 예상된다는 사실을 강조하기는커녕 언급이라도 할까? 특히 바이든 행정부가 기후와 에너지 분야에 2조 달러를 투입하겠다고 나선 만큼 평가에 반드시 그러한 정밀 조사가 필요하다고 생각된다.

동시에 기후에 과잉 반응하는 언론 보도 행태도 줄일 필요가 있다. 언론인들은 자신들이 제시하는 자료를 더 잘 이해하기 위해 도움을 받아야 한다. 대중은 기후에 대한 언론 보도(그리고 그 문제에 대한 많은 다른 주제)에 대해 더 비판적인 소비자가 될 수 있는 수단과 방법이 필요하다.

'쉬운' 감축 방안을 모색하는 것도 좋은 생각이다. 가장 확실한 방법은 메테인 누출을 막는 것이다. 메테인 일부는 천연가스의 생산과 유통 시스템에서 누출된다. 이는 금전적인 손실을 초래하므로 누출을 막으면 경제적으로도 이익이다(생산자에게는 기후 문제보다 더 큰 동기 부여가 될 수 있다). 냉매 및 화재 진압 용도로 사용되는 염화불화탄소(CFC, 프레온가스로 널리 알려져 있다)와 수소화불화탄소(HCF) 같은 신종 온실가스 배출은 사회에 큰 영향을 주지 않고도 감축 가능하다(안타깝지만 인간의 영향에 미치는 효과도 미미할 것이다).

배출량을 감소시키는 비용 효율화 방안도 있는데, 특히 부수적 혜택이 추가될 경우 손쉽게 성과를 거둘 수 있다. 가령 석탄을 직접 태우지 않고 가스화하는 첨단 석탄화력발전소가 지역 환경오염도 줄이고 효율성도 높일 수 있다. 또 연비가 높은 차, 하이브리드 차, 전기차 등으로 자동차 시장의 흐름이 바뀌면 지역 내 화학·소음 공해도 줄고 변덕스러운 세계 석유 시장에 대한 의존도를 낮춰 에너지 보안도 강화할 수 있다.

배출 감축을 위한 세 번째 '손쉬운' 단계는 저탄소 기술의 추가 연구 개발이다. 비용과 신뢰성은 새로운 기술의 실현 가능성을 판단하는 주요 요소이며, 이러한 걸림돌을 극복하는 기술 발전에 초점을 맞추어야 한다. 소형 모듈 핵분열 원자로, 태양광 기술 개선, 그리고 장기적으로 핵융합은 모두, 그리드에 막대한 양의 전기를 경제적으로 저장하는 방법과 마찬가지로 유망한 연구 분야다. 상생 전략은 에너지 사용 마지막 단계에 적용되는, 비용 대비 효과적이고 보다 효율적인 기술을 개발하고 실용화하는 것이다. 지난 수십 년 동안 조명 기술에서 이러한 발전이 이루어졌으며, 앞으로 건물 환기 시스템부터 가전제품에까지 시도해볼 수 있다. 여기서 특히 유망한 것은 운송에 대한 정보 기반 접근 방식(이동에 더 효율적인 경로 제안 또는 엔진 성능의 더 나은 모니터링 및 제어)과 건물 운영(사용하지 않는 공간의 난방 또는 냉방 정지 등)의 사용이다.

우리는 또한 이러한 노력에서 정부의 적절한 역할(얼마나 많은 연구개발비를 지원해야 하는지, 새로운 기술의 배치를 장려하기 위해 얼마나 많이, 그리고 무엇을 어떻게 해야 하는지)에 대해 솔직한 대화를 나눌 필요가 있다. 내가 에너지부에서 맡았던 업무 중 하나도 의회와 행정부, 민간 부문 간 대화를 시작하는 일이었다. 이런 대화가 조만간 재개되기를 바라는 마음이다. 적어도 미국에서는 에너지 시스템을 변화시키는 데 정부가 해야 할 역할을 두고 수십 년간 정치적 논쟁이 계속돼왔다.

나는 탄소에 가격을 매기거나 규제적 수단을 사용하는 등의 '강제

지구를 구한다는 거짓말

적이고 긴급한' 탈탄소 정책을 낙관적으로 보지 않는다. 대략 2075년까지 전 세계의 순탄소 배출량을 제로로 만들자는 목표를 실제로 달성하려면 엄청난 변화가 필요한데 그에 비하면 인간이 기후에 미치는 영향은 매우 불확실하다(그리고 매우 미미할 것 같다). 나의 견해로는 배출 감축으로 인한 확실한 단점이 불확실한 이점보다 훨씬 크다. 전 세계 가난한 사람들은 저렴하고 신뢰할 수 있는 에너지가 점점 더 많이 필요한데 현재 널리 보급된 재생에너지나 원자력에너지는 너무 비싸거나 아직 신뢰할 수 없거나 둘 다에 해당된다. 내가 결정권자라면 과학이 더 정착될 때까지 기다릴 것이다. 즉, 인간의 영향에 대한 기후의 반응이 더 잘 규명될 때까지, 또는 가치 공감대가 형성되거나 배출제로 기술이 더 실현 가능해질 때까지 기다릴 것이다. 그런 다음에 온실가스 배출을 규제하고 세금을 부과하거나 대기에서 엄청난 양의 이산화탄소를 포획해 저장하는 프로그램에 착수할 것이다.

나는 이산화탄소 배출량 감축에 걸림돌로 작용하는 사회적·기술적 문제들 때문에 금세기에는 인간이 기후에 미치는 영향력을 줄이기는커녕 안정화하지도 못할 가능성이 높다고 생각한다. 만약 인간의 영향력이 초래한 문제들이 그 어느 때보다 명백하고 심각해진다면 당연히 비용과 편익의 균형점이 이동할 것이고 사회도 그에 따라 변할 수밖에 없다. 하지만 나는 조만간 그렇게 될 가능성이 없다고 생각한다.

나는 기후가 왜 변하고 미래에는 어떻게 변할지 더 정확히 파악할 때까지 위험부담이 적은 변화만 취하자는 입장에 대해 '현실적'이고

'신중'하다고 본다. 일각에서는 "미적지근"하다고 지적하겠지만 말이다. 그리고 다른 사람들이 내 의견을 존중해주기를 바라는 것처럼 나도 다른 결론을 내릴 수 있는 사람들의 의견을 존중한다. 그러한 의견 차이는 궁극적으로 과학이 아닌 가치에 관한 것이라는 사실을 우리가 깨달아야만 해결할 수 있다.

또 다른 사려 깊은 대책은 적응 전략을 더욱 힘차게 추구하는 것이다. 적응 전략은 효과를 발휘할 수 있다. 앞에서 언급했듯 오늘날 인간은 열대 지방에서 극지방에 이르는 다양한 기후에서 살고 있으며, 비교적 최근인 약 400년 전 소빙하기를 포함한 수많은 기후 변화에 적응해왔다. 효과적인 적응 전략은 지역별 기후변화를 확실하게 예측하는 능력과 다양한 적응 전략의 비용 편익을 평가하는 틀을 결합해야 마련될 것이다. 지금까지 살펴본 바와 같이, 우리는 그 둘 중 하나라도 얻기에는 아직 갈 길이 멀다. 그런 의미에서 최선의 전략은 개발도상국들이 적응 능력(그리고 기타 수많은 긍정적인 전략을 실현하는 능력)을 향상시킬 수 있도록 경제 발전과 강력한 제도적 장치를 촉진시키는 것이다.

마지막으로, 원인이 무엇이든 간에 만에 하나 전 세계 기후가 현저히 악화된다면, 기후 시스템에 대한 의도적인 개입(지구공학)을 고려해보는 게 유용할 것이다. 그러므로 앞서 언급한 지구공학 전략에 관한 연구 프로그램은 타당하며, 내가 지적했듯이 그 연구의 첫 단계가 될 지구 시스템에 대한 집중 모니터링은 어떤 경우라도 기후 시스템에 대한 우리의 이해를 향상시킬 것이다.

지구를 구한다는 거짓말

간단히 말해서, 우리는 과학이 기후와 에너지에 대한 사회의 결정을 알리는 방법에 대한 진실성을 회복하는 일부터 시작해야 한다고 생각한다. 우리는 사이비 과학에서 진짜 과학으로 돌아가야 한다. 그러고 나서 지구에 어떤 미래가 펼쳐지든 사회에 긍정적인 결과를 가져올 확률이 가장 높은 대책을 취해야 한다. 바이든 대통령도 취임사에서 이렇게 강조하지 않았던가. "사실 그 자체를 조작하거나 날조하는 문화는 마땅히 거부해야 합니다."

감사의 말

이 책이 완성되는 데 거의 3년이 걸렸다. 책의 내용에 대해서는 오롯이 내게 책임이 있지만 감사하게도 그 과정에서 많은 분들이 도움을 주셨다.

가장 먼저 부모님께 감사드린다. 아주 어려서부터 아버지는 자연 세계와 '세상 만물의 이치'에 대한 호기심과 경이로움을 느끼도록 해주셨으며, 어머니의 에너지와 낙관주의는 내가 내 일을 계속할 수 있는 버팀목이 돼주었다.

아내 로리와 아이들 안나, 앨리슨, 벤자민은 내가 이 일에 몸담으면서 내린 결정들을 지지해준 것처럼 이 책의 출간 결정도 지지해주었다. 그들이 지난 몇 년 동안 나의 직설적인 표현을 잘 견뎌준 덕에 글쓰기가 훨씬 쉬워졌으며, 나의 원고를 쓰는 대로 읽어줘서 문장 표현의 기초를 다지는 데 도움이 되었다.

재블린 에이전시의 내 에이전트인 키스 어반은 기후·에너지에 대한 내 견해가 더 폭넓은 독자에 가닿아야 한다고 적극 동의해주었다.

벤벨라 북스 출판사에서 이 책을 담당하는 용기를 보여준 글랜 예페스에게도 감사드린다. 이 책은 정확하고 솔직하고 이해하기 쉽지만(어쩌면 그래서) 많은 사람들을 불쾌하게 만들 게 뻔하다.

편집장 알렉사 스티븐슨은 통찰력 넘치는 질문을 던지고 내 문장과 그래프를 솜씨 좋게 다듬어주었다. 그녀의 노력으로 책이 훨씬 좋아졌고 훨씬 읽기 쉬워졌다.

빌 하퍼(Will Happer), 윌리엄 반 베잉아르던(William van Wijngaarden), 존 크리스티, 드미트리 코우초야니스(Demetris Koutsoyiannis) 교수는 이 책에 들어간 그림과 데이터를 제공하고, 과학을 이야기로 풀어쓰도록 도와주셨다.

그리고 많은 사람들이 이 책의 원고를 한두 번씩 검토해줬다. 내가 쓴 모든 내용에 모두가 동의한 것은 아니지만 그들의 논평과 통찰력은 책이 완성되는 과정에서 내게는 매우 소중했다. 그런 의미에서 헨리, 케슬린 알렉산더, 제시 오스벨, 볼프강 바우어, 피터 블레어, 케빈 클린턴, 존 크리스티, 마리우스 클로어, 타마 엘켈스, 낸시 포브스, 필 구디, 마이크 그렉, 빌 하퍼, 패트릭 호건, 베리 호닉, 스테판 쉬, 유진 일로브스키, 엘리 제이콥, 세이모어 카플란, 브라이언 쿠닌, 칼하인츠 랑간케, 딕 린젠, 해리엇 마타르, 앤디 메이, 댄 메이론, 로버트 파웰, 로이 슈비터스, 노아 트레파니얼, 크레이그 바이너, 데이비드 웰런, 조나단 부르텔레, 준 유에게 감사드린다.

글을 시작하며

1 Climate Change Statement Review Subcommittee. "American Physical Society Climate Change Statement Review Workshop Framing Document." American Physical Society, December 20, 2013. https://www.aps.org/policy/statements/upload/climate-review-framing.pdf.

2 Koonin, Steven E. American Physical Society Climate Change Statement Review Workshop transcript. Brooklyn, NY: American Physical Society, 2014. https://www.aps.org/policy/statements/upload/climate-seminar-transcript.pdf.

3 Koonin, Steven E. "Climate Science Is Not Settled." *Wall Street Journal*, September 19, 2014. https://www.wsj.com/articles/climate-science-is-not-settled-1411143565.

4 Pierrehumbert, Raymond T. "Climate Science Is Settled Enough." *Slate*, October 1, 2014. https://slate.com/technology/2014/10/the-wall-street-journal-and-steve-koonin-the-new-face-of-climate-change-inaction.html.

5 Karanth, Sanjana. "Rep. John Lewis Delivers Emotional Speech on the 'Moral Obligation' to Impeach Trump." HuffPost, December 18, 2019. https://www.huffpost.com/entry/rep-john-lewis-emotional-speech-moral-obligation-impeach-trump_n_5dfaa5fee4b01834791ab306.

지구를 구한다는 거짓말

6   Feynman, Richard P. "Cargo Cult Science." Caltech 1974 commen-
    cement address, June 1974. http://calteches.library.caltech.edu/51/2/
    CargoCult.htm.

7   Schneider, Stephen H. "The Roles of Citizens, Journalists, and Scientists
    in Debunking Climate Change Myths." Mediarology, 2011. https://
    stephenschneider.stanford .edu/Mediarology/Mediarology.html.

8   Spencer, L., Jan Bollwerk, and Richard C. Morais. "The not so peaceful
    world of Greenpeace." *Forbes*, November 11, 1991. 전체 글은 다음을 참
    조하라. http://luna.pos.to/whale/gen_art_green.html.

9   Bell, Larry. "In Their Own Words: Climate Alarmists Debunk Their
    'Science.'" *Forbes*, February 6, 2013. https://www.forbes.com/sites/
    larrybell/2013/02/05/in-their-own-words-climate-alarmists-debunk-
    their-science/.

10 Botkin, Daniel B. "Global Warming Delusions." *Wall Street Journal*,
    October 18, 2007. https://www.wsj.com/articles/SB119258265537661384.

11 Shabecoff, Philip. "U.N. Ecology Parley Opens Amid Gloom." *New
    York Times*, May 11, 1982. https://www.nytimes.com/1982/05/11/
    world/un-ecology-parley-opens-amid-gloom.html.

12 Onians, Charles. "Snowfalls Are Now Just a Thing of the Past."
    Independent, March 20, 2000. https://web.archive.org/web/20150912124
    604/http:/www.independent.co.uk/environment/snowfalls-are-now-
    just-a-thing-of-the-past-724017.html.

13 Harris, Paul, and Mark Townsend. "Pentagon Tells Bush: Climate
    Change Will Destroy Us." *Guardian*, February 22, 2004. https://www.
    theguardian.com/environment/2004/feb/22/usnews.theobserver.

14 Handler, Philip. "Public Doubts About Science." *Science*, June 6, 1980.
    https://science.sciencemag.org/content/208/4448/1093.

15 Census Bureau. "U.S. and World Population Clock." Population Clock,
    January 1, 2020. https://www.census.gov/popclock/.

16 Koonin, Steven E. "An Independent Perspective on the Human Genome Project." *Science*, January 2, 1998. https://science.sciencemag.org/content/279/5347/36.summary.

17 Glanz, James, with Andrew C. Revkin. "Some See Panic As Main Effect of Dirty Bombs." *New York Times*, March 7, 2002. https://www.nytimes.com/2002/03/07/us/a-nation-challenged-senate-hearings-some-see-panic-as-main-effect-of-dirty-bombs.html.

18 Resnikoff, Ned. "Kerry Compares Climate Change Deniers to 'Flat Earth Society.'" MSNBC, February 17, 2014. http://www.msnbc.com/msnbc/kerry-slams-climate-change-deniers.

1부

1 Intergovernmental Panel on Climate Change (IPCC). "The Guidance Note for Lead Authors of the IPCC Fifth Assessment Report on Consistent Treatment of Uncertainties." https://www.ipcc.ch/site/assets/uploads/2017/08/AR5_Uncertainty_Guidance_Note.pdf.

2 IPCC, 2013: *Climate Change 2013: The Physical Science Basis. Contribution of Working Group I to the Fifth Assessment Report of the Intergovernmental Panel on Climate Change* [Stocker, T.F., D. Qin, G.-K. Plattner, M. Tignor, S.K. Allen, J. Boschung, A. Nauels, Y. Xia, V. Bex and P.M. Midgley (eds.)]. Cambridge University Press, Cambridge, United Kingdom and New York, NY, USA, 1535 pp. https://archive.ipcc.ch/report/ar5/wg1/. Figure 1.11.

3 Intergovernmental Panel on Climate Change (IPCC). "The Intergovernmental Panel on Climate Change." IPCC, January 1, 2000. https://www.ipcc.ch/.

4 US Global Change Research Program (USGCRP). "About USGCRP."

지구를 구한다는 거짓말

GlobalChange. gov, January 1, 2000. https://www.globalchange.gov/about.

5   IPCC, 2007: *Climate Change 2007: The Physical Science Basis. Contribution of Working Group I to the Fourth Assessment Report of the Intergovernmental Panel on Climate Change* [Solomon, S., D. Qin, M. Manning, Z. Chen, M. Marquis, K.B. Averyt, M. Tignor and H.L. Miller (eds.)]. Cambridge University Press, Cambridge, United Kingdom and New York, NY, USA, 996 pp. https://www.ipcc.ch/assessment-report/ar4/.

6   IPCC, 2013: *Climate Change 2013: The Physical Science Basis. Contribution of Working Group I to the Fifth Assessment Report of the Intergovernmental Panel on Climate Change* [Stocker, T.F., D. Qin, G.-K. Plattner, M. Tignor, S.K. Allen, J. Boschung, A. Nauels, Y. Xia, V. Bex and P.M. Midgley (eds.)]. Cambridge University Press, Cambridge, United Kingdom and New York, NY, USA, 1535 pp. https://archive.ipcc.ch/report/ar5/wg1/.

7   IPCC. "Managing the Risks of Extreme Events and Disasters to Advance Climate Change Adaptation (SREX)." IPCC, January 1, 2000. https://archive.ipcc.ch/report/srex/.

8   IPCC. "Special Report on the Ocean and Cryosphere in a Changing Climate." January 1, 2000. https://www.ipcc.ch/srocc/.

9   IPCC. "Climate Change and Land." Special Report on Climate Change and Land, January 1, 2000. https://www.ipcc.ch/srccl/.

10 USGCRP. "Assess the U.S. Climate." GlobalChange.gov, January 1, 2000. https ://www.globalchange.gov/what-we-do/assessment.

11 USGCRP. *Climate Science Special Report: Fourth National Climate Assessment, Volume I*. US Global Change Research Program, Washington, DC, 2017. https://science2017.globalchange.gov/.

12 USGCRP. "Fourth National Climate Assessment, Volume II: Impacts,

Risks, and Adaptation in the United States: Summary Findings." NCA4, January 1, 1970. https ://nca2018globalchange.gov/.

13 AAAS. "About." How We Respond, January 1, 2000. https://howwerespond.aaas.org/report/.

1장

1 Data accessed 11/27/20 from Berkeley Earth (http://berkeleyearth.org/archive/data/); UK MetOffice (https://www.metoffice.gov.uk/hadobs/monitoring/index.html); NOAA (https://www.ncei.noaa.gov/access/metadata/landing-page/bin/iso?id=gov.noaa.ncdc:C00934); and NASA (https://data.giss.nasa.gov/gistemp/).

2 Hansen, J. E., and S. Lebedeff. "Global Trends of Measured Surface Air Temperature." *Journal of Geophysical Research*, November 27, 1987. https://pubs.giss.nasa.gov/abs/ha00700d.html.

3 Data from Koutsoyiannis, D. "Hydrology and Change." *Hydrological Sciences Journal* 58, no. 6 (2013): 1177-1197. http://www.itia.ntua.gr/en/docinfo/1351/.

4 Mufson, Steven, Chris Mooney, Juliet Eilperin, and John Muyskens. "Extreme Climate Change in America." *Washington Post*, August 13, 2019. https://www.washingtonpost.com/graphics/2019/national/climate-environment/climate-change-america/.

5 berkeleyearth.lbl.gov.에서 다운로드한 뉴욕시와 웨스트포인트의 원자료 (row data)를 사용하였다.

6 NASA. "Data.GISS: GISS Surface Temperature Analysis (v4): Global Maps." NASA, January 1, 2000. https://data.giss.nasa.gov/gistemp/maps/index_v4.html.

7 The UN Framework Convention on Climate Change, Article 1 (2). https://unfccc.int/files/essential_background/background_

publications_htmlpdf/application/pdf/conveng.pdf.

8   USGCRP. *Climate Science Special Report: Fourth National Climate Assessment, Volume I*. Figure 1.3.

9   "Current Status of Argo." Argo, January 1, 2000. https://argo.ucsd.edu/about/.

10 Rhein, Monika, and Stephen R. Rintoul, et al. "Observations: Ocean." IPCC, 2013. https://www.ipcc.ch/site/assets/uploads/2018/02/WG1 AR5_Chapter03_FINAL.pdf.

11 Cheng, L., John Abraham, Jiang Zhu, Kevin E. Trenberth, John Fasullo, Tim Boyer, Ricardo Locarnini, et al. "Record-Setting Ocean Warmth Continued in 2019." *Advances in Atmospheric Sciences* 37 (2020): 137-142. https://link.springer.com/article/10.1007/s00376-020-9283-7.

12 Zanna, Laure, Samar Khatiwala, Jonathan M. Gregory, Jonathan Ison, and Patrick Heimbach. "Global reconstruction of historical ocean heat storage and transport." Proceedings of the National Academy of Sciences, January 2019. https://www.pnas.org/content/116/4/1126.

13 Gebbie, G., and P. Huybers. "The Little Ice Age and 20th-Century Deep Pacific Cooling." *Science*, January 4, 2019. https://science.sciencemag.org/content/363/6422/70.

14 NOAA. "What Are 'Proxy' Data?" National Climatic Data Center (NOAA), January 1, 2000. https://www.ncdc.noaa.gov/news/what-are-proxy-data.

15 IPCC AR5 WGI, Figure 5.7. https://www.ipcc.ch/site/assets/uploads/2018/02/WG1AR5_Chapter05_FINAL.pdf.

16 Voosen, Paul. "Record-shattering 2.7-million-year-old ice core reveals start of the ice ages." *Science*, August 15, 2017. https://www.sciencemag.org/news/2017/08/record-shattering-27-million-year-old-ice-core-reveals-start-ice-ages.

17 Fergus, Glen. https://en.wikipedia.org/wiki/File:All_palaeotemps.png에

서 인용.

2장

1　Banks, P., J. M. Cornwall, F. Dyson, S. Koonin, C. Max, G. Macdonald, S. Ride, et al. "Small Satellites and RPAS in Global-Change Research Summary and Conclusions." JASON, The Mitre Corporation, January 1992. https://fas.org/irp/agency/dod/jason/smallsats.pdf.

2　National Aeronautics and Space Administration. "Measuring Earth's Albedo." NASA Earth Observatory, 2014. https://earthobservatory.nasa.gov/images/84499/measuring-earths-albedo.

3　Image courtesy of P. Goode et al., Big Bear Solar Observatory.

4　Flatte, S., S. Koonin, and G. MacDonald. "Global Change and the Dark of the Moon." JASON, The Mitre Corporation, 1992. https://fas.org/irp/agency/dod/jason/dark.pdf.

5　Palle, E., P. R. Goode, P. Montañés-Rodríguez, A. Shumko, B. Gonzalez-Merino, C. Martinez Lombilla, F. Jimenez-Ibarra, et al. "Earth's Albedo Variations 1998-2014 as Measured from Ground-Based Earthshine Observations." *Geophysical Research Letters*, May 5, 2016. https://agupubs.onlinelibrary.wiley.com/doi/full/10.1002/2016GL068025.

6　Turnbull, Margaret C., et al. *Astrophysical Journal* 644 (2006): 551. https://iopscience.iop.org/article/10.1086/503322/meta.

7　Clough, G. Wayne. "Antarctica!" *Smithsonian Magazine*, May 1, 2010. https://www.smithsonianmag.com/arts-culture/antarctica-13629809/.

8　Harde, Hermann. "Radiation Transfer Calculations and Assessment of Global Warming by CO_2." *International Journal of Atmospheric Sciences*, March 20, 2017. https://www.hindawi.com/journals/ijas/aip/9251034/.

9　Baum, Rudy M. "Future Calculations." Science History Institute,

지구를 구한다는 거짓말

April 19, 2019. https://www.sciencehistory.org/distillations/future-calculations.

10 W. A. 반 비잉가르덴(W. A. van Wijngaarden)과 W. 하퍼(W. Happer)가 제공한 시뮬레이션 자료. 맑은 대기 조건에서 기온은 전형적인 중위도, 표면 온도는 288.7K인 경우로 상정했다. 방법론은 다음 사이트에 설명돼 있다. https://arxiv.org/pdf/2006.03098.pdf.

11 NASA. "Global Effects of Mount Pinatubo." NASA, 2020. https://earthobservatory.nasa.gov/images/1510/global-effects-of-mount-pinatubo.

12 Iverson, Nels A., et al. "The first physical evidence of subglacial volcanism under the West Antarctic Ice Sheet." *Nature*, September 13, 2017. https://www.nature.com/articles/s41598-017-11515-3.

13 CMIP5에서 보여주는 강제력. https://data.giss.nasa.gov/modelforce/에서 다운로드함.

3장

1 Scripps Institution of Oceanography, UCSD. "Home: Scripps CO_2 Program." Scripps CO_2 Program, 2020. https://scrippsco2.ucsd.edu/.

2 Amos, Jonathan. "Scientists estimate Earth's total carbon store." BBC.com, October 1, 2019. https://www.bbc.com/news/science-environment-49899039.

3 Estimates from IPCC AR5, Chapter 6, Figure 6.1. https://www.ipcc.ch/site/assets/uploads/2018/02/WG1AR5_Chapter06_FINAL.pdf.

4 Olivier, J.G.J., and J.A.H.W. Peters. "Trends In Global CO_2 And Total Greenhouse Gas Emissions." PBL Netherlands Environmental Assessment Agency, The Hague, May 26, 2020. https://www.pbl.nl/sites/default/files/downloads/pbl-2020-trends-in-global-co2-and-total-greenhouse-gas-emissions-2019-report_4068.pdf.

5   Berner, Robert A., and Zavareth Kothavala. "Geocarb III: A Revised Model of Atmospheric CO_2 over Phanerozoic Time." *American Journal of Science* 301 (2001): 182-204. http://www.ajsonline.org/content/301/2/182.abstract.

6   NOAA. "Atmospheric CO_2 Growth Rates: Decadal Average Annual Growth Rates, Mauna Loa Observatory (MLO), 1960-2019." CO_2 Earth, November 2020. https://www.co2.earth/co2-acceleration.

7   IPCC Fifth Assessment Report (AR5), WGI (The Physical Science Basis), WGI Box 6.1 Figure 1.

8   National Research Council. *Radiative Forcing of Climate Change: Expanding the Concept and Addressing Uncertainties.* Washington, DC: The National Academies Press, 2005: Figure 3-4. https://www.nap.edu/read/11175/chapter/5#73.

9   US Department of Commerce, NOAA. "Global Monitoring Laboratory— Data Visualization." NOAA Earth System Research Laboratories, October 1, 2005. https://www.esrl.noaa.gov/gmd/dv/iadv/graph.php?code=MLO&program=ccgg&type=ts.

10   Motavalli, Jim. "Climate Change Mitigation's Best-Kept Secret." Climate Central, February 1, 2015. https://www.climatecentral.org/news/climate-change-mitigations-best-kept-secret-18613.

11   van Vuuren, D. P., J. Edmonds, M. Kainuma, et al. "The Representative Concentration Pathways: An Overview." *Climatic Change* 109, 5 (2011). https://doi.org/10.1007/s10584-011-0148-z.

12   O'Neill, B. C., E. Kriegler, K. Riahi, et al. "A New Scenario Framework for Climate Change Research: The Concept of Shared Socioeconomic Pathways." *Climatic Change* 122, 387-400 (2014). https://doi.org/10.1007/s10584-013-0905-2.

13   van Vuuren, D. P., et al. "The Representative Concentration Pathways: An Overview," Figure 11. https://doi.org/10.1007/s10584-011-0148-z.

지구를 구한다는 거짓말

14 Burgess, Matthew G., et al. "IPCC baseline scenarios have over-projected CO_2 emissions and economic growth." Environmental Research Letters, November 25, 2020. https://doi.org/10.1088/1748-9326/abcdd2.

4장

1 Koonin, S. E., T. A. Tombrello, and G. Fox. "A 'Hybrid' R-Matrix-Optical Model Parametrization of the $^{12}C(a,r)^{16}O$ Cross Section." Nuclear Physics A, available online October 26, 2002. https://www.sciencedirect.com/science/article/abs/pii/0375947474907155.

2 Koonin, Steven E. 1985. *Computational Physics*. Benjamin-Cummings. Koonin, Steven E., and Dawn C. Meredith. 2018. *Computational Physics: Fortran Version*. Boca Raton: CRC Press. https://www.amazon.com/Computational-Physics-Fortran-Steven-Koonin-ebook/dp/B07B9YXMZ8.

3 Abarbanel, H., P. Collela, A. Despain, S. Koonin, C. Leith, H. Levine, G. MacDonald, et al. "CHAMMP Review." fas.org. JASON, The Mitre Corporation, 1992. https://fas.org/irp/agency/dod/jason/chammp.pdf.

4 Buizza, R., and M. Leutbecher. "The Forecast Skill Horizon: ECMWF Technical Memoranda." European Centre for Medium-Range Weather Forecasts, June 2015. https://www.ecmwf.int/en/elibrary/8450-forecast-skill-horizon.

5 다음 책의 그림 5.2에서 가져왔다. Kendal McGuffie and Ann Henderson-Sellars. The Climate Modelling Primer, 4th Edition. Hoboken, New Jersey: Wiley-Blackwell, 2014. https://www.wiley.com/en-us/The+Climate+Modelling+Primer%2C+4th+Edition-p-9781119943372.

6 Schneider, T., J. Teixeira, C. Bretherton, et al. "Climate goals and computing the future of clouds." *Nature Clim Change* 7 (2017): 3-5. https://doi.org/10.1038/nclimate3190.

7 Sellar, A. A., C. G. Jones, J. P. Mulcahy, et al. (2019). "UKESM1: Description and eEvaluation of the U,K. Earth System Model." *Journal of Advances in Modeling Earth Systems* 11 (2019): 4513–4558. https://doi,org/10.1029/2019MS001739

8 Hourdin, Frédéric, Thorsten Mauritsen, Andrew Gettelman, Jean-Christophe Golaz, Venkatramani Balaji, Qingyun Duan, Doris Folini, et al. "The Art and Science of Climate Model Tuning." *Bulletin of the American Meteorological Society* 98 (2017): 589–602. https://journals.ametsoc,org/bams/article/98/3/589/70022/The-Art-and-Science-of-Climate-Model-Tuning.

9 Mauritsen, Thorsten, Jürgen Bader, Tobias Becker, Jörg Behrens, Matthias Bittner, Renate Brokopf, Victor Brovkin, et al. "Developments in the MPI-M Earth System Model Version 1.2 (MPI-ESM1.2) and Its Response to Increasing CO_2." *Journal of Advances in Modeling Earth Systems* 11 (2019): 998–1038. https://agupubs,onlinelibrary,wiley,com/doi/full/10.1029/2018MS001400.

10 Coupled Model Intercomparison Project (CMIP). "A Short Introduction to Climate Models—CMIP & CMIP6." World Climate Research Programme, 2020. https://www.wcrp-climate,org/wgcm-cmip.

11 Voosen, Paul. "Climate scientists open up their black boxes to scrutiny." *Science*, October 2016. https://science.sciencemag.org/content/354/6311/401; Held, Isaac. "73. Tuning to the global mean temperature record." *Isaac Held's Blog*, GFDL, Princeton University, November 28, 2016. https://www.gfdl.noaa.gov/blog_held/73-tuning-to-the-global-mean-temperature-record/.

12 다음 자료에서 가져왔다. IPCC Fifth Assessment Report (AR5), WGI (The Physical Science Basis), Figure 10.1.

13 IPCC. AR5 WGI, 887.

14 Trenberth, Kevin, Rong Zhang, and National Center for Atmospheric

지구를 구한다는 거짓말

Research Staff (eds.). "The Climate Data Guide: Atlantic Multi-decadal Oscillation (AMO)." NCAR—Climate Data Guide, January 10, 2019. https://climatedataguide.ucar.edu/climate-data/atlantic-multi-decadal-oscillation-amo.

15 IPCC. AR5 WGI, 9.5.3.6.

16 https://www.psl.noaa.gov/data/correlation/amon.us.long.data.

17 IPCC. AR5 WGI, 801.

18 Papalexiou, S. M., C. R. Rajulapati, M. P. Clark, and F. Lehner "Robustness of CMIP6 Historical Global Mean Temperature Simulations: Trends, Long-Term Persistence, Autocorrelation, and Distributional Shape." *Earth's Future*, September 2020. https://agupubs.onlinelibrary.wiley.com/doi/epdf/10.1029/2020EF001667.

19 Femke, J. M., M. Nijsse, Peter M. Cox, and Mark S. Williamson. "Emergent constraints on transient climate response (TCR) and equilibrium climate sensitivity (ECS) from historical warming in CMIP5 and CMIP6 models." *Earth System Dynamics* 11 (2020): 737-750. https://esd.copernicus.org/articles/11/737/2020/.

20 Maher, Nicola, Flavio Lehner, and Jochem Marotzke. "Quantifying the role of internal variability in the temperature we expect to observe in the coming decades." *Environmental Research Letters*, May 12, 2020. https://iopscience.iop.org/article/10.1088/1748-9326/ab7d02.

21 National Research Council. *Carbon Dioxide and Climate: A Scientific Assessment*. Washington, DC: The National Academies Press, 1979. https://www.nap.edu/catalog/12181/carbon-dioxide-and-climate-a-scientific-assessment.

22 Climate Research Board. "Carbon Dioxide and Climate: A Scientific Assessment." National Academy of Sciences, 1979. https://www.bnl.gov/envsci/schwartz/charney_report1979.pdf, page 16.

23 Hausfather, Zeke. "CMIP6: The Next Generation of Climate Models

Explained." Carbon Brief, December 2, 2019. https://www.carbonbrief.
org/cmip6-the-next-generation-of-climate-models-explained.

24 Tokarska, Katarzyna B., Martin B. Stolpe, Sebastian Sippel, Erich M.
Fischer, Christopher J. Smith, Flavio Lehner, and Reto Knutti. "Past
Warming Trend Constrains Future Warming in CMIP6 Models."
Science Advances, March 18, 2020. https://advances.sciencemag.org/
content/6/12/eaaz9549.

25 Femke, J. M., et al. "Emergent constraints on transient climate response
(TCR)."

26 Zhu, Jiang, Christopher J. Poulsen, and Bette L. Otto-Bliesner. "High
Climate Sensitivity in CMIP6 Model Not Supported by Paleoclimate."
Nature News, April 30, 2020. https://www.nature.com/articles/s41558-
020-0764-6.

27 Zelinka, Mark D., Timothy A. Myers, Daniel T. McCoy, Stephen Po-
Chedley, Peter M. Caldwell, Paulo Ceppi, Stephen A. Klein, and Karl
E. Taylor. "Causes of Higher Climate Sensitivity in CMIP6 Models."
Geophysical Research Letters, January 16, 2020. https://agupubs.
onlinelibrary.wiley.com/doi/full/10.1029/2019GL085782.

28 Meehl, Gerald A., Catherine A. Senior, Veronika Eyring, Gregory Flato,
Jean-Francois Lamarque, Ronald J. Stouffer, Karl E. Taylor, and Manuel
Schlund. "Context for Interpreting Equilibrium Climate Sensitivity and
Transient Climate Response from the CMIP6 Earth System Models."
Science Advances, June 1, 2020. https://advances.sciencemag.org/
content/6/26/eaba1981.

29 National Center for Atmospheric Research. "Increased Warming in
Latest Generation of Climate Models Likely Caused by Clouds." Phys.
org, June 24, 2020. https://phys.org/news/2020-06-latest-climate-
clouds.html.

30 Mauritsen, Thorsten, and Erich Roeckner. "Tuning the MPI-ESM1.2

지구를 구한다는 거짓말

Global Climate Model to Improve the Match with Instrumental Record Warming by Lowering Its Climate Sensitivity." *Journal of Advances in Modeling Earth Systems* 12 (2020): e2019MS002037. https://agupubs. onlinelibrary.wiley.com/doi/full/10.1029/2019MS002037.

31 Reprinted with permission of AAAS from Tokarska, Katarzyna B., Martin B. Stolpe, Sebastian Sippel, Erich M. Fischer, Christopher J. Smith, Flavio Lehner, and Reto Knutti. "Past Warming Trend Constrains Future Warming in CMIP6 Models." *Science Advances* 6 (2020): eaaz9549. https://advances.sciencemag.org/content/6/12/eaaz9549 © The Authors, some rights reserved; exclusive licensee American Association for the Advancement of Science. Distributed under a Creative Commons Attribution NonCommercial License 4.0 (CC BY-NC) http://creativecommons.org/licenses/by-nc/4.0/.

32 Lewis, Nicholas, and Judith Curry. "The Impact of Recent Forcing and Ocean Heat Uptake Data on Estimates of Climate Sensitivity." *Journal of Climate* 31 (2018): 6051-6071. https://journals.ametsoc.org/ jcli/article/31/15/6051/92230/The-Impact-of-Recent-Forcing-and-Ocean-Heat-Uptake.

33 Sherwood, S. C., M. J. Webb, J. D. Annan, K. C. Armour, P. M. Forster, J. C. Hargreaves, et al. "An assessment of Earth's climate sensitivity using multiple lines of evidence." *Reviews of Geophysics* 58 (2020): e2019RG000678. https://agupubs.onlinelibrary.wiley.com/doi/ full/10.1029/2019RG000678.

34 National Research Council of the National Academies. *Climate Intervention: Reflecting Sunlight to Cool Earth*: "Comparison of Some Basic Risks Associated with Albedo Modification." The National Academies Press, 2015. https://www.nap.edu/read/18988/ chapter/4#39.

35 Kravitz, B., A. Robock, S. Tilmes, O. Boucher, J. M. English, P. J. Irvine,

A. Jones, et al. "The Geoengineering Model Intercomparison Project Phase 6 (GeoMIP6): simulation design and preliminary results." *Geosci. Model Dev.* 8 (2015): 3379-3392. https://gmd.copernicus.org/articles/8/3379/2015/.

5장

1   IPCC. AR5 WGI Section 2.6.2.2.

2   IPCC. AR5 WGI Section 2.6.2.3.

3   IPCC. AR5 WGI Section 2.6.2.4.

4   IPCC. AR5 WGI Section 2.6.4.

5   National Academies of Sciences, Engineering, and Medicine. 2016. *Attribution of Extreme Weather Events in the Context of Climate Change.* The National Academies Press. https://www.nap.edu/catalog/21852/attribution-of-extreme-weather-events-in-the-context-of-climate-change.

6   Fountain, Henry. "Scientists Link Hurricane Harvey's Record Rainfall to Climate Change." *New York Times*, December 13, 2017. https://www.nytimes.com/2017/12/13/climate/hurricane-harvey-climate-change.html.

7   Risser, M. D., and M. F. Wehner. "Attributable human-induced changes in the likelihood and magnitude of the observed extreme precipitation during Hurricane Harvey." *Geophysical Research Letters* 44 (2017): 12, 457-12, 464. https://agupubs.onlinelibrary.wiley.com/doi/full/10.1002/2017GL075888.

8   Intergovernmental Panel on Climate Change (IPCC). 2012. *Managing the Risks of Extreme Events and Disasters to Advance Climate Change Adaptation.* Cambridge and New York: Cambridge University Press. https://www.ipcc.ch/site/assets/uploads/2018/03/SREX_Full_Report-1.

pdf.

9   World Meteorological Society. Frequently Asked Questions (FAQ). Accessed November 20, 2020. https://www.wmo.int/pages/prog/wcp/ccl/faq/faq_doc_en.html.

10   IPCC. AR5 WGI Section 2.6.1.

11   USGCRP. *Climate Science Special Report: Fourth National Climate Assessment, Volume I*: Executive Summary, Figure 5.

12   USGCRP. *Climate Science Special Report: Fourth National Climate Assessment, Volume I*: Chapter 6: Temperature Changes in the United States, Figure 6.3.

13   Meehl, G. A., C. Tebaldi, G. Walton, D. Easterling, and L. McDeaniel. "Relative increase of record high maximum temperatures compared to record low minimum temperatures in the U.S." *Geophysical Research Letters* 36, (2009): L23701.

14   Meehl, G. A., C. Tebaldi, and D. Adams-Smith. "US daily temperature records past, present, and future." Proceedings of the National Academy of Sciences, 2016.

15   Meehl, et al. "US daily temperature records past, present, and future."

16   Meehl, et al. "US daily temperature records past, present, and future."

17   USGCRP. *Climate Science Special Report: Fourth National Climate Assessment, Volume I*: "About This Report." https://science2017.globalchange.gov/chapter/front-matter-about/.

18   National Academies of Sciences. "Review of the Draft Climate Science Special Report." The National Academies Press, March 14, 2017. https://www.nap.edu/catalog/24712/review-of-the-draft-climate-science-special-report.

19   Wuebbles, Donald, David Fahey, and Kathleen Hibbard (coordinating lead authors). "U.S. Global Change Research Program Climate Science Special Report (CSSR)." USGCRP, December 2016. https://biotech.law.

lsu.edu/blog/Draft-of-the-Climate-Science-Special-Report.pdf.

20 Kuperberg, Michael, and CSSR Writing Team. Letter to Dr. Philip Mote (Chair) and the NAS Committee to Review the Draft Climate Science Special Report. November 2, 2017. https://science2017.globalchange.gov/PDFs/CSSR-NASresponse_110217.pdf.

21 Borenstein, Seth, and Nicky Forster. "Heat Records Falling Twice as Often as Cold Ones, AP Finds." Associated Press, March 19, 2019. https://apnews.com/7d00e38b 9ba1470fa526b1da739c5da8.

6장

1 Mack, Eric. "This Era of Deadly Hurricanes Was Supposed to Be Temporary. Now It's Getting Worse." *Forbes*, October 7, 2020. https://www.forbes.com/sites/ericmack/2020/10/07/this-era-of-deadly-hurricanes-was-supposed-to-be-temporary-now-its-getting-worse/.

2 US Department of Commerce, NOAA. "Saffir-Simpson Hurricane Scale." National Weather Service, June 14, 2019. https://www.weather.gov/mfl/saffirsimpson.

3 Climate Prediction Center Internet Team. "Background Information: North Atlantic Hurricane Season." NOAA Center for Weather and Climate Prediction, Climate Prediction Center, May 22, 2019. https://www.cpc.ncep.noaa.gov/products/outlooks/Background.html.

4 Villarini, Gabriele, and Gabriel A. Vecchi. "North Atlantic Power Dissipation Index (PDI) and Accumulated Cyclone Energy (ACE): Statistical Modeling and Sensitivity to Sea Surface Temperature Changes." *Journal of Climate* 25 (2012): 625-637. https://journals.ametsoc.org/jcli/article/25/2/625/33791/North-Atlantic-Power-Dissipation-Index-PDI-and.

지구를 구한다는 거짓말

5   Kossin, J. "Hurricane intensification along United States coast suppressed during active hurricane periods." *Nature* 541 (2017): 390–393. https://doi.org/10.1038/nature20783.

6   Emanuel, K. A. "Environmental factors affecting tropical cyclone power dissipation." *Journal of Climate* 20 (2007): 5497–5509. https://doi.org/10.1175/2007JCLI1571.1.

7   Evan, Amato T., Cyrille Flamant, Stephanie Fiedler, and Owen Doherty. "An Analysis of Aeolian Dust in Climate Models." *Geophysical Research Letters* 41 (2014): 5996–6001. https://agupubs.onlinelibrary.wiley.com/doi/full/10.1002/2014GL060545.

8   Vecchi, G. A., T. L. Delworth, H. Murakami, et al. "Tropical cyclone sensitivities to CO_2 doubling: roles of atmospheric resolution, synoptic variability and background climate changes." *Climate Dynamics* 53 (2019): 5999–6033. https://link.springer.com/article/10.1007/s00382-019-04913-y.

9   Department of Atmospheric Science, Tropical Meteorology Project, Colorado State University. "North Atlantic Ocean Historical Tropical Cyclone Statistics." 2020. http://tropical.atmos.colostate.edu/Realtime/index.php?arch&loc=northatlantic.

10   Emanuel, K. A. 2016. 이전에 출간된 다음 데이터로부터 업데이트된 것이다. Emanuel, K. A. 2007. "Environmental factors affecting tropical cyclone power dissipation." *J. Climate* 20 (22): 5497–5509. https://www.epa.gov/climate-indicators/climate-change-indicators-tropical-cyclone-activity.

11   Melillo, Jerry M., Terese (T. C.) Richmond, and Gary W. Yohe, eds. 2014. *Climate Change Impacts in the United States: The Third National Climate Assessment*. U.S. Global Change Research Program, 841. doi:10.7930/J0Z31WJ2., 41.

12   Knutson, Thomas R., John L. McBride, Johnny Chan, Kerry Emanuel,

Greg Holland, Chris Landsea, Isaac Held, James P. Kossin, A. K. Srivastava, and Masato Sugi. "Tropical Cyclones and Climate Change." *Nature Geoscience 3* (2010): 157-163. https://www.nature.com/articles/ngeo779.

13 USGCRP. *Climate Change Impacts in the United States: The Third National Climate Assessment.* "Appendix 3: Climate Science Supplement," page 769. http://nca2014.globalchange.gov/report/appendices/climate-science-supplement.

14 Villarini, Gabriele, and Gabriel A. Vecchi. "North Atlantic Power Dissipation Index (PDI) and Accumulated Cyclone Energy (ACE): Statistical Modeling and Sensitivity to Sea Surface Temperature Changes." *Journal of Climate 25* (2012): 625-637. https://journals.ametsoc.org/jcli/article/25/2/625/33791/North-Atlantic-Power-Dissipation-Index-PDI-and.

15 2009년 이전의 데이터는 참고자료 14에서, 2008년 이후의 데이터는 라이언 마우이(Ryan Maue)의 웹사이트에서 가져왔다. www.climatlas.com from HURDAT2 data, https://www.nhc.noaa.gov/data/#hurdat.

16 USGCRP. *Climate Science Special Report: Fourth National Climate Assessment, Volume I:* Chapter 9. https://science2017.globalchange.gov/chapter/9/.

17 National Academies of Sciences. "Review of the Draft Climate Science Special Report." The National Academies Press, March 14, 2017. https://www.nap.edu/catalog/24712/review-of-the-draft-climate-science-special-report.

18 Knutson, Thomas, Suzana J. Camargo, Johnny C. L. Chan, Kerry Emanuel, Chang-Hoi Ho, James Kossin, Mrutyunjay Mohapatra, et al. "Tropical Cyclones and Climate Change Assessment: Part I: Detection and Attribution." Bulletin of the American Meteorological Society 100 (2019): 1987-2007. https://journals.ametsoc.org/doi/abs/10.1175/

BAMS-D-18-0189.1

19 한 세기 넘게 대서양 허리케인이 장기적인 추세를 보이지 않는다는 또 다른 최신 분석이 궁금하면 다음을 참고하라. Loehle, C., and E. Staehling. "Hurricane trend detection." *Natural Hazards* 104 (2020): 1345-1357. https://link.springer.com/article/10.1007/s11069-020-04219-x#Abs1.

20 Rice, Doyle. "Global warming is making hurricanes stronger, study says." *USA Today*, May 18, 2020. https://www.usatoday.com/story/news/nation/2020/05/18/global-warming-making-hurricanes-stronger-study-suggests/5216028002/.

21 Kossin, James P., Kenneth R. Knapp, Timothy L. Olander, and Christopher S. Velden. "Global Increase in Major Tropical Cyclone Exceedance Probability over the Past Four Decades." *PNAS: Proceedings of the National Academy of Sciences* 117 (22): 11975-11980. https://www.pnas.org/content/early/2020/05/12/1920849117.

22 Weinkle, Jessica, Chris Landsea, Douglas Collins, Rade Musulin, Ryan P. Cromp- ton, Philip J. Klotzbach, and Roger Pielke. "Normalized Hurricane Damage in the Continental United States 1900-2017." *Nature Sustainability* 1 (2018): 808-813. https://www.nature.com/articles/s41893-018-0165-2; Pielke, Roger. "Economic 'normalisation' of disaster losses 1998-2020: a literature review and assessment." Environmental Hazards, August 5, 2020. https://www.tandfonline.com/doi/abs/10.1080/17477891.2020.1800440?journalCode=tenh20.

23 Knutson, Thomas, Suzana J. Camargo, Johnny C. L. Chan, Kerry Emanuel, Chang-Hoi Ho, James Kossin, Mrutyunjay Mohapatra, Masaki Satoh, Masato Sugi, Kevin Walsh, and Liguang Wu. "Tropical Cyclones and Climate Change Assessment—Part II: Projected Response to Anthropogenic Warming." *Bulletin of the American Meteorological Society* 101 (2020): E303-E322. https://journals.ametsoc.org/doi/pdf/10.1175/BAMS-D-18-0194.1.

24 2020년 북대서양 태풍철은 이름이 붙은 태풍이 기록적인 숫자로 발생하는 등 활동이 활발했지만 다른 기준들로 보면 전례 없는 시즌은 아니었다. ACE는 12년 전에 비해 높았지만 1950년 전에 비하면 절반이다.

25 NOAA National Centers for Environmental Information (NCEI). "Tornadoes—Annual 2019." National Climatic Data Center, January 2020. https://www.ncdc.noaa.gov/sotc/tornadoes/201913.

26 NOAA NCEI. "Historical Records and Trends: Ratio of (E)F-0 Tornado Reports to Total Reports." National Climatic Data Center, 2020. https://www.ncdc.noaa.gov/climate-information/extreme-events/us-tornado-climatology/trends.

27 Gensini, V. A., and H. E. Brooks. "Spatial trends in United States tornado frequency." *npj Climate and Atmospheric Science* 1 (2018). https://www.nature.com/articles/s41612-018-0048-2.

28 USGCRP. *Climate Science Special Report: Fourth National Climate Assessment, Volume I*: Chapter 9: Extreme Storms. https://science2017.globalchange.gov/chapter/9/.

29 NOAA NCEI. "Historical Records and Trends: Ratio of (E)F-0 Tornado Reports to Total Reports."

30 Brooks, Harold E., and Charles A. Doswell III. "Deaths in the 3 May 1999 Oklahoma City Tornado from a Historical Perspective." *Weather and Forecasting* 17 (2002): 354-361. https://journals.ametsoc.org/waf/article/17/3/354/40162/Deaths-in-the-3-May-1999-Oklahoma-City-Tornado.

31 Pierre-Louis, Kendra. "As Climate Changes, Scientists Try to Unravel the Effects on Tornadoes." *New York Times*, August 8, 2018. https://www.nytimes.com/2018/08/08/climate/tornadoes-climate-change.html.

7장

1   Li, Ye, Eric J. Johnson, and Lisa Zaval. "Local Warming: Daily Temperature Change Influences Belief in Global Warming." *Psychological Science* 22 (2011). https://journals.sagepub.com/doi/abs/10.1177/0956797611400913.

2   Livingston, Ian. "Snowfall Shows a Sharp Long-Term Decline in the Washington Region, but Some Trends Are Surprising." *Washington Post*, November 29, 2018. https://www.washingtonpost.com/weather/2018/11/29/snowfall-shows-sharp-long-term-decline-washington-region-some-trends-are-surprising/.

3   Livingston, Ian, and Jordan Tessler. "Everything You Ever Wanted to Know about Snow in Washington, D.C., Updated." *Washington Post*, February 9, 2018. https://www.washingtonpost.com/news/capital-weather-gang/wp/2018/02/09/everything-you-ever-wanted-to-know-about-snow-in-washington-d-c-updated/.

4   New, Mark, Martin Todd, Mike Hulme, and Phil Jones. "Precipitation measurements and trends in the twentieth century." *International Journal of Climatology* 21 (2001): 1889-1922. https://rmets.onlinelibrary.wiley.com/doi/pdf/10.1002/joc.680.

5   United States Environmental Protection Agency (EPA). "Climate Change Indicators: U.S. and Global Precipitation." December 17, 2016. https://www.epa.gov/climate-indicators/climate-change-indicators-us-and-global-precipitation.

6   IPCC. AR5 WGI, Section B.1 of Summary for Policymakers.

7   Nguyen, Phu, Andrea Thorstensen, Soroosh Sorooshian, Kuolin Hsu, Amir Aghakouchak, Hamed Ashouri, Hoang Tran, and Dan Braithwaite. "Global Precipitation Trends Across Spatial Scales Using Satellite Observations." *Bulletin of the American Meteorological*

Society 99 (2018): 689-697. https://journals.ametsoc.org/bams/article/99/4/689/70305/Global-Precipitation-Trends-across-Spatial-Scales.

8 Huntington, Thomas G. "Climate Warming-Induced Intensification of the Hydrologic Cycle: An Assessment of the Published Record and Potential Impacts on Agriculture." *Advances in Agronomy* 109 (2010): 1-53. https://www.sciencedirect.com/science/article/pii/B9780123850409000013.

9 USGCRP. *Climate Science Special Report: Fourth National Climate Assessment, Volume I:* "Chapter 7: Precipitation Change in the United States." https://science2017.globalchange.gov/chapter/7/.

10 EPA. "Climate Change Indicators: U.S. and Global Precipitation."

11 IPCC AR5 WGI Section 2.6.2.1.

12 EPA. "Climate Change Indicators: U.S. and Global Precipitation."

13 Estilow, T. W., A. H. Young, and D. A. Robinson. "A Long-Term Northern Hemisphere Snow Cover Extent Data Record for Climate Studies and Monitoring." *Earth System Science Data* 7 (2015): 137-142. https://essd.copernicus.org/articles/7/137/2015/essd-7-137-2015.html.

14 National Snow and Ice Data Center. "SOTC: Northern Hemisphere Snow." November 1, 2019. https://nsidc.org/cryosphere/sotc/snow_extent.html.

15 미국 국립해양대기청의 다음 데이터에서 가져왔다. "Sea Ice and Snow Cover Extent." NOAA National Centers for Environmental Information, December 8, 2020. https://www.ncdc.noaa.gov/snow-and-ice/extent/snow-cover/nhland/0.

16 EPA. "Climate Change Indicators: River Flooding." December 17, 2016. https://www.epa.gov/climate-indicators/climate-change-indicators-river-flooding.

17 Dai, Aiguo, and National Center for Atmospheric Research Staff. "Palmer Drought Severity Index (PDSI)." NCAR—Climate Data Guide,

December 12, 2019. https://climatedataguide.ucar.edu/climate-data/palmer-drought-severity-index-pdsi.

18 EPA. "Climate Change Indicators: Drought." December 17, 2016. https://www.epa.gov/climate-indicators/climate-change-indicators-drought.

19 AR5 WGI Figure 5.13. https://www.ipcc.ch/site/assets/uploads/2018/02/Fig5-13.jpg.

20 Cook, Edward R., Connie A. Woodhouse, C. Mark Eakin, David M. Meko, and David W. Stahle. "Long-Term Aridity Changes in the Western United States." *Science*, November 5, 2004. https://science.sciencemag.org/content/306/5698/1015.

21 IPCC AR5 Section 12.5.5.8.1.

22 Erb, M. P., J. Emile-Geay, G. J. Hakim, N. Steiger, and E. J. Steig. "Atmospheric dynamics drive most interannual U.S. droughts over the last millennium." *Science Advances* 6 (2020). https://advances.sciencemag.org/content/6/32/eaay7268.full.

23 The Climate Assessment for the Southwest (CLIMAS). "Southwest Paleoclimate." Accessed July 8, 2020. https://climas.arizona.edu/sw-climate/southwest-paleoclimate.

24 U.S. Global Change Research Program. "Global Climate Change Impacts in the United States 2009 Report (Legacy Site)." Accessed July 8, 2020. https://nca2009. globalchange.gov/southwest-drought-timeline/index.html.

25 CSSR Section 8.1.1.

26 Associated Press. "California's drought is officially over, Gov. Jerry Brown says." CBS News, April 7, 2017. https://www.cbsnews.com/news/calif-gov-jerry-brown-declares-an-end-to-drought/.

27 NOAA National Centers for Environmental Information, Climate at a Glance: Statewide Mapping, published November 2020, retrieved on

December 6, 2020, from https://www.ncdc.noaa.gov/cag/statewide/mapping.

28 Freedman, Andrew. "Western wildfires: An 'unprecedented' climate change fueled event, experts say." *Washington Post*, September 11, 2020. https://www.washingtonpost.com/weather/2020/09/11/western-wildfires-climate-change/.

29 Andela, N., D. C. Morton, L. Giglio, Y. Chen, G. R. van der Werf, P. S. Kasibhatla, R. S. DeFries, et al. "A Human-Driven Decline in Global Burned Area." *Science*, June 30, 2017. https://science.sciencemag.org/content/356/6345/1356.

30 Copernicus Atmosphere Monitoring Service. "How Wildfires in the Americas and Tropical Africa in 2020 Compared to Previous Years." European Centre for Medium-Range Weather Forecasts on behalf of the European Commission. Accessed January 19, 2021. https://atmosphere.copernicus.eu/wildfires-americas-and-tropical-africa-2020-compared-previous-years.

31 Voiland, Adam. "Building a Long-Term Record of Fire." NASA, Earth Observatory. Accessed November 23, 2020. https://earthobservatory.nasa.gov/images/145421/building-a-long-term-record-of-fire.

32 Voiland, Adam. "Building a Long-Term Record of Fire." NASA, Earth Observatory. Accessed November 23, 2020. https://earthobservatory.nasa.gov/images/145421/building-a-long-term-record-of-fire.

33 Abatzoglou, John T., and A. Park Williams. "Impact of Anthropogenic Climate Change on Wildfire across Western US Forests." *PNAS* 113 (2016). https://www.pnas.org/content/pnas/113/42/11770.full.pdf.

34 National Parks Service. "Wildfire Causes and Evaluations." US Department of the Interior, November 27, 2018. https://www.nps.gov/articles/wildfire-causes-and-evaluation.htm.

35 Miller, R. K., C. B. Field, and K. J. Mach. "Barriers and enablers for

지구를 구한다는 거짓말

prescribed burns for wildfire management in California." *Nature Sustainability* 3 (2020): 101-109. https://www.nature.com/articles/s41893-019-0451-7; Doerr, Stefan, H. and Cristina Santín. "Global trends in wildfire and its impacts: perceptions versus realities in a changing world." *Philos Trans R Soc Lond B Biol Sci.* 371 (2016): 20150345. https://www.ncbi.nlm.nih.gov/pmc/articles/PMC4874420/.

36 AR5, Box TS.4 of the WGI Technical Summary.

37 AR5 WGI, Box 11.2.

38 Carney, Mark. "Mark Carney: Breaking the Tragedy of the Horizon— Climate Change and Financial Stability." bis.org, September 29, 2015. https://www.bis.org/review/r151009a.pdf.

39 Met Office Hadley Centre (National Meterological Service for the UK). https://www.metoffice.gov.uk/hadobs/hadukp/data/seasonal/HadEWP_ssn.dat.

40 Brown, Simon J. "The drivers of variability in UK extreme rainfall." *International Journal of Climatology* 38 (2018): e119-e130. https://rmets.onlinelibrary.wiley.com/doi/pdf/10.1002/joc.5356.

8장

1 NOAA. "Relative Sea Level Trend 8518750 The Battery, New York." NOAA Tides & Currents, January 1, 2020. https://tidesandcurrents.noaa.gov/sltrends/sltrends_station.shtml.

2 Bianchi, Carlo Nike, et al. "Mediterranean Sea biodiversity between the legacy from the past and a future of change" in *Life in the Mediterranean Sea: A Look at Habitat Changes*. Ed. Noga Stambler. New York: Nova Science Publishers, 2011. http://due project.org/en/wp-content/uploads/2019/01/8.pdf

3 Rohde, Robert A. Global Warming Art Project. "Post-Glacial Sea Level

Rise." Wikimedia Commons, October 9, 2020. https://commons. wikimedia.org/wiki/File:Post-Glacial_Sea_Level.png.

4   NOAA. "Sea Level Trends." NOAA Tides & Currents, January 1, 2020. https://tides andcurrents.noaa.gov/sltrends/sltrends.html.

5   CSIRO. "Historical Sea Level Changes—Last Few Hundred Years." CSIRO National Collections and Marine Infrastructure (NCMI) Information and Data Centre, October 12, 2020. https://www.cmar. csiro.au/sealevel/sl_hist_few_hundred.html.

6   AVISO+. "Sea Surface Height Products." CNES AVISO+ Satellite Altimetry Data. Accessed December 1, 2020. https://www.aviso. altimetry.fr/en/home.html.

7   NOAA, NESDIS, STAR. "Laboratory for Satellite Altimetry/Sea Level Rise—Global sea level time series." Accessed December 1, 2020. https://www.star.nesdis.noaa.gov/socd/lsa/SeaLevelRise/LSA_SLR_ timeseries_global.php.

8   IPCC. AR5 WGI Figure 3.14.

9   IPCC. AR5 WGI Section 3.7.4.

10 Koonin, Steven E. "A Deceptive New Report on Climate." *Wall Street Journal*, November 2, 2017. https://www.wsj.com/articles/a-deceptive-new-report-on-climate-1509660882.

11 IPCC. "Special Report on the Ocean and Cryosphere in a Changing Climate." https://www.ipcc.ch/srocc/.

12 Hay, Carling C., Eric Morrow, Robert E. Kopp, and Jerry X. Mitrovica. "Probabilistic Reanalysis of Twentieth-Century Sea-Level Rise." *Nature* 517 (2015): 481-484. https://www.nature.com/articles/nature14093.

13 Pierrehumbert, Raymond T. "Climate Science Is Settled Enough." Slate.

14 Frederikse, Thomas, Felix Landerer, Lambert Caron, Surendra Adhikari, David Parkes, Vincent W. Humphrey, Sönke Dangendorf, et al. "The causes of sea-level rise since 1900." *Nature* 584 (2020): 393-397.

지구를 구한다는 거짓말

https://www.nature.com/articles/s41586-020-2591-3.

15 IPCC. SROCC Section 4.2.2.2.6.

16 IPCC. SROCC Summary for Policymakers, Finding B3.1.

17 Hamlington, B. D., A. S. Gardner, E. Ivins, J. T. M. Lenaerts, J. T. Reager, and D. S. Trossman, et al. "Understanding of contemporary regional sea-level change and the implications for the future." *Reviews of Geophysics* 58 (2020): e2019RG000672. https://agupubs.onlinelibrary. wiley.com/doi/abs/10.1029/2019RG000672.

18 Stammer, Detlef, Robert Nichols, Roderik van de Wal, and the GC Sea Level Steering Team. "WCRP Grand Challenge: Regional Sea Level Change and Coastal Impacts Science and Implementation Plan." CLIVAR (Climate and Ocean: Variability, Predictability and Change), World Climate Research Programme, June 8, 2018. http://www.clivar. org/sites/default/files/documents/GC_SeaLevel_Science_and_Imple-mentation_Plan_V2.1_ds_MS.pdf.

19 미국 국립해양대기청에서 가져온 과거 기록 "Relative Sea Level Trend 8518750 The Battery, New York."과 IPCC AR5 WGI Figure 13.23에서 가져온 예상 수치.

20 Chambers, D. P., M. A. Merrifield, and R. S. Nerem. "Is there a 60-year oscillation in global mean sea level?" *Geophysical Research Letters* 39 (2012). https://agupubs.onlinelibrary.wiley.com/doi/10.1029/2012GL052885.

21 Tada, Grace Mitchell. "The Rising Tide Underfoot." *Hakai Magazine*, November 17, 2020. https://www.hakaimagazine.com/features/the-rising-tide-underfoot/.

22 "Global Sea Level Rise: What It Means to You and Your Business." Zurich.com, May 21, 2019. https://www.zurich.com/en/knowledge/topics/global-risks/global-sea-level-rise-what-it-means-to-you-and-your-business.

9장

1   McMahon, Jeff. "Rise in Climate-Related Deaths Will Surpass All Infectious Diseases, Economist Testifies." *Forbes*, December 26, 2019. https://www.forbes.com/sites/jeff mcmahon/2019/12/27/climate-related-deaths-in-2100-will-surpass-current-mortality-from-all-infectious-diseases-economist-testifies/; 미국 하원 감독개혁위원회 산하 환경분과위원회의 'Economics of Climate Change' 공청회에서 마이클 그린스톤이 한 발언이다. December 19, 2019. https://epic.uchicago.edu/wp-content/uploads/2019/12/Greenstone-Testimony-12192019-FINAL.pdf.

2   "World Health Statistics 2018 Monitoring Health for the SDGs." World Health Organization, 2020. https://apps.who.int/iris/bitstream/handle/10665/272596/9789241565585-eng.pdf.

3   EM-DAT. "The International Disasters Database." Centre for Research on the Epidemiology of Disasters—CRED. Accessed December 1, 2020. https://www.emdat.be/.

4   UNDRR and CRED. *Human Cost of Disasters*. Centre for Research on the Epidemiology of Disasters and UN Office for Disaster Risk Reduction, 2019. https://www.undrr.org/media/48008/download.

5   미국 하원 감독개혁위원회의 'The Devastating Health Impacts of Climate Change' 공청회에서 마이클 그린스톤이 한 발언이다. August 5, 2020. https://epic.uchicago.edu/wp-content/uploads/2020/08/Greenstone_Testimony_08052020.pdf.

6   Carleton, Tamma A., Amir Jina, Michael T. Delgado, Michael Greenstone, Trevor Houser, Solomon M. Hsiang, Andrew Hultgren, et al. "Valuing the Global Mortality Consequences of Climate Change Accounting for Adaptation Costs and Benefits." National Bureau of Economic Research (NBER), July 2020. https://www.nber.org/papers/

지구를 구한다는 거짓말

w27599.

7   Lomborg, Bjørn. *False Alarm: How Climate Change Panic Costs Us Trillions, Hurts the Poor, and Fails to Fix the Planet*. New York: Basic Books, 2020.

8   Ghebreyesus, Tedros Adhanom. "Climate Change Is Already Killing Us." *Foreign Affairs*, March 12, 2020. https://www.foreignaffairs.com/articles/2019-09-23/climate-change-already-killing-us.

9   "Air pollution." World Health Organization (WHO). 2021. https://www.who.int/health-topics/air-pollution.

10   Flavelle, Christopher. "Climate Change Threatens the World's Food Supply, United Nations Warns." *New York Times*, August 8, 2019. https://www.nytimes.com/2019/08/08/climate/climate-change-food-supply.html.

11   IPCC. "Climate Change and Land." https://www.ipcc.ch/srccl/https://www.ipcc.ch/srccl/.

12   Hasell, Joe, and Max Roser. "Famines." Our World in Data, last modified December 7, 2017. https://ourworldindata.org/famines.

13   Nielsen, R. L. (Bob). "Historical Corn Grain Yields in the U.S." Corny News Network, Purdue University, April 2020. https://www.agry.purdue.edu/ext/corn/news/timeless/YieldTrends.html.

14   Hille, Karl. "Rising Carbon Dioxide Levels Will Help and Hurt Crops." NASA, May 3, 2016. https://www.nasa.gov/feature/goddard/2016/nasa-study-rising-carbon-dioxide-levels-will-help-and-hurt-crops.

15   Dusenge, M. E., A. G. Duarte, and D. A. Way. "Plant carbon metabolism and climate change: elevated CO_2 and temperature impacts on photosynthesis, photorespiration and respiration." New Phytologist 221 (2019): 32-49. https://nph.onlinelibrary.wiley.com/doi/full/10.1111/nph.15283.

16   Zhu, Zaichun, Shilong Piao, Ranga B. Myneni, Mengtian Huang,

Zhenzhong Zeng, Josep G. Canadell, Philippe Ciais, et al. "Greening of the Earth and Its Drivers." *Nature Climate Change* 6 (2016): 791-795. https://www.nature.com/articles/nclimate3004.

17　IPCC SRCCL, Figure TS.9.

18　IPCC SRCCL Section 5.2.2.1

19　Iizumi, Toshichika, Hideo Shiogama, Yukiko Imada, Naota Hanasaki, Hiroki Takikawa, and Motoki Nishimori. "Crop production losses associated with anthropogenic climate change for 1981-2010 compared with preindustrial levels." *International Journal of Climatology* 38 (2018): 5405-5417. https://rmets.onlinelibrary.wiley.com/doi/10.1002/joc.5818.

20　Food and Agriculture Organization of the United Nations (FAO). "Crops Processed." FAO.org, July 29, 2020. http://www.fao.org/faostat/en/#data/QD/metadata.

21　Food And Agriculture Organization of the United Nations. "FAO Cereal Supply and Demand Brief." December 3, 2020. http://www.fao.org/worldfoodsituation/csdb/en/.

22　USDA Economic Research Service. "Inflation-adjusted price indices for corn, wheat, and soybeans show long-term declines." April 2019. https://www.ers.usda.gov/data-products/chart-gallery/gallery/chart-detail/?chartId=76964

23　Gregorian, Dareh. "Federal Report Says Climate Change Will Wallop U.S. Economy." NBC News, November 24, 2018. https://www.nbcnews.com/news/us-news/federal-report-says-climate-change-will-wallop-u-s-economy-n939521.

24　Shaw, Adam. "Climate Report Warns of Grim Economic Consequences, Worsening Weather Disasters in US." Fox News, November 24, 2018. https://www.foxnews.com/politics/climate-report-warns-of-grim-economic-consequences-more-weather-disasters-in-us.

25　Crooks, Ed. "Climate Change Could Cost US Billions, Report

지구를 구한다는 거짓말

Finds." *Financial Times*, November 23, 2018. https://www.ft.com/content/216b5ed2-ef68-11e8-89c8-d36339d835c0.

26 Davenport, Coral, and Kendra Pierre-Louis. "U.S. Climate Report Warns of Damaged Environment and Shrinking Economy." *New York Times*, November 23, 2018. https://www.nytimes.com/2018/11/23/climate/us-climate-report.html.

27 Diffenbaugh, Noah S., Daniel L. Swain, and Danielle Touma. "Anthropogenic Warming Has Increased Drought Risk in California." Proceedings of the National Academy of Sciences of the United States of America, National Academy of Sciences, March 31, 2015. https://www.ncbi.nlm.nih.gov/pmc/articles/PMC4386330/.

28 Allen, Robert J., and Ray G. Anderson. "21st Century California Drought Risk Linked to Model Fidelity of the El Niño Teleconnection." *npj Climate and Atmospheric Science* 1 (2018). https://www.nature.com/articles/s41612-018-0032-x.

29 IPCC WG2 AR5, Figure 10.1.

30 Tol, Richard S. J. "The Economic Impacts of Climate Change." *Review of Environmental Economics and Policy* 12 (2018). https://www.journals.uchicago.edu/doi/10.1093/reep/rex027.

31 Hsiang, Solomon, Robert Kopp, Amir Jina, James Rising, Michael Delgado, Shashank Mohan, D. J. Rasmussen, et al. "Estimating Economic Damage from Climate Change in the United States." *Science*, June 30, 2017. https://science.sciencemag.org/content/356/6345/1362.full.

32 Koonin, Steven. "The Climate Won't Crash the Economy." *Wall Street Journal*, November 27, 2018. https://www.wsj.com/articles/the-climate-wont-crash-the-economy-1543276899.

33 Jina, Amir. "Will Global Warming Shrink U.S. GDP 10%? It's Complicated, Says The Person Who Made The Estimate." *Forbes*, December 5, 2018.

https://www.forbes.com/sites/ucenergy/2018/12/05/will-global-warming-shrink-u-s-gdp-10-its-complicated-says-the-person-who-made-the-estimate.

10장

1   Brady, Dennis and Juliet Eilperin. "In Confronting Climate Change, Biden Won't Have a Day to Waste." *Washington Post*. December 22, 2020. https://www.washingtonpost.com/politics/2020/12/22/biden-climate-change/.

2   Mencken, H. L. *In Defense of Women*. Project Gutenberg. Last updated February 6, 2013. https://www.gutenberg.org/files/1270/1270-h/1270-h.htm.

3   Helm, Burt. "Climate Change's Bottom Line." *New York Times*, January 31, 2015. https://www.nytimes.com/2015/02/01/business/energy-environment/climate-changes-bottom-line.html.

4   The Risky Business Project. "Risky Business: The Economic Risks of Climate Change in the United States." June 2014. http://riskybusiness.org/site/assets/uploads/2015/09/RiskyBusiness_Report_WEB_09_08_14.pdf.

5   Pilke, Roger. "How Billionaires Tom Steyer and Michael Bloomberg Corrupted Climate Science." *Forbes*, January 2, 2020. https://www.forbes.com/sites/rogerpielke/2020/01/02/how-billionaires-tom-steyer-and-michael-bloomberg-corrupted-climate-science.

6   Hausfather, Zeke, and Glen P. Peters. "Emissions—the 'business as usual' story is misleading." *Nature*, January 29, 2020. https://www.nature.com/articles/d41586-020-00177-3.

7   Burgess, Matthew G., et al. *Environmental Research Letters* 16 (2020). https://doi.org/10.1088/1748-9326/abcdd2.

8	"About Us: Who We Are." The National Academies of Sciences, Engineering, and Medicine. Accessed December 1, 2020 https://www.nationalacademies.org/about.

9	The National Academies of Sciences, Engineering, and Medicine. "Climate Change Publications." The National Academies Press. Accessed December 1, 2020. https://www.nap.edu/.

10	McNutt, Marcia, C. D. Mote Jr., Victor J. Dzau. "National Academies Presidents Affirm the Scientific Evidence of Climate Change." The National Academies of Sciences, Engineering, and Medicine, June 18, 2019. http://www8.nationalacademies.org/onpinews/newsitem.aspx?RecordID=06182019.

11	Handler, Philip. "Public Doubts About Science." *Science*, June 6, 1980. https://science.sciencemag.org/content/208/4448/1093.

12	Wunsch, Carl. "Swindled: Carl Wunsch Responds." RealClimate, March 12, 2007. http://www.realclimate.org/index.php/archives/2007/03/swindled-carl-wunsch-responds/comment-page-3/.

13	Revkin, Andrew C. "A Closer Look at Turbulent Oceans and Greenhouse Heating." *New York Times*, August 26, 2014. https://dotearth.blogs.nytimes.com/2014/08/26/a-closer-look-at-turbulent-oceans-and-greenhouse-heating/.

14	Tolstoy, Leo. 1894. *The Kingdom of God Is Within You.* Project Gutenberg, July 26, 2013. https://www.gutenberg.org/files/43302/43302-h/43302-h.htm.

15	"About 350.Org." 350.org. Accessed December 1, 2020. https://350.org/about/.

16	"Climate Change." Union of Concerned Scientists. Accessed December 1, 2020. https://www.ucsusa.org/climate.

17	The Editors of Encyclopaedia Britannica. "Great Drought." *Encyclopædia Britannica*, November 26, 2012. https://www.britannica.

com/event/Great-Drought#ref=ref112984.

18 Crichton, Michael. At the International Leadership Forum, La Jolla, CA, April 26, 2002. http://geer.tinho.net/crichton.why.speculate.txt.

11장

1 Smith, Richard. "Peer Review: a Flawed Process at the Heart of Science and Journals." *Journal of the Royal Society of Medicine* 99 (2006): 178-182. https://www.ncbi.nlm.nih.gov/pmc/articles/PMC1420798/.

2 Koonin, Steven. "A 'Red Team' Exercise Would Strengthen Climate Science." *Wall Street Journal*, April 20, 2017. https://www.wsj.com/articles/a-red-team-exercise-would-strengthen-climate-science-1492728579.

3 Holdren, John P. "The Perversity of the Climate Science Kangaroo Court." *Boston Globe*, July 25, 2017. https://www.bostonglobe.com/opinion/2017/07/24/the-perversity-red-teaming-climate-science/VkT05883ajZaTPMbrP3wpJ/story.html.

4 Davidson, Eric, and Marcia K. McNutt. "Red/Blue and Peer Review." Eos, August 2, 2017. https://eos.org/opinions/red-blue-and-peer-review.

5 A Bill to Prohibit the Use of Funds to Federal Agencies to Establish a Panel, Task Force, Advisory Committee, or Other Effort to Challenge the Scientific Consensus on Climate Change, and for Other Purposes, S. 729, 116th Congress (2019). https://www.govtrack.us/congress/bills/116/s729/text.

6 Fourth Session Council of Trent, April 8, 1546. "Canonical Decree Concerning the Canonical Scriptures." https://www.csun.edu/~hcfll004/trent4.html.

7 "Climate Communications Initiative." The National Academies

of Sciences, Engineering, and Medicine. Accessed December 1, 2020. https://www.nationalacademies.org/our-work/climate-communications-initiative.

8 예를 들면 다음을 참조하라. Tol, Richard S. J. "Comment on 'Quantifying the consensus on anthropogenic global warming in the scientific literature.'" *Environmental Research Letters* 11 (2016). https://iopscience.iop.org/article/10.1088/1748-9326/11/4/048001.

9 Jenkins, Holman W., Jr. "Change Would Be Healthy at U.S. Climate Agencies." *Wall Street Journal*, February 4, 2017. https://www.wsj.com/articles/change-would-be-healthy-at-u-s-climate-agencies-1486165226.

10 Kottasová, Ivana. "Oceans Are Warming at the Same Rate as If Five Hiroshima Bombs Were Dropped in Every Second." CNN, January 13, 2020. https://www.cnn.com/2020/01/13/world/climate-change-oceans-heat-intl/index.html.

12장

1 Koonin, Steven E. "The Tough Realities of the Paris Climate Talks." *New York Times*, November 4, 2015. https://www.nytimes.com/2015/11/04/opinion/the-tough-realities-of-the-paris-climate-talks.html.

2 Office of the Press Secretary, The White House. "U.S. Leadership and the Historic Paris Agreement to Combat Climate Change." National Archives and Records Administration, December 12, 2015. https://obamawhitehouse.archives.gov/the-press-office/2015/12/12/us-leadership-and-historic-paris-agreement-combat-climate-change.

3 Titley, David. "Why Is Climate Change's 2 Degrees Celsius of Warming Limit So Important?" The Conversation, March 20, 2020. https://theconversation.com/why-is-climate-changes-2-degrees-celsius-of-

warming-limit-so-important-82058.

4   Tol. "The Economic Impacts of Climate Change."

5   Carbon Brief Staff. "Two Degrees: The History of Climate Change's Speed Limit." Carbon Brief, December 8, 2014. https://www. carbonbrief.org/two-degrees-the-history-of-climate-changes-speed-limit.

6   "'The Father of the 2 Degrees Limit': Schellnhuber Receives Blue Planet Prize." Potsdam Institute for Climate Impact Research, October 19, 2017. https://www.pik-potsdam.de/news/press-releases/201cthe-father-of-the-2-degrees-limit201d-schellnhuber-receives-blue-planet-prize.

7   Van Vuuren, Detlef P., Jae Edmonds, Mikiko Kainuma, Keywan Riahi, Allison Thomson, Kathy Hibbard, George C. Hurtt, et al. "The Representative Concentration Pathways: An Overview." *Climatic Change* 109 (2011). https://link.springer.com/article/10.1007/s10584-011-0148-z.

8   "World Population Prospects 2019." United Nations, Department of Economic and Social Affairs Population Dynamics, 2020. http://esa.un.org/unpd/wpp/DataQuery/.

9   GDP 데이터는 국제통화기금(https://www.imf.org/en/Publications/WEO/weo-database/2020/October/download-entire-database)에서, 에너지 데이터는 미국 에너지정보청(https://www.eia.gov/international/overview/world)에서, 인구 데이터는 세계은행(https://data.worldbank.org/indicator/SP.POP.TOTL)에서 가져왔다. 독일과 전 세계에 대한 데이터는 1990년 이후의 수치다.

10   Kahan, Ari. "EIA projects nearly 50% increase in world energy usage by 2050, led by growth in Asia." US Energy Information Administration (EIA): Today in Energy, September 24, 2019. https://www.eia.gov/todayinenergy/detail.php?id=41433.

지구를 구한다는 거짓말

11 Ritchie, Hannah, and Max Roser. "CO_2 and Greenhouse Gas Emissions." Our World in Data, May 11, 2017. https://ourworldindata.org/co2-and-other-greenhouse-gas-emissions.

12 "Synthesis report on the aggregate effect of the intended nationally determined contributions." UN, FCCC, Conference of the parties twenty-first session, October 30, 2015. http://unfccc.int/resource/docs/2015/cop21/eng/07.pdf.

13 "2030 Emissions Gaps." Climate Action Tracker, CAT Emissions Gaps, September 23, 2020. https://climateactiontracker.org/global/cat-emissions-gaps/.

14 배출량 데이터는 〈2019 배출량 격차 보고서(Emissions Gap Resort)〉에서, 전망치는 기후행동추적(climateactiontracker.org)에서 가져왔다.

15 UNEP (2019). Emissions Gap Report 2019. *Executive summary*. United Nations Environment Programme, Nairobi. https://www.unenvironment.org/resources/emissions-gap-report-2019.

16 Allan, Bentley B. "Analysis | The E.U.'s Looking at a 'Carbon Border Tax.' What's a Carbon Border Tax?" *Washington Post*, October 23, 2019. https://www.washingtonpost.com/politics/2019/10/23/eus-looking-carbon-border-tax-whats-carbon-border-tax/.

13장

1 "Inventory of U.S. Greenhouse Gas Emissions and Sinks." Environmental Protection Agency, April 13, 2020. https://www.epa.gov/ghgemissions/inventory-us-greenhouse-gas-emissions-and-sinks.

2 Liu, Z., P. Ciais, Z. Deng, et al. "Near-real-time monitoring of global CO_2 emissions reveals the effects of the COVID-19 pandemic." *Nature Communications* 11 (2020). https://www.nature.com/articles/s41467-

020-18922-7.

3   US Energy Information Administration (EIA). "Table 1.1. Primary
    Energy Overview." EIA, Monthly Energy Review. Accessed December 1,
    2020. https://www.eia.gov/totalenergy/data/browser/.

4   Koonin, Steven E., and Avi M. Gopstein. "Accelerating the Pace of
    Energy Change." *Issues in Science and Technology* 27 (2011). https://
    issues.org/koonin/.

5   Stout, David. "Gore Calls for Carbon-Free Electric Power." *New
    York Times*, July 18, 2008. https://www.nytimes.com/2008/07/18/
    washington/18gorecnd.html.

6   Hamilton, Alexander or James Madison. "Federalist No. 62." Library
    of Congress, Research Guides, Federalist Papers: Primary Documents
    in American History, Federalist Nos. 61-70. 2020년 12월 1일에 접속.
    https://www.congress.gov/resources/display/content/The+Federalist+
    Papers#TheFederalist Papers-62.

7   US Energy Information Agency (EIA). "Frequently Asked Questions
    (FAQS)." EIA, November 2, 2020. https://www.eia.gov/tools/faqs/faq.
    php?id=427&t=3; US Energy Information Administration (EIA). "Coal
    explained—Coal prices and outlook." EIA, October 9, 2020. https://
    www.eia.gov/energyexplained/coal/prices-and-outlook.php.

8   Green, Miranda. "Analysis: Trump Solar Tariffs Cost 62K US Jobs."
    The Hill, December 3, 2019. https://thehill.com/policy/energy-
    environment/472691-analysis-trump-solar-tariffs-cost-62k-us-jobs.

9   Agence France-Presse. "EU Approves Anti-Dumping Penalty on
    Chinese Light Bulb." *Industry Week*, October 15, 2007. https://www.
    industryweek.com/the-economy/regulations/article/21956186/eu-
    approves-antidumping-penalty-on-chinese-light-bulb.

10 Cart, Julie. "California's 'Hydrogen Highway' Never Happened. Could
    2020 Change That?" CalMatters, January 9, 2020. https://calmatters.org/

environment/2020/01/why-california-hydrogen-cars-2020/.

11 International Energy Agency (IEA). "Clean Energy Innovation." IEA, July 2020. https://www.iea.org/reports/clean-energy-innovation.

14장

1   McCormick, Ty. "Geoengineering: A Short History." Foreign Policy, September 3, 2013. https://foreignpolicy.com/2013/09/03/geoengineering-a-short-history/.

2   Garber, Megan. "The Scientist Who Told Congress He Could (Literally) Make It Rain." *The Atlantic*, May 4, 2015. https://www.theatlantic.com/technology/archive/2015/05/the-scientist-who-told-congress-he-could-literally-make-it-rain/392219/.

3   Battisti, D., et al. *2009 IOP Conf. Ser.: Earth Environ. Sci.* 6 452015. https://iopscience.iop.org/article/10.1088/1755-1307/6/45/452015.

4   Revkin, Andrew C. "Science Adviser Lays Out Climate and Energy Plans." *New York Times*, April 9, 2009. https://dotearth.blogs.nytimes.com/2009/04/09/science-adviser-lists-goals-on-climate-energy/.

5   "Geoengineering the Climate: Science, Governance and Uncertainty." The Royal Society, September 1, 2019. https://royalsociety.org/topics-policy/publications/2009/geoengineering-climate/.

6   National Research Council of the National Academies. *Climate Intervention: Reflecting Sunlight to Cool Earth*. Washington, DC: The National Academies Press, 2015. https://www.nap.edu/catalog/18988/climate-intervention-reflecting-sunlight-to-cool-earth.

7   National Research Council of the National Academies. *Climate Intervention: Carbon Dioxide Removal and Reliable Sequestration*. Washington, DC: The National Academies Press, 2015. https://www.nap.edu/catalog/18805/climate-intervention-carbon-dioxide-

removal-and-reliable-sequestration.

8 Fialka, John. "NOAA Gets Go-Ahead to Study Climate Plan B: Geoengineering." E&E News: Climatewire, January 23, 2020. https://www.eenews.net/climatewire/2020/01/23/stories/1062156429.

9 American Physical Society, APS Panel on Public Affairs. 2011. *Direct Air Capture of CO₂ with Chemicals*. American Physical Society. https://www.aps.org/policy/reports/assessments/upload/dac2011.pdf.

10 Keith, David W., Geoffrey Holmes, David St. Angelo, and Kenton Heidel. "A Process for Capturing CO$_2$ from the Atmosphere." *Joule* 2 (2018): 1573-1594. https://www.cell.com/joule/fulltext/S2542-4351(18)30225-3.

11 Buis, Alan. "Examining the Viability of Planting Trees to Help Mitigate Climate Change." NASA, Global Climate Change: Vital Signs of the Planet, November 11, 2019. https://climate.nasa.gov/news/2927/examining-the-viability-of-planting-trees-to-help-mitigate-climate-change/.

12 Schwarber, Adria. "Moniz Making Case for $11 Billion Carbon Removal Initiative." American Institute of Physics, November 19, 2019. https://www.aip.org/fyi/2019/moniz-making-case-11-billion-carbon-removal-initiative.

13 Busch, Wolfgang, Joanne Chory, Joseph Ecker, Julie Law, Todd Michael, and Joseph Noel. "Harnessing Plants Initiative." Salk Institute for Biological Studies, 2020. https://www.salk.edu/harnessing-plants-initiative/.

14 US Geological Survey. "Cool Earthquake Facts." USGS. Accessed November 27, 2020. https://www.usgs.gov/natural-hazards/earthquake-hazards/science/cool-earthquake-facts.

15 Pacala, S., and R. Socolow. "Stabilization Wedges: Solving the Climate Problem for the Next 50 Years with Current Technologies." *Science*,

August 13, 2004. https://science.sciencemag.org/content/305/5686/968.
full.

16 Morris, Stan. "Doing more with less CO_2." AHEAD Energy Corporation,
2020. http://www.aheadenergy.org/.

글을 마치며

1 최근 이 분야의 리더가 지적한 바와 같이 말이다. Emanuel, K. "The Rele-
vance of Theory for Contemporary Research in Atmospheres, Oceans,
and Climate." *AGU Advances* 1 (2020): e2019AV000129. https://agupubs.
onlinelibrary.wiley.com/doi/epdf/10.1029/2019AV000129.

환경을 생각하는 당신이 들어보지 못한 기후과학 이야기

지구를 구한다는 거짓말

제1판 1쇄 발행 | 2022년 7월 15일
제1판 4쇄 발행 | 2024년 6월 5일

지은이 | 스티븐 E. 쿠닌
옮긴이 | 박설영
감수자 | 박석순
펴낸이 | 김수언
펴낸곳 | 한국경제신문 한경BP

주소 | 서울특별시 중구 청파로 463
기획출판팀 | 02-3604-590, 584
영업마케팅팀 | 02-3604-595, 562　FAX | 02-3604-599
H | http://bp.hankyung.com　E | bp@hankyung.com
F | www.facebook.com/hankyungbp
등록 | 제 2-315(1967. 5. 15)

ISBN 978-89-475-4831-1　03400

책값은 뒤표지에 있습니다.
잘못 만들어진 책은 구입처에서 바꿔드립니다.